U0180868

『十三五』国家重点图书出版规划项目

中国建筑工业出版社
学术著作出版基金项目

杨廷宝全集

【手迹卷】

中国建筑工业出版社

图书在版编目（CIP）数据

杨廷宝全集．六，手迹卷／杨廷宝著；黎志涛主编；张倩，权亚玲编．—北京：中国建筑工业出版社，2019.12

ISBN 978-7-112-23837-8

Ⅰ．①杨… Ⅱ．①杨… ②黎… ③张… ④权… Ⅲ．①杨廷宝（1901-1982）-全集 Ⅳ．①TU-52

中国版本图书馆CIP数据核字（2019）第109187号

责任编辑：李 鸽 毋婷娴

书籍设计：付金红

责任校对：王 瑞

杨廷宝全集·六·手迹卷

＊

中国建筑工业出版社出版、发行（北京海淀三里河路9号）

各地新华书店、建筑书店经销

北京方舟正佳图文设计有限公司制版

北京雅昌艺术印刷有限公司印刷

＊

开本：880毫米×1230毫米 1/16 印张：20¾ 字数：368千字

2021年1月第一版 2021年1月第一次印刷

定价：98.00元

ISBN 978-7-112-23837-8

（34150）

《杨廷宝全集》编委会

出版说明

杨廷宝先生（1901—1982）是20世纪中国最杰出和最有影响力的第一代建筑师和建筑学教育家之一。时值杨廷宝先生诞辰120周年，我社出版并在全国发行《杨廷宝全集》（共7卷），是为我国建筑学界解读和诠释这位中国近代建筑巨匠的非凡成就和崇高品格，也为广大读者全面呈现我国第一代建筑师不懈求索的优秀范本。作为全集的出版单位，我们深知意义非凡，更感使命光荣，责任重大。

《杨廷宝全集》收录了杨廷宝先生主持、参与、指导的工程项目介绍、图纸和照片，水彩、素描作品，大量的文章和讲话与报告等，文言、手稿、书信、墨宝、笔记、日记、作业等手迹，以及一生各时期的历史影像并编撰年谱。全集反映了杨廷宝先生在专业学习、建筑创作、建筑教育领域均取得令人瞩目的成就，在行政管理、国际交流等诸多方面作出突出贡献。

《杨廷宝全集》是以杨廷宝先生为代表展示关于中国第一代建筑师成长的全景史料，是关于中国近代建筑学科发展和第一代建筑师重要成果的珍贵档案，具有很高的历史文献价值。

《杨廷宝全集》又是一部关于中国建筑教育史在关键阶段的实录，它以杨廷宝先生为代表，呈现出中国建筑教育自1927年开创以来，几代建筑教育前辈们在推动建筑教育发展，为国家培养优秀专业人才中的艰辛历程，具有极高的史料价值。全集的出版将对我国近代建筑史、第一代建筑师、中国建筑现代化转型，以及中国建筑教育转型等相关课题的研究起到非常重要的推动作用，是对我国近现代建筑史和建筑学科发展极大的补充和拓展。

全集按照内容类型分为7卷，各卷按时间顺序编排：

第一卷　建筑卷（上）：本卷编入1927—1949年杨廷宝先生主持、参与、指导设计的89项建筑作品的介绍、图纸和照片。

第二卷　建筑卷（下）：本卷编入1950—1982年杨廷宝先生主持、参与、指导设计的31项建筑作品、4项早期在美设计工程和10项北平古建筑修缮工程的介绍、图纸和照片。

第三卷　水彩卷：本卷收录杨廷宝先生的大量水彩画作。

第四卷　素描卷：本卷收录杨廷宝先生的大量素描画作。

第五卷　文言卷：本卷收录了目前所及杨廷宝先生在报刊及各种会议场合中论述建筑、规划的文章和讲话、报告，及交谈等理论与见解。

第六卷　手迹卷：本卷辑录杨廷宝先生的各类真迹（手稿、书信、书法、题字、笔记、日记、签名、印章等）。

第七卷　影志卷：本卷编入反映杨廷宝先生一生各个历史时期个人纪念照，以及参与各种活动的数百张照片史料，并附杨廷宝先生年谱。

为了帮助读者深入了解杨廷宝先生的一生，我社另行同步出版《杨廷宝全集》的续读——《杨廷宝故事》，书中讲述了全集史料背后，杨廷宝先生在人生各历史阶段鲜为人知的、生动而感人的故事。

2012 年仲夏，我社联合东南大学建筑学院共同发起出版立项《杨廷宝全集》。2016 年，该项目被列入“十三五”国家重点图书出版规划项目和中国建筑工业出版社学术著作出版基金资助项目。东南大学建筑学院委任长期专注于杨廷宝先生生平研究的黎志涛教授担任主编，携众学者，在多方帮助和支持下，耗时近 9 年，将从多家档案馆、资料室、杨廷宝先生亲人、家人以及学院老教授和各单位友人等处收集到杨廷宝先生的手稿、发表文章、发言稿和国内外的学习资料、建筑作品图纸资料以及大量照片进行分类整理、编排校审和绘制修勘，终成《杨廷宝全集》（7 卷）。全集内容浩繁，编辑过程多有增补调整，若有疏忽不当之处，敬请广大读者指正。

中国建筑工业出版社

2021 年 1 月

前言

在《杨廷宝全集》的各卷编纂中，除了汇集杨廷宝先生建筑设计作品和水彩、素描画作众多精品，以及文章、讲话和珍贵照片外，本卷还搜编了杨廷宝先生的各类手迹珍品。其中包括：

墨宝 杨廷宝先生儿时受过国学熏陶，临过碑帖书法，且行文记事常用文房四宝，因此，练得一手好字。尽管日后他常以硬笔书写，但书法功底犹在。若偶尔应邀题字，杨廷宝先生也会欣然命笔。本卷寻觅杨廷宝先生的墨宝虽不多，但仅此也足见他的书法字体横竖工整、笔法顿挫有力的特点。

信札 过去人们异地彼此联系多为信件往来。从杨廷宝先生的信札集锦中，不说内容，就文字书写而言，每一封信的笔迹都是那么严整干净，毫无潦草涂改，俨然似蝇头小楷。而字里行间更是那么横平竖直，一丝不苟，所谓字画如人是也。

作业 杨廷宝先生自入宾大深造始，就开始了修学分的课程学习，而他最沉迷的课程就是专业课，尤其是建筑设计主课。一是喜欢，二是有绘画基础。因此，他如鱼得水般地在建筑设计课的学习中游刃有余。他的设计作业成绩不但超群，而且多次在全美建筑系学生设计大赛中获大奖。从本卷荟萃杨廷宝先生部分建筑设计作业和建筑史作业中，我们不难看出，在学生时代，他的设计基本功就如此扎实，建筑表现技法同样如此出色。

图纸 杨廷宝先生一生设计了百余座建筑工程或建筑方案，我们不但从本卷掇拾的这些珍贵设计图纸一眼看出，他在基泰工程司期间亲力亲为画的施工图绘制既严谨又细致，画的方案渲染图既漂亮又真实；在南京工学院期间徒手勾画的设计方案草图既娴熟又潇洒，信手写意的方案设想图既简约又概括。而且这些图纸展现出杨廷宝先生施工图设计的思考之深度，渲染图表现的设计之素养，方案草图勾画的思维之敏捷，方案设想图写意的构思之功力，着实令人赞叹和钦佩。

讲义 杨廷宝先生在国立中央大学和南京工学院从教42年，一直在教学第一线上为人师表、教书育人。我们仅从选录他的讲义中，即可看出杨廷宝先生备课讲义的版面如此干净利落，章节条理如此清晰完整，文字书写如此一丝不苟，插图勾画如此简练洒脱。体现了杨廷宝先生对待教学一贯治学严谨、教学认真。不愧是后辈师生学习的楷模。

日记 记日记是杨廷宝先生一生的习惯，与他人记日记不同的是，杨廷宝先生的小日记本随身携带。不但有文字记录，而且还多有插图。他经常一看到有值得参考、学习的建筑景物，就立刻从口袋中掏出三件宝（笔、日记本、卷尺），边量边勾画并标注尺寸。这正是他的名言“处处留心皆学问”的真实写照。由此日积月累，他的小日记本估计也有几十本。可惜的是在“文革”中被抄家后，这些日记本散失殆尽。从仅存的三本日记中摘编的内容来看，杨廷宝先生实在太忙：出席会议、各地调研、应邀评审、外出参观，可谓是到处奔波。但是，他的日记本上一点也看不出忙乱的痕迹。因为，日记本上字字句句仍然工工整整。可见，杨廷宝先生再怎么忙，做事总是有条有理，忙而不乱。

笔迹 此部分拾零杨廷宝先生的签名、留言及其他手迹，不仅具有考证史料的价值，也具有一定的中、英文书写的艺术欣赏性。

插图 本卷搜罗为数不多的杨廷宝先生插图，不是作为素描目的而画，而是以图示语言为记录所需。这是杨廷宝先生的一种工作习惯。此法，不仅可以一目了然，而且可以加深对插图对象的记忆。

总之，从杨廷宝先生这些零星的手迹，不难看出他的专业功力、艺术修养，敬业精神和高尚人品的人格魅力。

在本卷编纂过程中，得到杨廷宝先生大女儿杨士英教授的全力支持和帮助，提供了家中珍藏的杨廷宝先生上述各类手迹的原物，在此，表示衷心的感谢。感谢同窗好友左川教授提供清华大学建筑学院资料室珍藏杨廷宝先生赠送给梁思成先生40余幅他在宾大的珍贵建筑史作业。感谢同窗好友邓雪娴、栗德祥教授提供清华大学档案馆馆藏杨廷宝先生设计清华大学四大建筑的施工图纸资料。感谢上海嘉定档案局、南阳圣医祠博物馆分别提供了杨廷宝先生的各一幅墨宝。感谢天津建筑设计研究院张家臣建筑大师、东南大学档案馆、南京大学档案馆、四川大学档案馆、南京博物院、国家图书馆等单位提供了杨廷宝先生的相关施工图纸或方案设计图纸资料。感谢中国建工业出版社王伯扬副总编、东南大学杨德安教授、奚树祥教授等提供了多封杨廷宝先生的信件。

感谢中国建筑工业出版社王莉慧副总编和李鸽编审对本卷编纂工作给予的悉心指导和热忱帮助。感谢责任编辑李鸽、毋婷娴的辛勤工作。

东南大学建筑学院　黎志涛
2019 年 5 月

目录

一、墨宝寻觅

一九七三年七月八日，我們中国工程技术代表团訪问日本到奈良參观唐招提寺金堂並瞻仰唐代高僧鑑真和尚墓塔旋由該寺長老律宗八十一世管長森本孝順接待当談到揚州市正在平山堂興工修建鑑真和尚紀念館他听到这个消息非常興奮說要爭取明年到揚州一游臨别贈送我們这本唐招提寺五彩画册作為紀念

一九七四年二月廿日 楊廷宝识

1.1974 年 2 月 20 日转赠扬州鉴真纪念堂画册之来由说明

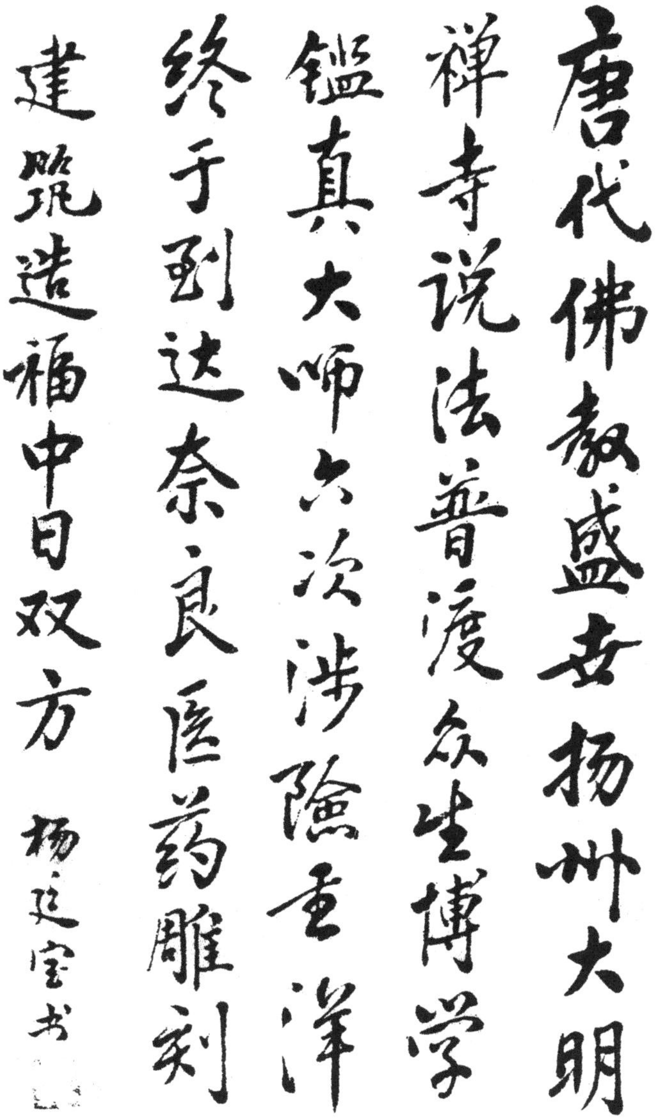

唐代佛教盛在扬州大明
禅寺说法普渡众生博学
鉴真大师六次涉险重洋
终于到达奈良医药雕刻
建筑造福中日双方

杨廷宝书

2.1978年为扬州鉴真纪念馆题词

3.1982 年 3 月为南京清凉山公园崇正书院题词

静觀自得

静觀自得 壬戌夏 楊廷寶 时年八十二 静觀自得

楊廷寶時年八十二

4.1982 年为上海嘉定秋霞圃碧梧轩题词

总结古代醫学知识
启发后世药理宏论
杨廷宝参观医聖祠
留念 一九八二 五月

5.1982 年 5 月为南阳医圣祠题词

6.1982 年 5 月登湖北武当山南崖宫题词

二、信札集锦

北京百万庄国家建委大楼
建筑工业出版社交
楊永生仝志收
由南京成贤街一〇四號楊

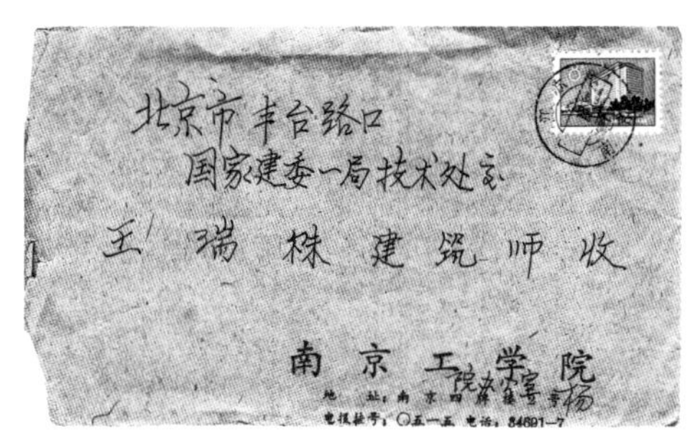

北京市丰台路口
国家建委一局技术处交
王瑞株建筑师收
南京工学院

北京 百万庄
建筑工程部南楼 交
中國建筑學会 收
由南京成贤街104号

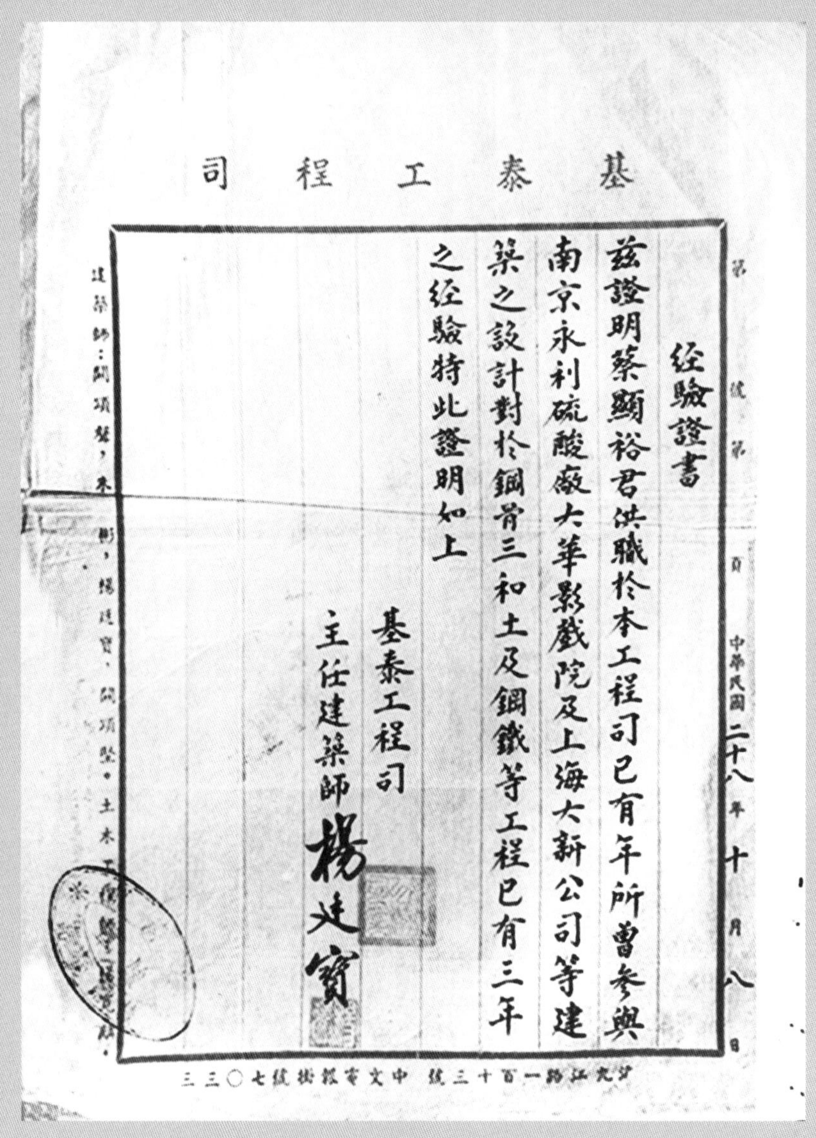

基泰工程司

第　號第　頁　中華民國二十八年十月八日

经驗證書

兹證明蔡顯裕君供職於本工程司已有年所曾參與南京永利硫酸廠大華影戲院及上海大新公司等建築之設計對於鋼骨三和土及鋼鐵等工程已有三年之经驗特此證明如上

基泰工程司
主任建築師　楊廷寶

建築師：關頌聲，朱彬，楊廷寶，關頌堅，土木工程師：楊寬麟

[illegible]江路一百十三號　中文電報掛號七〇三三

1. 1939 年 10 月 8 日基泰工程司公函

经验证书

兹证明蔡顯裕君供职于本工程司已有年。所曾参与南京永利硫酸厂、大华影戏院及上海大新公司等建筑之设计，对于钢骨三和土及钢铁等工程已有三年之经验。特此证明如上。

基泰工程司
主任建筑师
杨廷宝

006

鍾韓院長：關于建築系系主任職務去年接到
聘書即向先生談過寶係繪圖出身三十年來只作
技術工作對于處理事務既無經驗又非其天性之
所近嗣經勸說只得勉強一試年來結果益證
行政工作非寶之所宜勉強下去個人所受精神
損失固無足論而影響系務發展則殊覺可
惜思之再三莫若乘此新年度開始提請先生熟
為之計洞鑒實際情况代為反映上方另聘合適
人選則寶庶可安心教學並更多的在技術方面借
獻於人民園刻下已參加烈士陵等數處設計工作

007

而此種技術工作多須寶地自己動筆處
多同時擔任系務行政徒使其顧此失彼
各方工作均難作好何為參酌實際情形
服務素良符合其個人之所宜收效必較太
鑒察專此順頌
時祺
職 楊廷寶 謹呈 七月

轉呈
校委會 鍾韓 七.廿六
提交全會 [illegible] 七.廿六

2. 1950 年 7 月 21 日呈钱钟韩[①]关于请辞系主任信

钟韩院长：

关于建筑系系主任职务，去年接到聘书即向先生谈过，宝系绘图出身，三十年来只作技术工作，对于处理事务既无经验、又非其天性之所近。嗣经劝说，只得勉强一试。年来结果益证行政工作非宝之所宜，勉强下去，个人所受精神损失固无足论，而影响系务发展则殊觉可惜。思之再三，莫若乘此新年度开始，提请先生熟为之计，洞鉴实际情况，代为反映上方，另聘合适人选。则宝庶可安心教学并更多在技术方面供献于人民。因刻下已参加烈士陵等数处设计工作，而此种技术工作多须实地自己动笔，需时甚多，同时担任系务行政徒使其顾此失彼，结果各方工作均难作好。何若参酌实际情形，使其服务重点符合其个人之所宜，收效必较大。幸希鉴察，专此顺颂

时祺

职

杨廷宝 谨启

七月二十一日

①钱钟韩：时任南京工学院院长

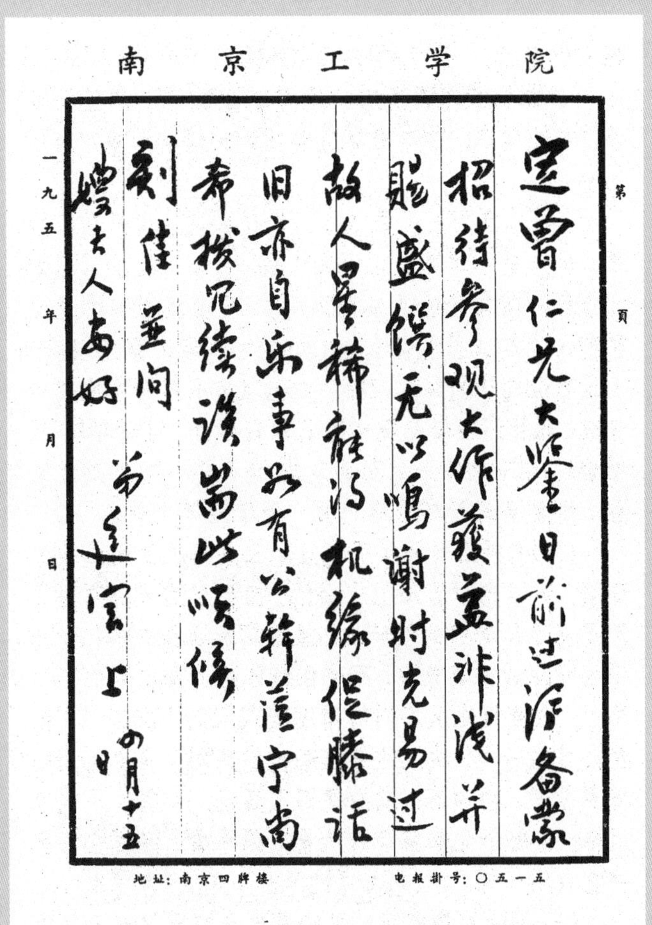

南京工学院

宝曾仁兄大鉴：日前过沪备蒙招待，参观大作，获益匪浅，并聆盛馔，无以鸣谢。时光易过，故人星稀，难得机缘促膝话旧，亦自乐事。如有公干莅宁，尚希拨冗续谈。耑此顺候

刻佳，并向

嫂夫人安好

弟 廷宝 上

四月十五日

一九五　年　月　日　　第　页

地址：南京四牌楼　　电报挂号：〇五一一五

26

中国建筑学会：

兹将有关在上海建筑艺术座谈会上两篇发言稿子修改完毕，附此寄去，希检收是荷！

又关于莫斯科居住建筑设计竞赛初步审查评选日期是否仍按七月十号进行？要我那一天到北京会？适否盼示覆，以便提前定购火车票，临时恐买不到。

此致

敬礼！

盼电复请 9日早到京

杨廷宝启

再电江 10 [illegible] 59.6.30 发

附稿子两件。

[illegible]

3. 4月15日致汪定曾②信

定曾仁兄大鉴：

日前过沪，备蒙招待，参观大作，获益非[匪]浅，并赐盛馔，无以鸣谢。时光易过，故人星稀，能得机缘促膝话旧，亦自乐事。如有公干莅宁，尚希拨冗续谈。

耑此顺候！

刻佳并问

嫂夫人安好！

弟廷宝上

四月十五日

②汪定曾时任上海市民用建筑设计院总建筑师。主编根据信纸推断此信年份为1950年代，具体年份待考。

4. 1959年6月30日致中国建筑学会信

中国建筑学会：

兹将有关在上海建筑艺术座谈会上两篇发言稿子修改完毕附函寄去希检收是荷！

又关于莫斯科居住建筑设计竞赛初步图案评选日期是否仍按七月十号进行？要我哪一天到北京合适亦盼示覆以便提前定购火车票临时恐买不到。

此致

敬礼！

杨廷宝启

（19）59.6.30

附稿子两张

中国土木工程建筑学会稿纸

12

亲爱的[illegible]先生：

收到八月廿三日的来信已收到我[illegible]

现将此[illegible]寄去请查收

我打算于九月一号或二号到达[illegible] 请帮助订好旅馆

杨廷宝

一九六〇年八月[illegible]日

20×20=400

7

中国建筑学会办公室：

兹根据十月六日来函并转来英国伦敦国际建协六次大会筹备处新闻组的来信写了一份稿子和答覆。他来信的稿，请京领导方面审查是否可用，或修改后重新打印寄出。他来信说希望在十一月半能收到。他还要照片一张并附此函寄去。

十月六日寄来的英文打的抄件关于来信人名是写的 MacEwen 请再复核一次原函有无错误。

我十月十七号曾寄学会一函想已收到了吧！那是航空寄的。

再者我不习惯写作，所以起稿子很困难，而且慢的很；所以来不及写两份稿了。

杨廷宝启 1960.11.1

附寄：致英国MacEwen函两份（一份转备存底）
关于伦敦大会发言两份（一份备存卷）
本人像片壹张（以备附答函寄给英国MacEwen）

又如有修改请把改正后稿寄一份给我是荷 宝又及。

5. 1960 年 7 月 4 日致丹麦建协秘书长信

亲爱的秘书长先生：

您五月二十三日的来信及卡片我未收到，现将此卡片寄来请查收。

我打算于九月一号或三号到达哥本哈根，请帮助订好旅馆。

杨廷宝

一九六〇年七月四日

6. 1960 年 11 月 1 日致中国建筑学会办公室信

中国建筑学会办公室：

兹根据十月六日来函并转来英国伦敦国际建协六次大会筹备处新闻组的来信写了一份稿子和答复他来信的稿，请交领导方面审查是否可用，或修改后重新打印寄出，他来信说希望在十一月半能收到。他还要照片一张亦附此函寄去。

十月六日寄来的英文打的抄件关于来信人名是写的 Mac Ewen，请再复核一次原函有无错误。

我十月十七号曾寄总会一函想已收到了吧！那是航空寄的。

再者我不习惯写作，所以起稿子很困难，而且慢的 [得] 很；所以来不及写两份稿了。

杨廷宝启 1960.11.1

附寄：致美国 Mac Ewen 函两份（一份预备存底）

关于伦敦大会短文两份（一份备存卷）

本人相片一张（以备附答函寄交英国 Mac Ewen）

又，如有修改请把改正后稿寄一份给我是荷，宝又及

中国土木工程/建筑学会稿纸

致伦敦西一区普德兰广场66号
英国皇家建筑师协会附
情报主任麦尔克姆·麦克埃文先生

亲爱的麦克埃文先生：

根据您9月29日来信的要求，随函附寄我所写的有关在伦敦召开的国际建筑师协会第六届大会的几段短文。请您看看，是否符合您的要求。同时，我还附寄我的一张小像片，下面就是我（作为一个建筑师）的生平简历。

我在一九二一年从北京清华学校毕业，接着赴美国费城宾夕凡尼亚大学（和P. Cret一起）学习建筑学；一九二四年毕业，翌年又在该校进修，接着就在Cret先生的事务所工作。一九二六～一九二七年往英、法、比、瑞士和意大利作建筑业务考察旅行，一九二七年回中国后，开始了我的建筑师实务工作并成为北京、天津、上海、重庆和南京的建筑师和工程师们办的关、朱、杨合组公司的股东，这是中国解放前最早和最大的建筑师事务所之一。一九四〇年至一九四五年因建筑

20×20=400

中国土木工程/建筑学会稿纸

业务方面的任务，我在美国、加拿大和英国。从一九四〇年起我即在后来改为南京工学院的从前的中央大学建筑系中担任建筑设计的教授工作，后来担任该系系主任一职。现在我是南京工学院的副院长。我在一九五四年和一九五八年连续被选为中华人民共和国全国人民代表大会的代表。在中国建筑学会中，我担任副理事长的职务。

您的

附件

（杨廷宝，杨是我的姓）
一九六〇年十一月廿四日
于北京西郊百万庄
中国建筑学会

20×20=400

7. 1960 年 11 月 24 日致英国皇家建筑师协会麦克埃文先生信

致伦敦西一区普德兰广场 66 号
英国皇家建筑师协会转
情报主任麦克尔姆·麦克埃文先生

亲爱的麦克埃文先生：

根据您 9 月 29 日来信的要求，随函附寄我所写的有关在伦敦召开的国际建筑师协会第六届大会的几段短文。请念念看，是否符合您的要求。同时，我还附寄我的一张小相片，下面就是我作为一个建筑师的生平简历。

我在一九二一年从北京清华学校毕业，接着赴美国费城宾夕法尼亚大学和 P. Cret 一起学习建筑学：一九二四年毕业，翌年又在该校进修，接着就在 Cret 先生的事务所中工作。一九二六——一九二七年往英、法、比、瑞士和意大利作建筑业务考察旅行，一九二七年回中国后，开始了我的建筑师实务工作并成为北京、天津、上海、重庆和南京的建筑师和工程师们办的关、（周①）朱、杨合伙公司的股东，这是中国解放前最早和最大的建筑师事务所之一。一九四四年至一九四五年因建筑业务方面的任务，我在美国、加拿大和英国。从一九四零年起我即在后来改为南京工学院的从前的中央大学建筑系中担任建筑设计的教授工作，后来担任该系系主任一职。现在我是南京工学院的副院长。我在一九五四年和一九五八年连续被选为中华人民共和国全国人民代表大会的代表。在中国建筑学会中，我担任副理事长的职务。

您的

附件

（杨廷宝，杨是我的姓）
一九六〇年十一月二十四日
于北京西郊百万庄
中国建筑学会

①原文为“周”，应为朱彬

14

刘局長、谷秘書長、田主任：

春節在即估计刘局長可能已返抵北京。一月廿九、廿八两日前后轉寄谷秘书長國外来信两件諒已收悉。今早又接到比利時来函催问是否参加三月底四月初（3/30～4/5）即將在夏勒罗依举行的国际建筑师協会的执行委员会的例會。执行委员会是每年开一次会；这次会的招待工作是由比利時学会办，结合他们自己的五十周年纪念大会同時举行。他们既然再次催收乎总得有个答覆才好。根据屡次执委例会的情况估计这次会上大概是下列的一些事项：

1. 付主席拉莫斯 RAMOS 葡萄牙建筑师明年到期，要提出一个西欧北非地区的建筑师作为明年選举付主席的候選人。
2. 要檢查执行委员会中到期的國家提出候選执委的提名
3. 接纳申请入会的新会员国的提名未代表会通过.
4. 秘书处工作报告 及各工作委员会情况
5. 会计报告
6. 古巴大会筹备情况的报告并讨论.
7. 前任会長祖未逝世，可能接前任法英两主席例讨论增加一种纪念奖状。

估计在会上可能发生的一些政治性斗争的主要在讨論明年1963年度即將在古巴举行的全体大会这个问题上；可能会再有人出新花样来捣乱。其次就是执委会到期的席次竞選的候選提名问题。再者关于各种工作委员会我们国家是否参加一两个的问题始终亦未最後明确。

是否可以及早进行考慮请示，以免临時措手不及；如何之处統希斟酌办理。专此 顺候 新春快乐！

楊廷宝 啓
1962.2.2

附比利时学会主席ALSTEEN来函一件。

8. 1962年2月2日致刘局长、谷秘书长、田主任信

刘局长、谷秘书长、田主任：

春节在即估计刘局长可能已返抵北京。一月二十九，二十八两日前后转寄谷秘书长国外来信两件谅已收悉。今早又接到比利时来函催问是否参加三月底四月初（3/30 ~ 4/5）即将在夏烈罗依举行的国际建筑师协会的执行委员会的例会。执行委员会是每年开一次会，这次会的招待工作是由比利时学会办，结合他们自己的五十周年纪念大会同时举行。他们既然再次催似乎总得有个答复才好。根据屡次执委例会的情况估计这次会上大概是下列的一些事项：

1、副主席拉莫斯（RAMOS）是葡萄牙建筑师，明年到期，要提出一个西欧北非地区的建筑师作为明年选举副主席的候选人。

2、要检查执行委员会中到期的国家提出候选执委的提名。

3、接纳申请入会的新会员国的提名交代表会通过。

4、秘书处工作报告及各工作委员会情况

5、会计报告

6、古巴大会筹备情况的报告并讨论

7、前任会长祖米逝世，可能援前任法英两主席之例讨论增加一种纪念奖状。

估计在会上可能发生的一些政治性斗争的主要在讨论明年1963年度即将在古巴举行的全体大会这个问题上；可能会再有人出新花样来捣乱。其次就是执委会到期的席次竞选的候选提名问题。再者关于各种工作委员会我们国家是否参加一两个的问题始终亦未最后明确。

是否可以及早进行考虑请示，以免临时措手不及；如何之处统希斟酌办理，专此顺候

新春快乐！

杨廷宝启

1962.2.2

附比利时学会主席ALSTEEN来函一件。

中國建筑學会：

根据二月的来信说关于瓦哥邀我为國际建协会刊第34期写一篇簡文事可写一稿子再请示领导审批。兹经与南工建筑系总支有关同志们考虑，既要考虑到读者对象还宜照顾到巴黎大会環境要求；既要作一点宣传以影响亞非的新兴國家，而不採用政治术语以利于争取一般中间分子。又考虑到具体建设数字这里不掌握，工业建设和城市建设又有保密等问题未便輕易谈；研究结果就根据大会议题谈一点建筑教育问题，以给亞非拉的建筑师们一点启发。此稿由建筑系总支看过，是否可以用完寄出抑须进一步修改，希就近请示领导办理是荷。（附寄文稿两份）

明日将随南工建筑系研究室同人赴武汉各地参观，约旬日后返宁。敬礼！

楊廷宝

1965.4.7

9. 1965年4月7日致中国建筑学会信

中国建筑学会：

根据二月的来信说关于瓦哥邀我为国际建协会刊第34期写一篇简文事，可写一稿子再请示领导审批。兹经与南工建筑系总支有关同志们考虑，既要考虑到读者对象，还宜照顾到巴黎大会环境要求，既要作一点宣传以影响亚非的新兴国家，而不采用政治术语以利于争取一般中间分子。又考虑到具体建设数字这里不掌握，工业建设和城市建设又有保密等问题未便轻易谈，研究结果就根据大会议题谈一点建筑教育问题，以给亚非拉的建筑师们一点启发。此稿由建筑系总支看过，是否可以用它寄出抑须进一步修改，希就近请示领导办理是荷。（附寄文稿两份）

明日将随南工建筑系研究室同人赴武汉各地参观约旬日后返宁。敬礼！

杨廷宝

1965.4.7

最高指示

领导我們事业的核心力量是中国共产党。
指导我們思想的理論基础是馬克思列宁主义。

南京工学院革命委員会

王伯扬同志：

昨由安徽合肥蚌埠等地参观调查医院建筑归来，接读三月十四日来函并收到《综合医院建筑设计》新印本五十册，将由医院编写小组正式复函，并将抽出六本送齐康同志留一系应用如嘱。这次如期印完，充分表现了工作效率是值得赞扬的。未识建研院和卫生部王霖生医师处已分别各赠有样本否？我想他们都是很关心的。

《医院》写作小组的工作，因为一则人员调配的迟缓，再则运动中许多地方未能接待，多少受到了一些影响。三月十二日葛贤钧同志方来报到，我们全组曾于十八日前去合肥巢县蚌埠跑了一圈，并拟下月上旬到上海一带调查收集资料。截至到下，各方都很支持这项工作，已收寄来的兰图约七八十份，另外还有各种建议的函件；看来收集出版设计技术资料，总是会

地　址：南京四牌楼2号　　电报挂号：○五一五　　电　话：34691--5

最高指示

领导我們事业的核心力量是中国共产党。
指导我們思想的理論基础是馬克思列宁主义。

南京工学院革命委員会

受到群众的欢迎的。

现在有一个问题还不够明确，例如《苏州园林》将来出版究竟是面向国内抑面向国外。若是对内作为资料则文字措辞就必须写进不少批判的语气；若对外发行要以宣扬劳动人民的创造，二者兼顾实不容易。至于发行数量甚大，印刷成本亦成问题。我们这本《综合医院建筑设计》多少亦有类似的问题，况且运动尚在进行中，卫生工作的前途有哪些变动现在尚无把握。我们准备写一章就初步打印一部分，送出各有关方面征求意见，广泛走群众路线，经过几次修改，可能问题少一些。这样看起来，时间会拖久一些，好在已经有了这次再版来补这个空子。出版社若有任何意见亦盼随时示知是荷。

专此顺复　并祝

出版社各位同志健康！

杨廷宝

地　址：南京四牌楼2号　　电报挂号：○五一五

1974年3月30日

10.1974 年 3 月 30 日致王伯扬[③]信

王伯扬同志：

昨由安徽合肥蚌埠等地参观调查医院建筑归来，接读三月十四日来函并收到《综合医院建筑设计》新印本五十册，将由“医院”编写小组正式复函，并将抽出六本交齐康同志留一系应用为嘱。这次如期印完，充分表现了工作效率，是值得赞扬的。未识建研院和卫生部王霖生医师处已分别各赠有样本否？我想他们都是很关心的。

《医院》写作小组的工作，因为一则人员调配的迟缓，再则运动中许多地方未能接待，多少受到了一些影响。三月十二日葛贤钧同志方来报到，我们全组曾于十八日，前去合肥巢县蚌埠跑了一圈，并拟下月上旬到上海一带调查收集资料。截至刻下，各方都很支持这项工作，已收寄来的蓝图约七八十份，另外还有各种建议的函件；看来收集出版设计技术资料，总是会受到群众的欢迎的。

现在有一个问题还不够明确，例如《苏州 [古典] 园林》将来出版究竟是面向国内抑面向国外，若是对内作为资料则文字措辞就必须写进不少批判的语气；若对外发行又重点得宣扬劳动人民的创造。二者兼顾实不容易。至于图版数量甚大，印刷成本亦成问题。我们这本《综合医院建筑设计》多少亦有类似的问题，况且运动尚在进行中，卫生工作的前途有哪些变动现在尚无把握。我们准备写一章就初步打印一部分，送出各有关方面征求意见，广泛走群众路线，经过几次修改，可能问题少一点。这样看起来，时间会拖久一些，好在已经有了这次再版来补这个空子。出版社若有任何意见亦盼随时示知是荷。

专此顺复 并祝

出版社各位同志健康！

杨廷宝

③王伯扬：时任中国建筑工业出版社副总编辑

致中仝志兄：昔在扬州聚谈甚快，时光易过，忽已半载，未知平山堂之鉴真纪念馆业已完工否？何时开幕？我拟将日本唐招提寺律宗八十一世管长森本孝顺送给我们中国工程技术代表团的该寺五彩画册一巨卷交该馆陈列保存，如何之处，希便复为此。顺颂近佳 阖第均吉

杨廷宝启 五月廿八日

19 年 月 日 第 页 共 页

装 订 线

伯扬同志：您好！

现在我们把医院建筑的设计初稿的第一章，关于总体布置，第三章门诊部，第五章住院部及第八章新增的建筑设备等包由邮寄给您一份，请您在百忙之余翻一翻，多提意见，以便作进一步的修改。到这里条件困难既不能打印亦未便刻腊版只得大家写在蜡版纸上晒兰图而兰图须自己参加劳动。

原书内所载示的标准定额均已过时，而迄今卫生部尚未订出新的定额，使今天的写作无所依据是一个困难；而国家建委的结构规范至今未公布，所以我们对于结构那一章也还无法进行，未识您那里是否知道何时可能公布。

南京晒像纸奇缺，市面买不到，许多像片这次未能附上。我意将来出版时是否亦宜多采用墨线图而少用像片，效果比较有把握，是以为如何。

请您审阅中的意见即直接写在兰图上便于修改，用毕退还是为至盼。此致

敬礼！出版社各位领导及其它同志均好！

杨廷宝

8.8

6

11.1974 年 5 月 28 日致张致中④信

致中同志如晤：

前曾在扬州聚谈甚快，时光易过，忽已半载，未知平山堂之鉴真纪念馆业已完工否？何时开幕？我拟将日本唐招提寺律宗八十一世管长森本孝顺送给我们中国工程技术代表团的该寺五彩画册一巨卷交该馆陈列保存如何，之处希便复。专此顺颂

近佳，阖第均吉！

杨廷宝启

五月二十八日

④张致中：1970 年在扬州兼建设局顾问，1979—1985 年回校任南京工学院建筑系主任

12.1974 年 8 月 8 日致王伯扬信

伯扬同志：您好！

现在我们把医院建筑的增订初稿的第一章关于总体布置，第二章门诊部，第三章住院部及第八章新增的建筑设备另包由邮寄给您一份，请您在百忙之余翻一翻，多提意见，以便作进一步的修改。刻这里条件困难，既不能打印亦未便刻蜡版，只得大家写在硫酸纸上晒蓝图，而蓝图还得自己参加劳动。

原书内所示的标准定额均已过时，而迄今卫生部尚未定出新的定额，使今天的写作无所依据是一个困难；而国家建委的结构规范至今亦未公布，所以我们对于结构那一章也还无法进行。未识您那里是否知道何时可能公布。

南京照像*纸奇缺，市面买不到，许多像片这次未能附上。我意将来出版时是否亦宜多采用墨线图而少用像（相）片，效果比较有把握，您以为如何。

请您审阅中的意见即直接写在蓝图上便于修改时查考是为至盼。此致

敬礼！出版社各位领导及其他同志均好！

杨廷宝

8.8

* 当时成文时均称“照相（纸）”为“照像（纸）”。

南 京 工 学 院

王伯扬同志：

顷收到十一月二十五日来信及所附《工业与民用建筑结构荷载规范》和《钢筋混凝土结构设计规范》各一册，至感。关于《综合医院建筑设计》一书的增订起稿当中的存在问题，曾作了些初步交谈。这次承您劳步访问了卫生部财务基建司，看起来要想等该部制订新的标准定额是赶不上当前的急需的。而我们借调帮忙的人员也未便长期拖下去，总须找到一个从权处理的办法。建研院要我参加"研究建筑领域儒法斗争座谈会"，将于12月2日报到，届时我想和有关各方面共同寻找一条出路。余待面谈。匆此顺候，

身体健康！ 并候

出版社各位同志均好！ 杨廷宝

74.11.27

地 址：南京四牌楼2号 电报挂号：〇五一五 电 话：34691—5

7

南 京 工 学 院

王伯扬同志：

前在京开会因不便外出，后又随集体南返，竟致未能趋访面聆教益，至以为歉。

顷"综合医院设计"编写小组已将该书的第四、五、六各章及第八章（部分设备）初稿写成并晒印一份，另已由邮寄上，即请社里各位同志披阅提意见，以便进一步修改是荷。（希望暑假完成定稿）（若卫生部无新要求的话）

专此即颂

春节快乐！ 并希代候

出版社各位同志身体健康！ 杨廷宝

75.2.5

地 址：南京四牌楼2号 电报挂号：〇五一五 电 话：34691—5

8

13.1974 年 11 月 27 日致王伯扬信

王伯扬同志：

顷收到十一月二十五日来信及所附《工业与民用建筑结构荷载规范》和《钢筋混凝土结构设计规范》各一册至感。关于《综合医院建筑设计》一书的增订起稿当中的存在问题，曾作了些初步交谈。这次承您劳步访问了卫生部财务基建司，看起来要想等该部制定新的标准定额是赶不上当前的急需的，而我们借调帮忙的人员，也未便长期拖下去，总得找到一个从权处理的办法。建研院要我参加“研究建筑领域儒法斗争座谈会”，将于 12 月 2 日报到，届时我想和有关各方面共同寻找一条出路。余待面谈，忽此顺候

身体健康！并候

出版社各位同志均好！

杨廷宝

74.11.27

14.1975 年 2 月 5 日致王伯扬信

王伯扬同志：

前者在京开会固不便外出，后又随集体南返，竟致未能趋访，面聆教益，至以为歉。

顷“综合医院设计”编写小组已将该书的第四、五、六各章及第八章（部分设备）初稿写成，兹晒印一份另包由邮寄上，即请社里各位同志披阅提意见，以便进一步修改是荷。（希望暑假完成定稿，若卫生部无新要求的话）

专此即颂

春节快乐！并希代候

出版社各位同志身体健康！

杨廷宝

75.2.5

寅弟阅：接到十二月十三日来信，得知冰宜身体较前好多了，甚慰。水利局设计院曹葆华同志日前来家稍坐，带来尖红枣壹包，并已照收无误，留她便饭，坚辞而去。驻马店寄来的姜亦早收到，希无念。适宜的眼镜近日间由邮给她寄去。专此顺问

冰宜及以次均好

哥嫂均此 十二月廿三日

一九七五年

15.1975 年 12 月 23 日致杨廷寘[⑤]信

寘弟阅：

接到十二月十三日来信，得知冰宜身体较前好多了，甚慰。水利局设计院曹葆华同志日前来家稍坐，带来大红枣一包，业已照收无误。留她便饭坚辞而去。驻马店寄来的姜亦早收到，希无念。廷宜的眼镜准日间由邮给她寄去。专此顺问冰宜及以次均好。

哥嫂均此

十二月二十三日，一九七五年

⑤杨廷寘：杨廷宝小弟

王伯扬同志：

久未通讯，想必诸凡顺遂为祝为颂。兹由卷中找出来卫生部计划财务司刘美亭局长於1975年8月11日给我来的信，内中有关于编写《综合医院建筑设计》一书所提的几条参考意见，特照抄一份如下，在您的工作过程中或许有些用处：

①建议本书多介绍现有医院，在分析中避免硬性结论。对过去未正式颁发的内部参考标准（如卫生部计财司城乡医院建筑规范草案，因制订时间较久，且存在不少问题）请不要附录，也不要举例。

②贯彻自力更生，坚苦奋斗，勤俭建国的方针。不推荐不成熟的新技术（如大型高压氧舱）；过去建了而现在不用或很少用的东西（如泥疗室、入院处理发室等）要加以说明；专科医院的资料要有分析；不把设想与实例同表并列；最好不介绍国外资料。

③门诊、病房的房间尺寸，尽量通用，向标准化发展。

④对县以下医疗设施（如县医院、公社卫生院）多做些调查，下点力量，单独写一章。

⑤随着医疗技术的发展，医院下水成份日趋复杂（如同位素的应用）对环境污染也愈严重，已引起有关部门重视。希望在这方面做点工作，推荐一些可行的处理办法。

⑥在前言或合适的地方，提一下使用书中资料应注意的问题，如只供参考，不做标准规范，因地制宜，避免大洋全等。

专此，顺致
革命敬礼！并希代候杨社长及其他各位同志春节快乐！

杨廷宝启 1977-2-5

52820

再者陈励先同志前些发高烧五六天刻尚在家休息知注并闻 又及
(39°+C)

26

16.1977 年 2 月 5 日致王伯扬信

王伯扬同志：

久未通讯，想必诸凡顺适为祝为颂。兹由卷中找出来卫生部计划财务司刘美亭局长于 1975 年 8 月 11 日给我来的信，内中有关于编写《综合医院建筑设计》一书所提的几条参考意见，特照抄一份如下，在您的工作过程中，或能有点用处：

①建议本书多介绍现有医院，在分析中避免硬性结论。对过去未正式颁发的内部参考标准（如卫生部计财司城乡医院建筑规范草案，因制定时间较久，且存在不少问题）请不要附录，也不要举例。

②贯彻自力更生，坚[艰]苦奋斗，勤俭建国的方针。不推荐不成熟的新技术（如大型高压氧舱）；过去建了而现在不用或很少用的东西（如泥疗室，入院处理发室等）要加以说明；专科医院的资料要有分析；不把设想与实例同表并列；最好不介绍国外资料。

③门诊、病房的房间尺寸，尽量通用，向标准化发展。

④对县以下医疗设施（如县医院、公社卫生院）多做些调查，下点力量，单独写一章。

⑤随着医疗技术的发展，医院下水成份[分]日趋复杂（如同位素的应用），对环境污染也愈严重，已引起有关部门重视。希望在这方面做点工作，推荐一些可行的处理办法。

⑥在前言或合适的地方，提一下使用书中资料应注意的问题，如只供参考，不做标准规范，因地制宜，避免大洋全等。

专此，顺致 革命敬礼！并希代候杨社长及其他各位同志春节快乐！

杨廷宝启

1977-2-5

再者陈励先同志前曾发高烧（39℃）五六天，刻尚在家休息知注并闻，又及。

宝曾同志：

南工出版的"建筑制图"已由齐康同志寄上请收阅，转来我们在桂林叠彩山上拍的壹幅纪念小照，捧阅之下顿觉身临其地。您还记得么，我们大家读悬崖上的两首诗，我曾抄下来是1963年一月廿九日朱德总司令写的，其词云"徐老老英雄，同上明月峰，登高不用杖，脱帽喜东风"，时徐老已87岁。接下去是徐特立步朱总韵："朱总更英雄，同行先登峰，拏云亭上望，漓水来春风"。其后咱们仝游不是也续了一首么？其词云："各位亦英雄，同来登高峰，读了二老诗，更好作工程。"附录于此以资一笑。专此

並祝新年诸凡顺遂身体康健！

阖府均吉！

廷宝

1978.1.4

17.1978 年 1 月 4 日致汪定曾信

定曾同志：

南工出版的《建筑制图》已由齐康同志寄上谅收阅，转来我们在桂林叠彩山上拍的一幅纪念小照，捧阅之下顿觉复临其地。您还记得么，我们大家读悬崖上的两首诗，我曾抄下来，是 1963 年一月二十九日朱德总司令写的，其词云“徐老老英雄，同上明月峰，登高不用杖，脱帽喜东风”。时徐老已 87 岁。接下去是徐特立步朱总韵：“朱总更英雄，同行先登峰，拏云亭上望，漓水来春风”。其后咱们同游不是也续了一首么？其词云：“各位亦英雄，同来登高峰，读了二老诗，更好作工程”。附录于此，以资一笑。专此并祝新年诸凡顺适，身体康健！

阖府均吉！

廷宝

1978.1.4

建筑系办公室各位同志：

广州返沪后，因铁道部要求参加讨论上海市北站新方案及苏州新车站方案未克即返南京。昨蔡镇钰同学来谈，潘谷西同志曾来电话问及何日返宁，因徐州淮海战役纪念馆二期工程即将上马，本拟即归，无奈浙江省委邀请大家（赵深、吴景祥、冯继忠、林克明和我）去杭州研究他们杭州城市规划和旅游宾馆等工程设计并云戴念慈已在那里等候，看来也未便谢绝，只好等明后天在沪结束苏州车站的审查后，随大家一同前去参加开会；似此情况，估计一周之后方能返宁。请便中转知潘谷西同志和系总支及院办公室，据说除给我个人发信外另有公函到学校云。专此 顺问

各位同志身体健康！

杨廷宝

1978.6.14晚

又赵深院长让转告齐康同志上海站的模型因此间研究新方案还在参考使用，等用毕之后再奉还。宝又及

永生仝志

日前过我叙谈甚快

惜次日因省里有会未克分身趋

访送行尚祈见谅

兹查出那幅小速写是故

宫钦安殿后面的承光门特

此奉闻 顺颂

身体健康！并候

杨社长及公孙均好！

杨廷宝上

七月卅日

12-126·38513

18.1978 年 6 月 14 日致建筑系办公室信

建筑系办公室各位同志：

广州返沪后，因铁道部要求参加讨论上海市北站新方案及苏州新车站方案未克即返南京。昨蔡镇钰同学来谈，潘谷西同志曾来电话问及何日返宁，因徐州淮海战役纪念馆二期工程即将上马，本拟即归，无奈浙江省委邀请大家（赵深，吴景祥，冯继忠，林克明和我）去杭州研究他们杭州城市规划和旅游宾馆等工程设计并云戴念慈已在那里等候，看来也未便谢绝，只好等明后天在沪结束苏州车站的审查后，随大家一同前去参加开会；似此情况，估计一周之后方能返宁。请便中转知潘谷西同志和系总支及院办公室，据说除给我个人发信外另有公函到学校云。专此顺问

各位同志身体健康！

杨廷宝

1978.6.14 晚

又赵深院长让转告齐康同志上海站的模型因此间研究新方案还在参考使用，等用毕之后再奉还。

宝又及

19.1978 年 7 月 30 日致杨永生⑥信

永生同志：

日前过我，叙谈甚快。惜次日因省里有会，未克分身趋访送行，尚祈见谅。

兹查出那幅小速写是故宫钦安殿后面的承光门，特此奉闻。顺颂

身体健康！并候

杨社长及以次均好！

杨廷宝上

七月卅日

⑥杨永生：时任中国建筑工业出版社副总编

贤弟阅毕报来函始终未能作复因为此地干部体检查出我眼底出血虽不太甚已是血管硬化的表现医生勒令住院休息共为一个月又零四天出院后跟着就随[illegible]偕去北京参加全国人代会携汝嫂同往住西郊海司第一招待所这次大会充分发扬民主人心振奋会上遇黄委会王化云我向他提了你的工作问题请他注意遇机最好调回水利部门以发挥其所长他表示愿为注意这次在京得知杨菲已结婚夫妻二人曾到招待所见过临行前又去过宾家吃一顿饭他们近况均还好杨芹杨营近来都很忙晓青到京治鼻子也见了两面上星期返宁省里正在传达学习大会精神前谓飞机场来电话问是否你路过南京打来的呢匆此兄宝手并问非宜及以项好好

汝嫂附笔致意

九月廿一晚 一九七八年

20.1978 年 9 月 21 日致杨廷賓信

賓弟阅：

前接来函，始终未能作复，因为此地干部体检，查出我眼底出血，虽不太甚，已是血管硬化的表现。医生勒令住院休息，共为一个月又零四天。出院后跟着就随集体去北京参加全国人代会，携汝嫂同往，住西郊海司第一招待所。

这次大会充分发扬民主，人心振奋，会上遇黄委会王化云，我向他提了你的工作问题，请他注意遇机最好调回水利部门，以发挥其所长，他表示愿为注意。

这次在京得知杨菲已结婚，夫妻二人曾到招待所见过，临行前又去廷宾家吃一顿饭，他们近况均还好。士芹士萱近来都很忙，晓青到京治鼻子，也见了两回。

上星期返宁，省里正在传达学习大会精神。有谓飞机场来电话者，是否你路过南京打来的呢？忽此兄宝手，并问冰宜及以次均好！

汝嫂附笔致意

九月二十一晚，一九七八年

王瑞株同志：

我感到实在对你不起，1979年5月16日寄来的建筑理论著作ARCHITECTURAL PHILOSOPHY一卷我迟迟未克早日修覆。这是一部巨著，你化了这么多年的时间和精力，披阅了那么多的书籍，集了1500条的札记，初稿竟达十六万字。无论如何，像这样的治学毅力，是不能不令人佩服的。至今还要继续研究下去，更是一般人所难能的。

我近来经常出差不在家，对于你这部著作至今还未能看完，初步印像，此书份量很重，很难以三言两语来加以评论。总的说起来，我们建筑界，能够化功夫深入研究建筑历史和设计理论的人实在不多。你能这样认真地长期钻研，确是难得，这种精神是值得我们大家学习的。你既然工作地点在丰台，距母校清华不远，未悉是否有机会和汪坦教授联系。或许仍有机会向清华图书馆再借些书籍看看。

惭愧的很，这些年来我只是和许多实际设计工作打交道而对于理论方面很少化工夫。平时所听到的是，一般建筑界的大师们多数认为任何时代的建筑作品都是某一时代的政治、经济、科学技术、风俗习惯的综合表现。至于哪个方面的影响起决定性作用则因具体建筑物的用途和性质而异。例如前清帝国时代只有宫殿或庙宇准许用黄色琉璃瓦，平民的房屋只准用青布瓦。这里政治制度起了决定性作用。现代高层建筑是近代科学技术发达的结果，因而起了主导作用。这种看法是相当普遍的。学术的问题是可以有不同的看法的。百花齐放么！不能有任何规定。所以说你的研究成果，未始不可以著书立说，你讲"在影响人类建筑构图的各种原因当中建筑材料是第一位的、最活跃的和起决定性作用的因素"未始不可。在某些例子的建筑中确是如此，但亦不能说都是这样。

你五月间寄来的信，我未克及时答复，日前又奉来示催问，实感抱歉之至，尚希鉴谅

专此布复 顺问

身体健康！诸凡顺适！

杨廷宝启

1979-11-12日

21.1979 年 11 月 12 日致王瑞珠[⑦]信

王瑞珠同志：

我感到实在对你不起，1979 年 5 月 16 日寄来的建筑理论著作 *ARCHITECTURAL PHILOSOPHY*（《建筑哲学》）一卷，我迟迟未克早日修覆（复）。这是一部巨著，你化 [花] 了这么多年的时间和精力，披阅了那么多的书籍，集了 1500 条的札记，初稿竟达十六万字。无论如何，像这样的治学毅力，是不能不令人佩服的。至今还要继续研究下去，更是一般人所难能的。

我近来经常出差不在家，对于你这部著作至今还未能看完，初步印像 [象]，此书份 [分] 量很重，很难以三言两语来加以评论。总的说起来，我们建筑界，能够化 [花] 功夫深入研究建筑历史和设计理论的人实在不多。你能这样认真地长期钻研，确是难得，这种精神是值得我们大家学习的。你既然工作地点在丰台，距母校清华不远，未患是否有机会和汪坦教授联系。或许仍有机会向清华图书馆再借些书籍看看。

惭愧的 [得] 很，这些年来我只是和许多实际设计工作打交道而对于理论方面很少化 [花] 功夫，平时所听到的是，一般建筑界的大师们多数认为任何时代的建筑作品都是某一时代的政治、经济、科学技术、风俗习惯的综合表现。至于哪个方面的影响起决定性作用，则因具体建筑物的用途和性质而异。例如前清帝国时代只有宫殿或庙宇准许用黄色琉璃瓦，平民的房屋只准用青布瓦。这里政治制度起了决定性作用。现代高层建筑是近代科学技术发达的结果，因而起了主导作用。这种看法是相当普遍的。

学术的问题，是可以有不同的看法的。百花齐放么！不能有任何规定。所以说你的研究成果，未始不可以著书立说，你讲“在影响人类建筑构图的各种原因当中建筑材料是第一位的、最活跃的和起决定性作用的因素”未始不可。在某些例子的建筑中确是如此，但亦不能说都是这样。

你五月间寄来的信，我未克及时答复，日前又奉来示催问，实感抱歉之至，尚希鉴谅。

专此布复 顺问

身体健康！诸凡顺适！

杨廷宝启

1979-11-12 日

⑦王瑞珠：1963 年毕业于清华大学建筑系，后为中国城市规划设计研究院研究员、院士

一九六三年一月二十九日朱德总司令携徐特立老同志登桂林叠綵山各吟詩一首刻在峭壁上朱总司令詩 徐老老英雄同上明月峰登高不用杖脱帽喜東風 徐特立老同志當即和詩一首其詞云 朱总更英雄同行先登峰拏云亭上望漓水來春風 一九七八年十一月三日建筑界几位同志到此遊览讀二老詩深受鼓午因乃学作四句以資紀念 各位亦英雄同來登高峰讀了二老詩更好作工程 孫礼恭同志留念 楊廷宝書時年七十八岁

22.1979年致孙礼恭[⑧]信

一九六三年一月二十九日，朱德总司令携徐特立老同志登桂林叠彩山，各吟诗一首，刻在峭壁上。朱总司令诗：徐老老英雄，同上明月峰，登高不用杖，脱帽喜东风。徐特立老同志当即和诗一首，其词云：朱总更英雄，同行先登峰，拏云亭上望，漓水来春风。

一九七八年十一月三日，建筑界几位同志到此游览，读二老诗，深受鼓舞。因乃学作四句以资纪念：各位亦英雄，同来登高峰，读了二老诗，更好作工程。

孙礼恭同志留念

杨廷宝书

时年七十八岁

⑧孙礼恭：时任桂林市建筑设计院院长

南京工学院

Nanjing Institute of Technology
Nanjing, P.R.C.
April 10, 1980.

Dear Sir:-

It gives me great pleasure to introduce to you herewith Mr. Xi Shu-Xiang a graduate (1958, with excellent records) of the Architectural Department of Tsing Hua University, Beijing. He taught Architectural History for a few years in the Technical Institute of Inner Mongolia. He was back in Tsing Hua since 1960 for some advanced research study in Chinese architectural history. He came to Nanjing since 1963 and began to teach architectural design until now. At the mean time, he participated in a number of architectural design projects and also translated three books on

地 址：南京四牌楼2号　电报挂号：〇五一五　电 话：34691—5

南京工学院

architecture from English to Chinese. We feel that he has been doing excellent work. He is planning at present to pursue his Ph. D program.

Yours sincerely,
Yang Ting-Pao
Vice President, Nanjing Institute of Technology.
Professor of Architectural Design.

地 址：南京四牌楼2号　电报挂号：〇五一五　电 话：34691—5

23.1980 年 4 月 10 日为奚树祥[⑨]写的留美推荐信

南京工学院，南京，中国，04.10.1980

敬启者：

我很荣幸地向您推荐一位北京清华大学建筑系的毕业生——奚树祥先生（1958 年毕业，成绩优异）。他在内蒙古建筑学院[⑩]有几年建筑历史教学的经验。1960 年他回到清华，在中国建筑史方面进行了更深入的研究。1963 年，他来到了南京工学院，开始进行建筑设计教学至今。同时，他参与了很多建筑设计项目，并对三本建筑类图书做了英译汉工作。

我们认为他的工作非常出色。目前，他计划去攻读博士学位。

您诚挚的

杨廷宝

南京工学院副院长

建筑设计教授

⑨奚树祥：时为南京工学院建筑系教师

⑩内蒙古建筑学院 1958 年成立，1961 年院系调整并入内蒙古工学院。与奚树祥本人核实，此处应为英文误写。

贤弟如晤久未给你通讯了我年前去上海为个工程又去福建武夷山开参加一个关于风景区规划的会议就住在武夷山口那里风景确实不错山青水秀相传自古是住神仙的地方风景的精华是一条九曲水可以乘竹筏游览附近有个自然保护区除却林木丛茂还有许多珍奇动物可惜文化大革命以来破坏的很利害山区之内本有不少庙宇据谓是道教一个圣地但在咱省到过不少地方不知我省亦有这样的好景点缀否多年来我总想进伏牛山里看看据说现在公路已穿过可能许多风景已遭破坏了吧你的工作安排未知近来有无变动的可能今年春节几个孩子都回到南京了颇热闹将来遇机也许回河南看看余再函

顺问冰宜及小孩均好　新春初二晚　兄宝手

法青附笔问好（一九八一年二月）

24.1981 年 2 月致杨廷寘信

寘弟如晤：

久未给你通讯了。我年前去上海看个工程，又去福建武夷山参加一个关于风景区规划的会议，就住在武夷山口那里，风景确实不错，山青 [清] 水秀，相传自古是住神仙的地方。风景的精华是一条九曲水，可以乘竹筏游览，附近还有个自然保护区，除却林木丛茂，还有许多珍奇动物，可惜“文化大革命”以来破坏的很利 [厉] 害。山区之内本有不少庙宇，据谓是道教一个圣地。你在咱省到过不少地方，不知我省亦有这样的好景致否？多年来我总想进伏牛山里看看，据说现在公路穿过，可能许多风景已遭破坏了吧？你的工作安排未知近来有无变动的可能？今年春节，几个孩子都回到南京了，颇热闹，将来遇机也许回河南看看。余再函。

顺问冰宜及以次均好！

新春初二晚兄宝手

法青附笔问好（一九八一年二月）

南京工学院

Nanjing Institute of Technology
Nanjing, P. R. C.
Mar. 30, 1981

School of Architecture
and Urban Planning
University of Califor nia
405 Hilgard Avenue
Los Angeles California 90024

Dear Sir:

It gives me great pleasure to introduce to you herewith Mr. Xi Shu-Xiang a graduate (1958, with excellent records) of the Architectural Department of Tsing Hua University, Beijing. He taught Architectural History for a few years in the Technical Institute of Inner Mongolia. He was back in Tsing Hua since 1960 for some advanced research study in Chinese architectural history. He came to our Institute since 1963 and began to teach architectural design until now. At the meantime, he participated in a number of architectural design projects and also translated three books on Architecture from English to Chinese. We feel that he has been doing excellent work. He is planning at present to pursue his visiting scholar program. I would like to recommend him as a candidate to apply a Ph. D Program.

Yours sincerely,

Yang Ting-Pao

Yang Ting-Pao
Professor of Architectural Design.
Vice President of Nanjing Institute of Technology.
President of the Chinese National Society of Architects
Vice Governor of Chiang Su Province.

25.1981 年 3 月 30 日为奚树祥打印的留美推荐信

南京工学院，南京，中国，03.30.1981
建筑和城市规划学院
加利福尼亚大学
405 Hilgard Avernue
洛杉矶，加利福尼亚，90024

敬启者：

我很荣幸地向您推荐一位北京清华大学建筑系的毕业生——奚树祥先生（1958 年毕业，成绩优异）。他在内蒙古建筑学院有几年建筑历史教学的经验。1960 年他回到清华，在中国建筑史方面进行了更深入的研究。1963 年，他来到了南京工学院，开始进行建筑设计教学至今。同时，他参与了很多建筑设计项目，并对三本建筑类图书做了英译汉工作。我们认为他的工作非常出色。目前，他申请了访问学者计划。我愿推荐他攻读博士学位。

您诚挚的
杨廷宝（签名）
建筑设计教授
南京工学院副院长
中国建筑学会理事长
江苏省副省长

三、作业荟萃

1. 宾夕法尼亚大学建筑系西建史作业

Section of central portion of Hypostyle
Hall at Karnac. Scale 50 ft. to 1 in.

[From History of Architecture — Fergusson. Vol. II Page 108]

Illustration of Flat Roof as the
Influence of Dry Climate upon
Architecture.

(1) 卡纳克多柱厅中央部分剖面

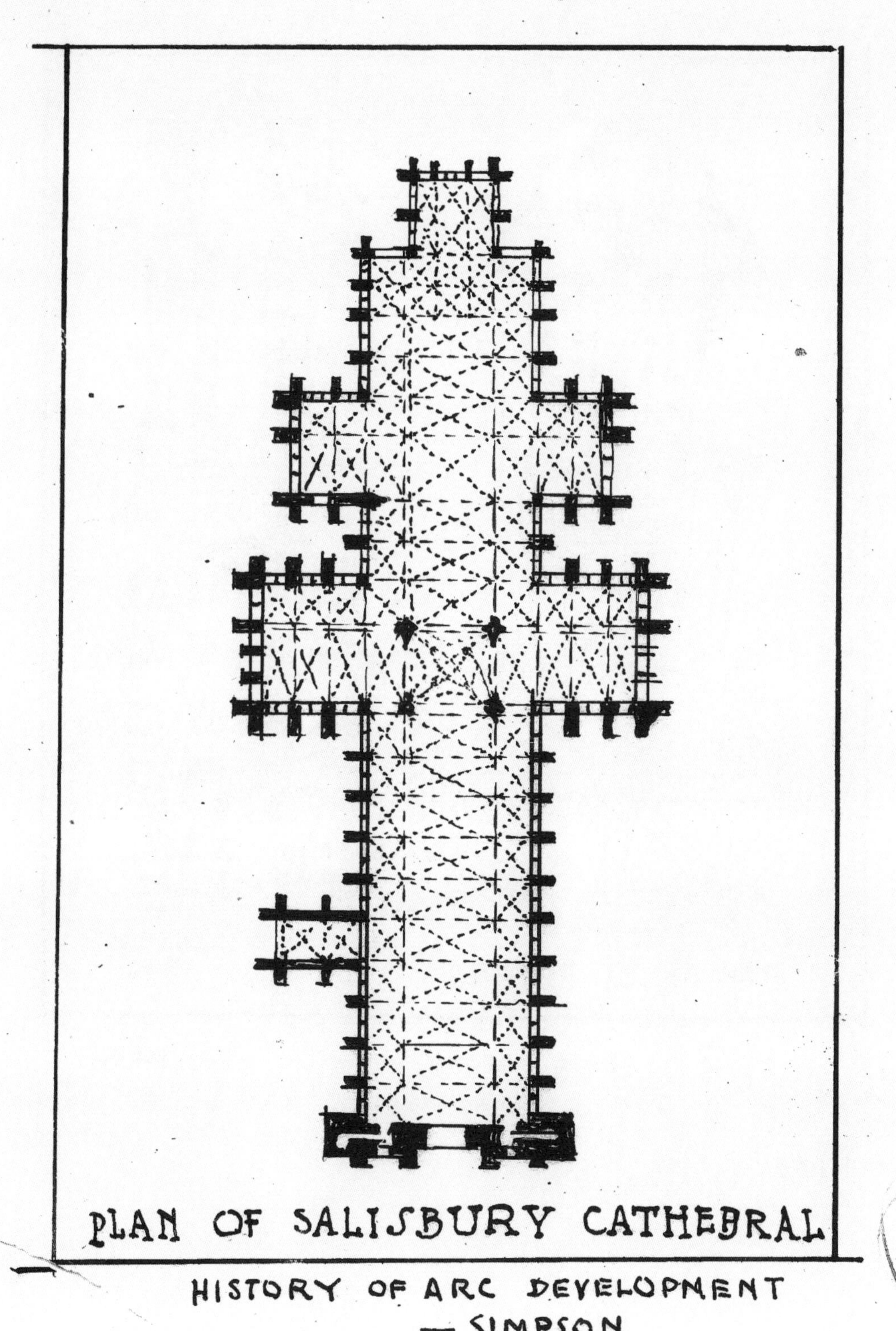

(2) 索尔兹伯里大教堂平面

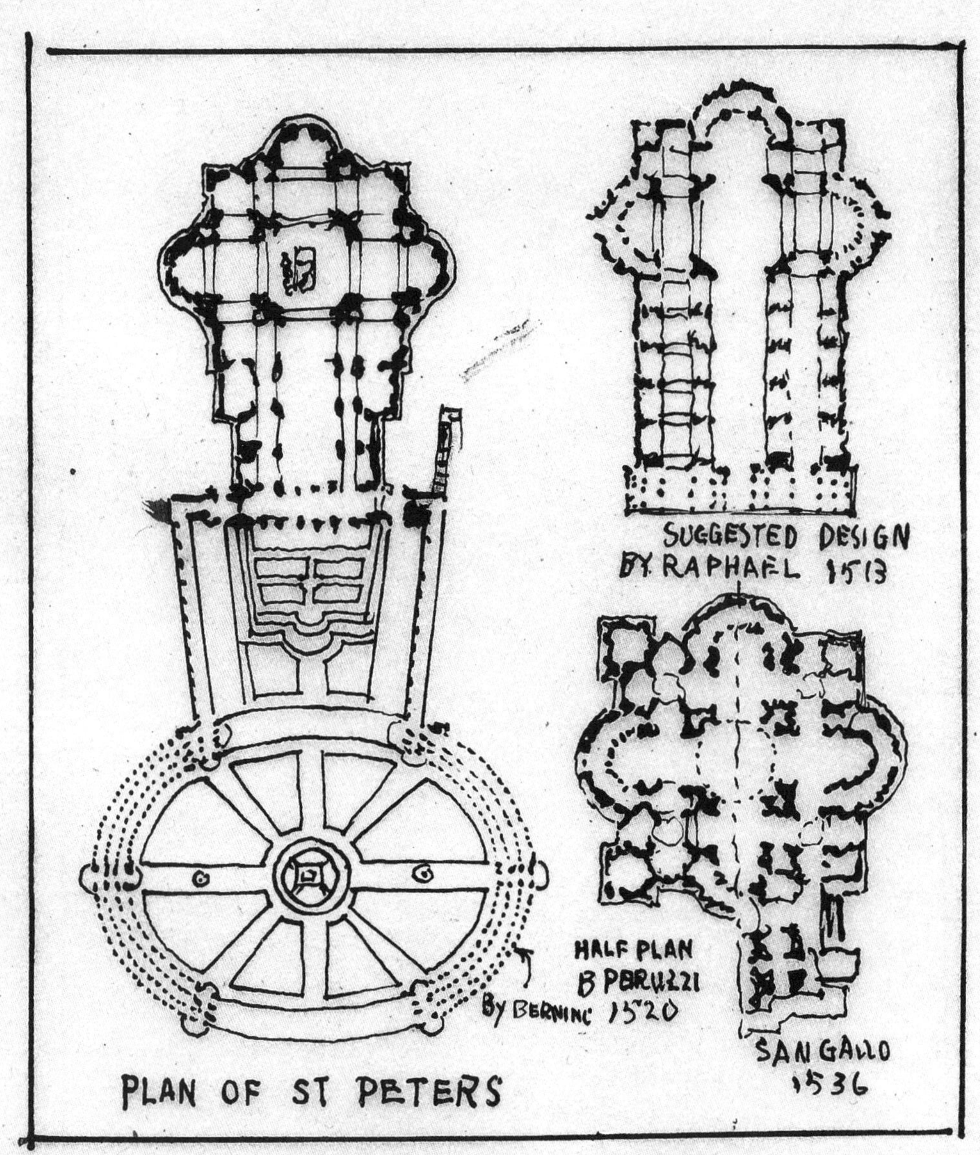
SUGGESTED DESIGN
BY RAPHAEL 1513
HALF PLAN
B PERUZZI
By BERNINC 1520
SAN GALLO
1536
PLAN OF ST PETERS
FROM "HISTORY OF ARCH." - Fletcher

(3) 圣彼得大教堂平面

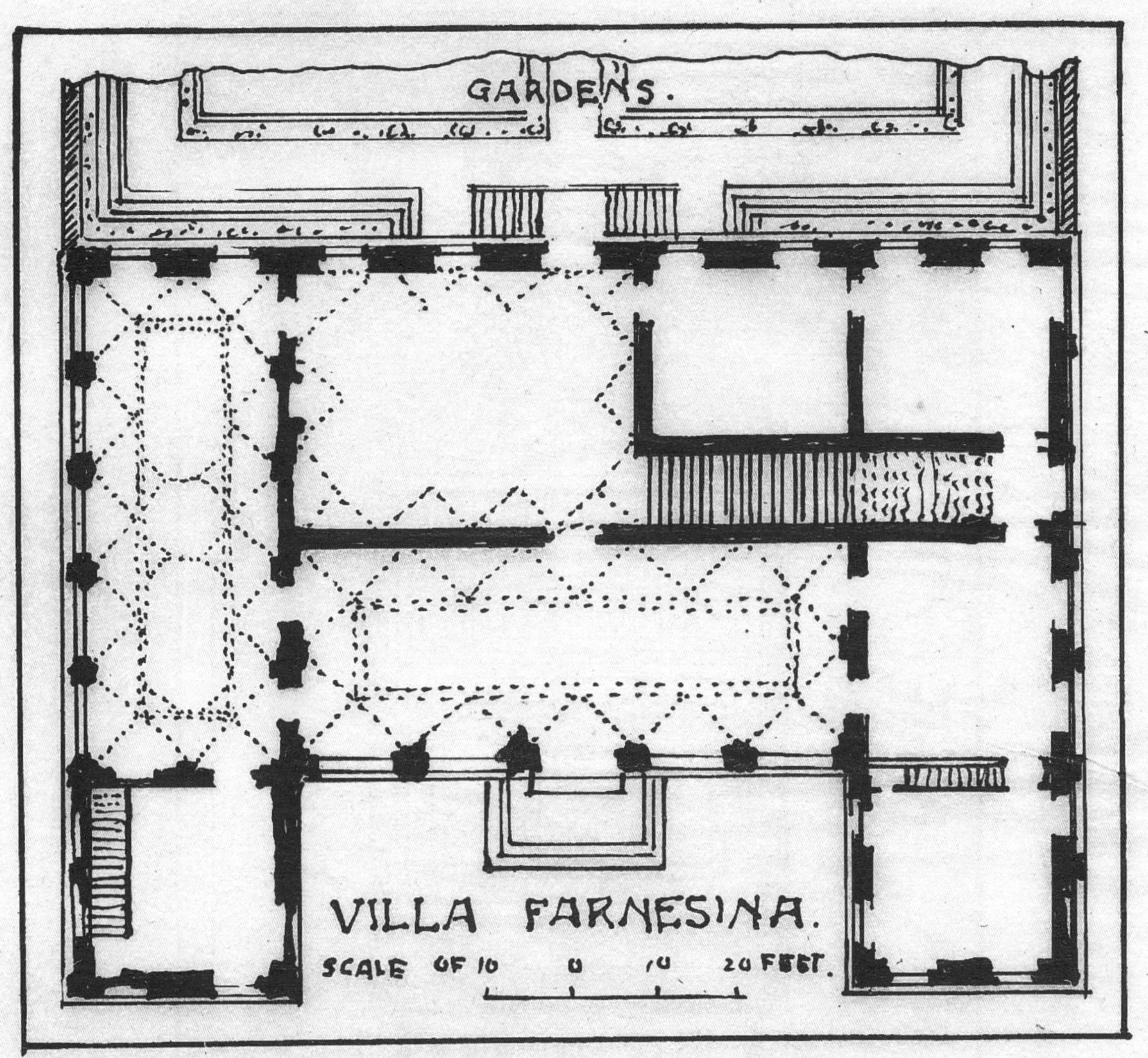
GARDENS.
VILLA FARNESINA.
SCALE OF 10 0 10 20 FEET.
FROM "A Hist. of Arch. Development
-Simpson.

(4) 法尔内西纳别墅平面

(5) 教皇尤利亚三世别墅平面

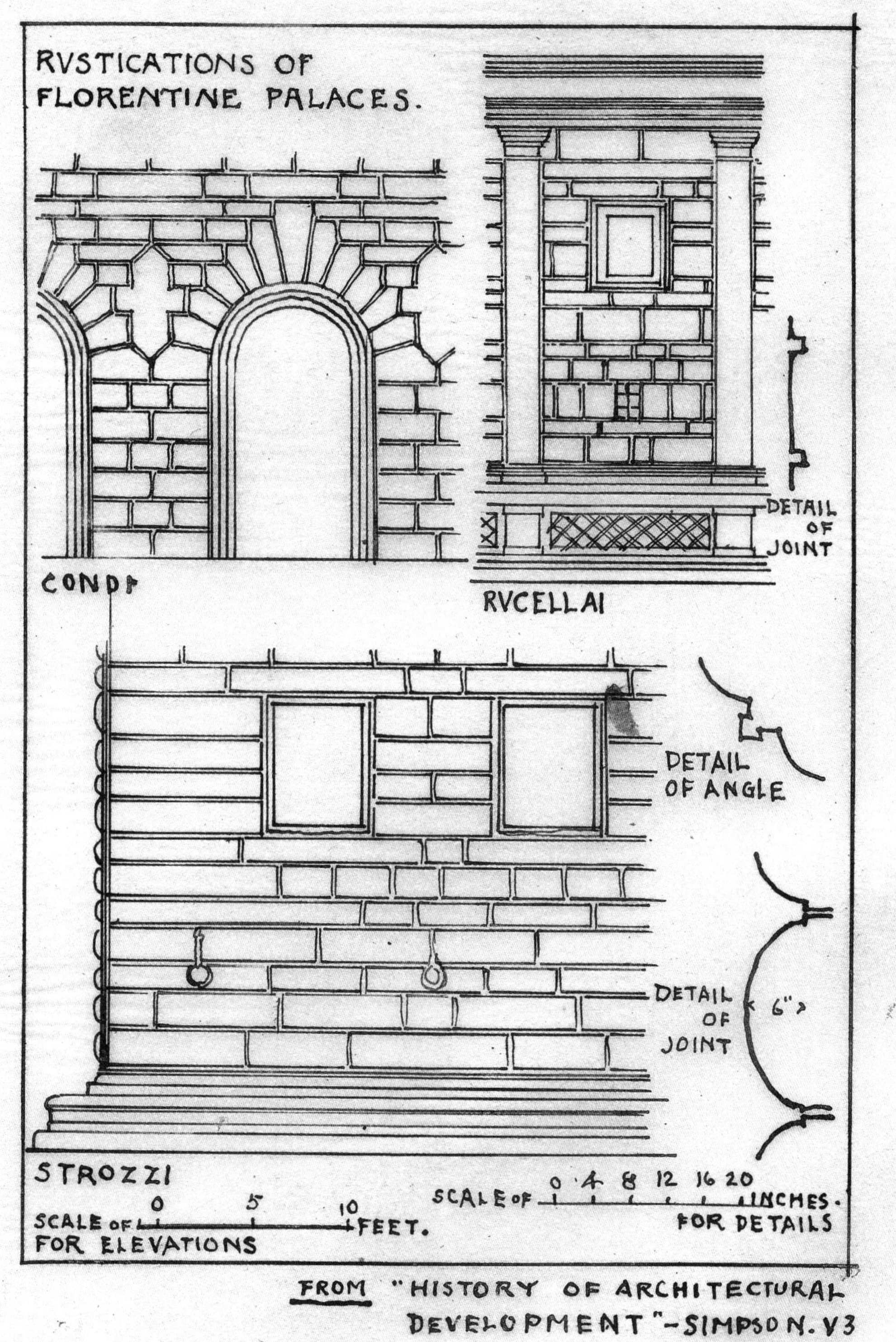
RVSTICATIONS OF
FLORENTINE PALACES.
CONDI
RVCELLAI
DETAIL
OF
JOINT
DETAIL
OF ANGLE
DETAIL
OF
JOINT
6"
STROZZI
SCALE OF 0 5 10 FEET.
FOR ELEVATIONS
SCALE OF 0 4 8 12 16 20 INCHES.
FOR DETAILS
FROM "HISTORY OF ARCHITECTURAL
DEVELOPMENT"-SIMPSON. V3

(6) 佛罗伦萨宫细部

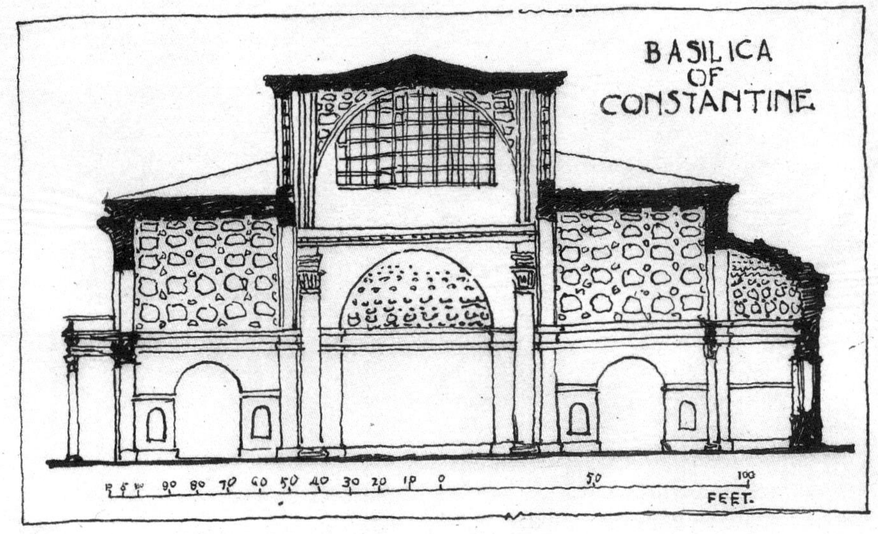

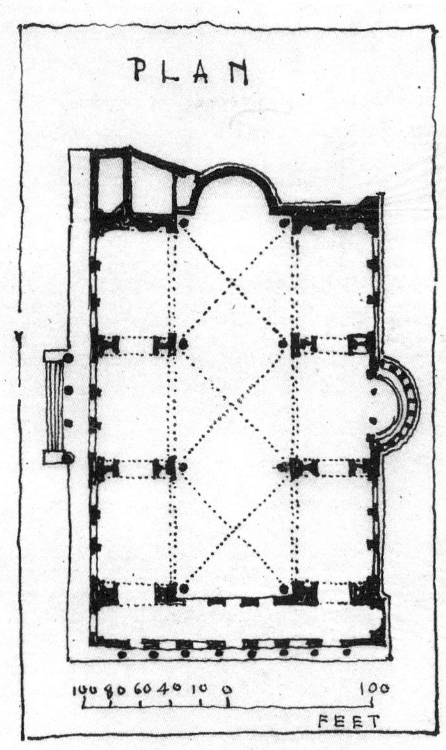

FROM "HISTORY OF ARCHITECTURAL DEVELOPMENT"
– SIMPSON

(7) 康斯坦丁巴西利卡平剖面

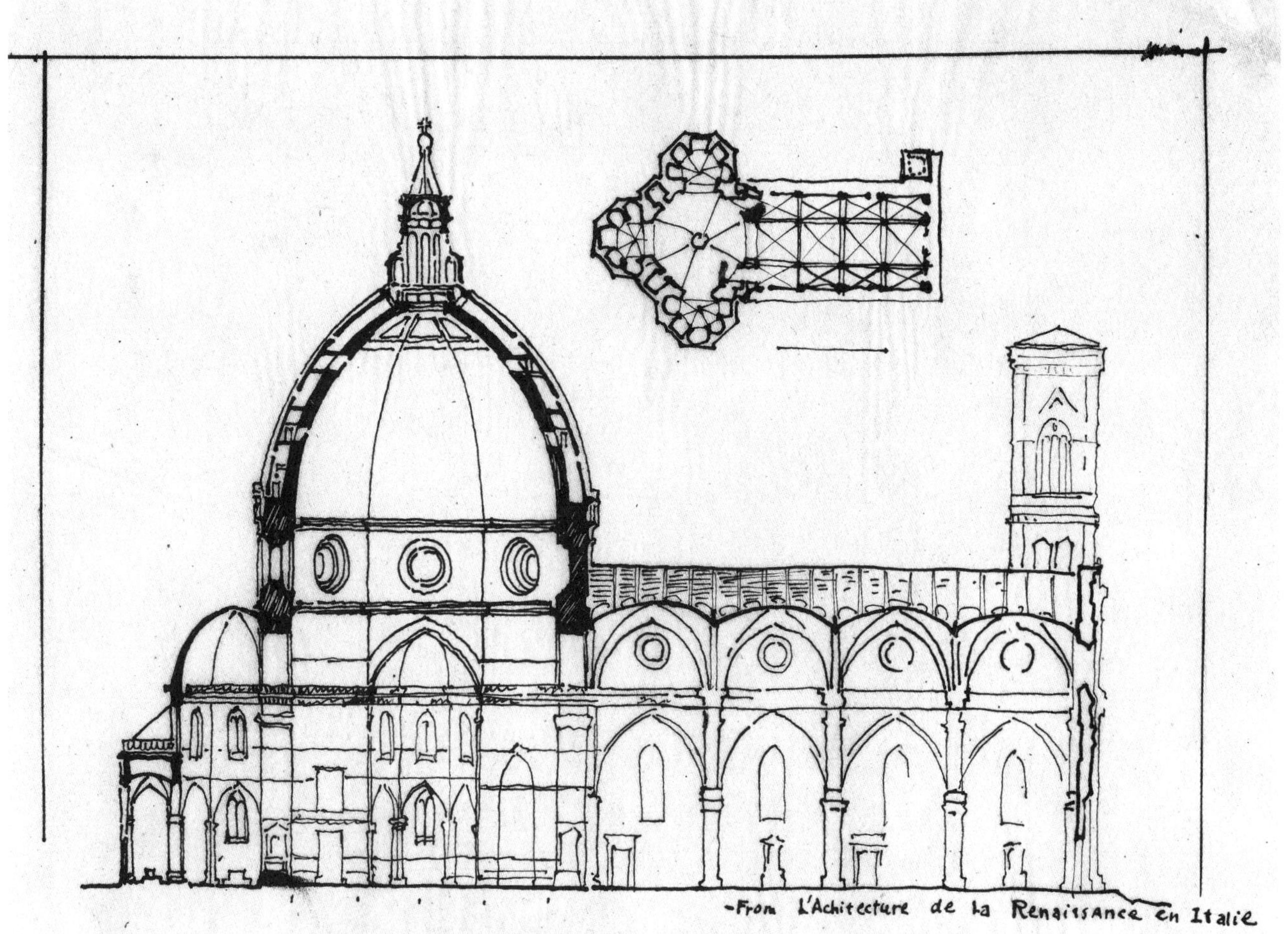

-From L'Achitecture de la Renaissance en Italie
Cathedral of Florence
First Renaissance Dome by Br Brunelleschi

(8) 佛罗伦萨大教堂平剖面

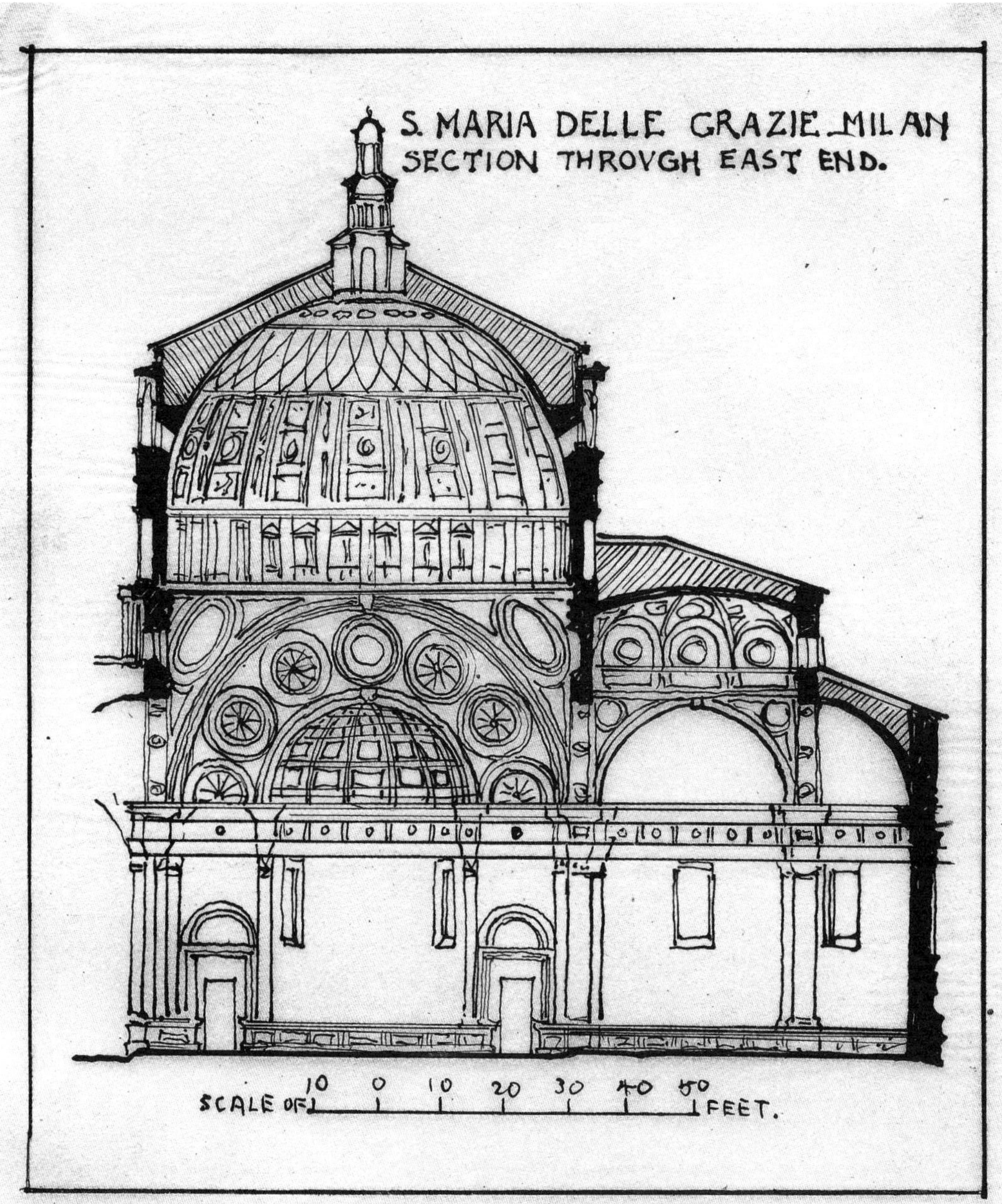
S. MARIA DELLE GRAZIE. MILAN
SECTION THROUGH EAST END.
10 0 10 20 30 40 50
SCALE OF FEET.
FROM "A HISTORY OF ARCHTECTURAL DEVELOPMENT." — Simpson

(9) 米兰圣玛利亚修道院剖面

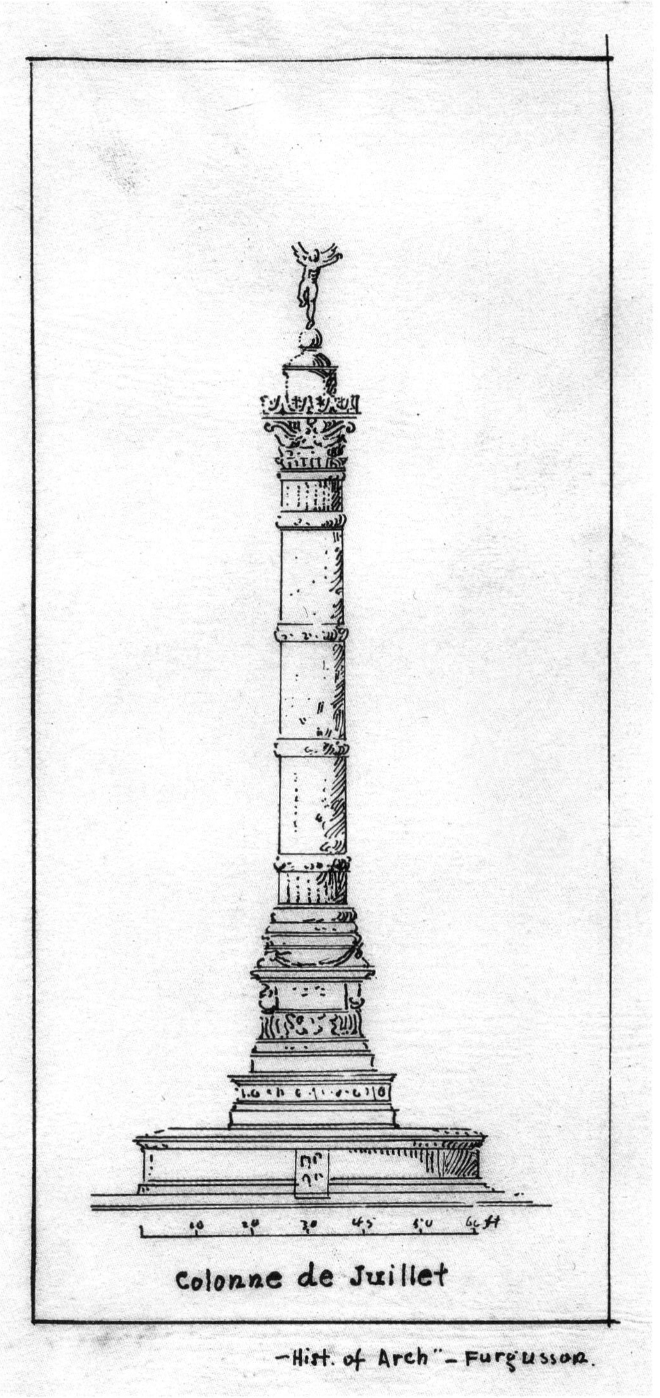
10 20 30 45 50 60 ft
Colonne de Juillet
-Hist. of Arch"- Furgusson.

(10) 七月柱

GREEK ORNAMENT
ACANTHUS LEAF AND STALK FROM THE MONUMENT OF LYSIC-RATES
LION'S' HEAD
ACANTHUS LEAF
LEAF & TONGUE
BEAD & FILLET
EGG & TONGUE
BEAD & FILLET.
ANT-HEMION
BEAD & FILLET
SIMPLE FRET
GUILLOCHE
PORTION OF FRIEZE FROM THE PARTHENON
CARATID FIGURE
FROM "Hist. of Arch." — Fletcher.

(11) 希腊装饰

central pillar from Rhamession
Thebes.
Illustration of Egyption
Papyrus Column.
From "History of Architecture" — Furgusson

(12) 埃及纸莎草柱式图样

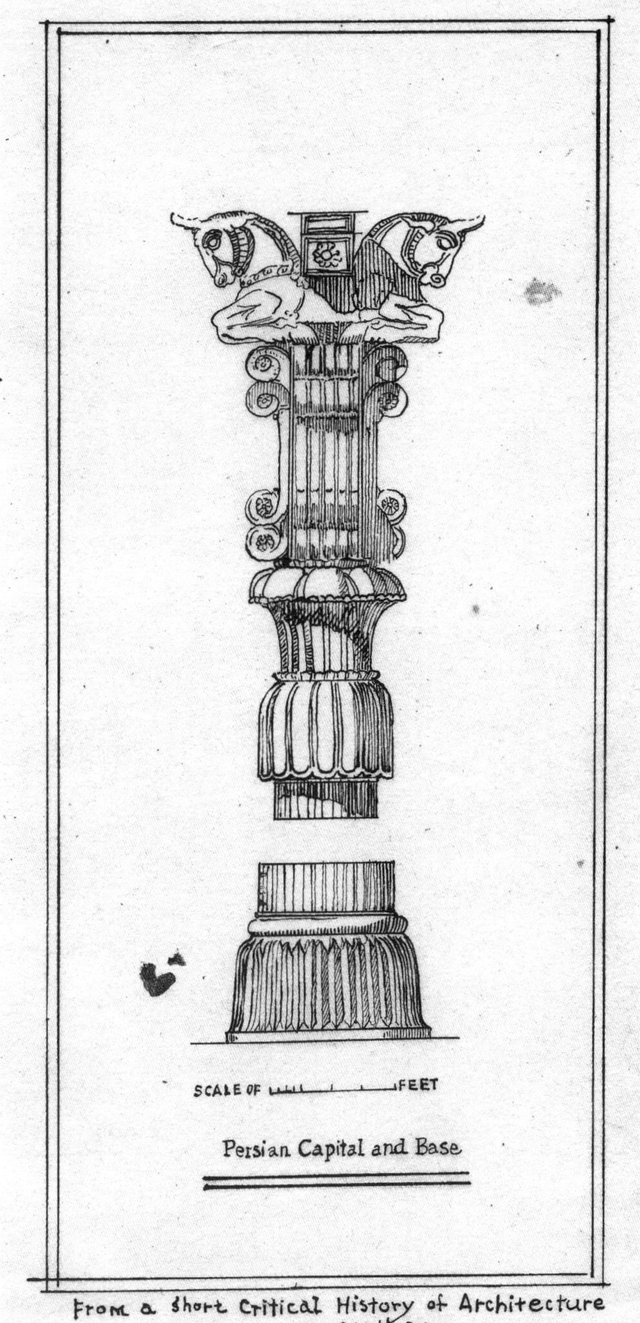

SCALE OF FEET
Persian Capital and Base
From a short Critical History of Architecture
— Statham

(13) 波斯柱头和柱础

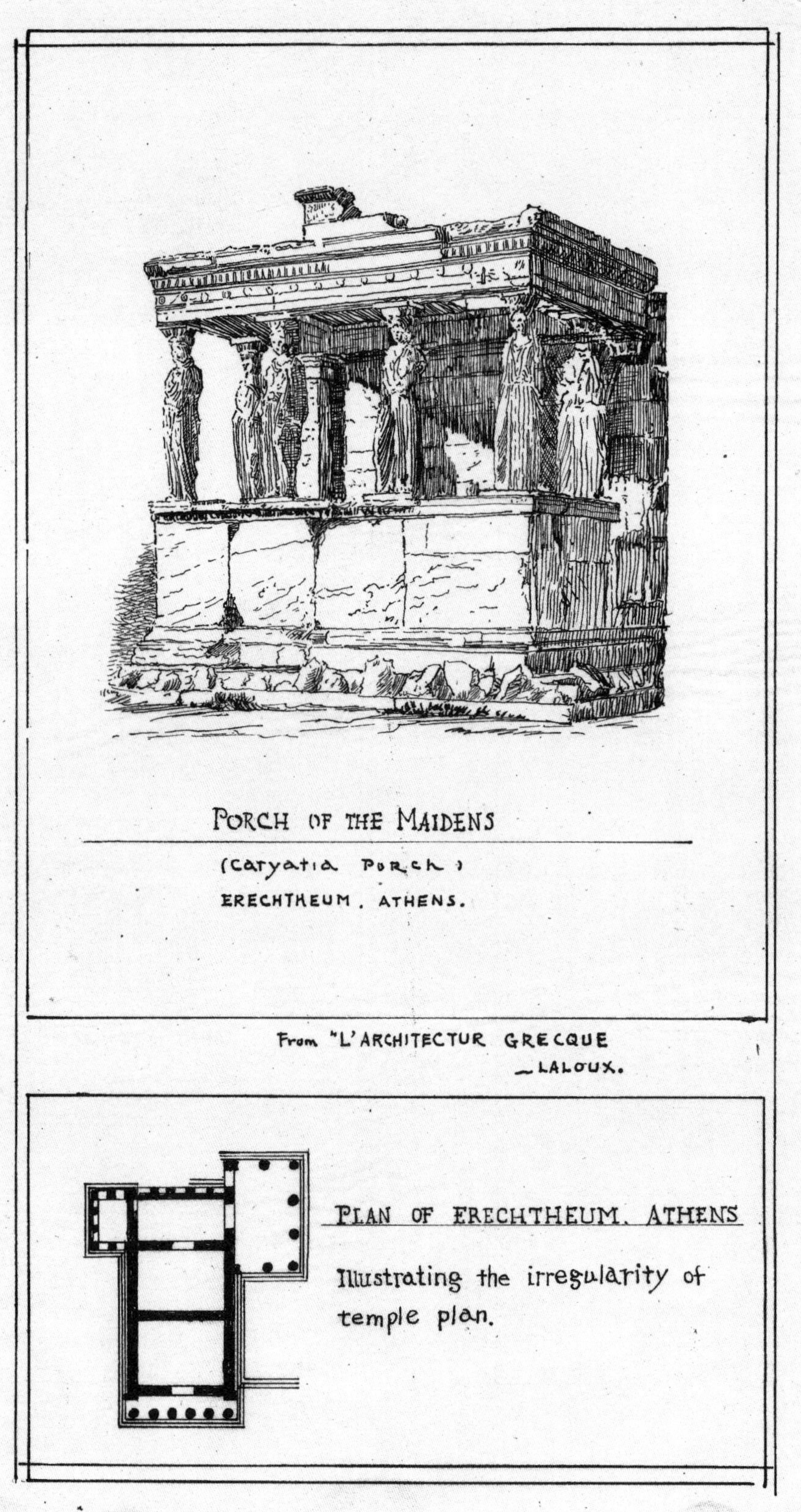
PORCH OF THE MAIDENS
(Caryatia Porch)
ERECHTHEUM. ATHENS.
From "L'ARCHITECTUR GRECQUE
—LALOUX.
PLAN OF ERECHTHEUM. ATHENS
Illustrating the irregularity of
temple plan.

(14) 雅典伊瑞克提翁女像柱廊

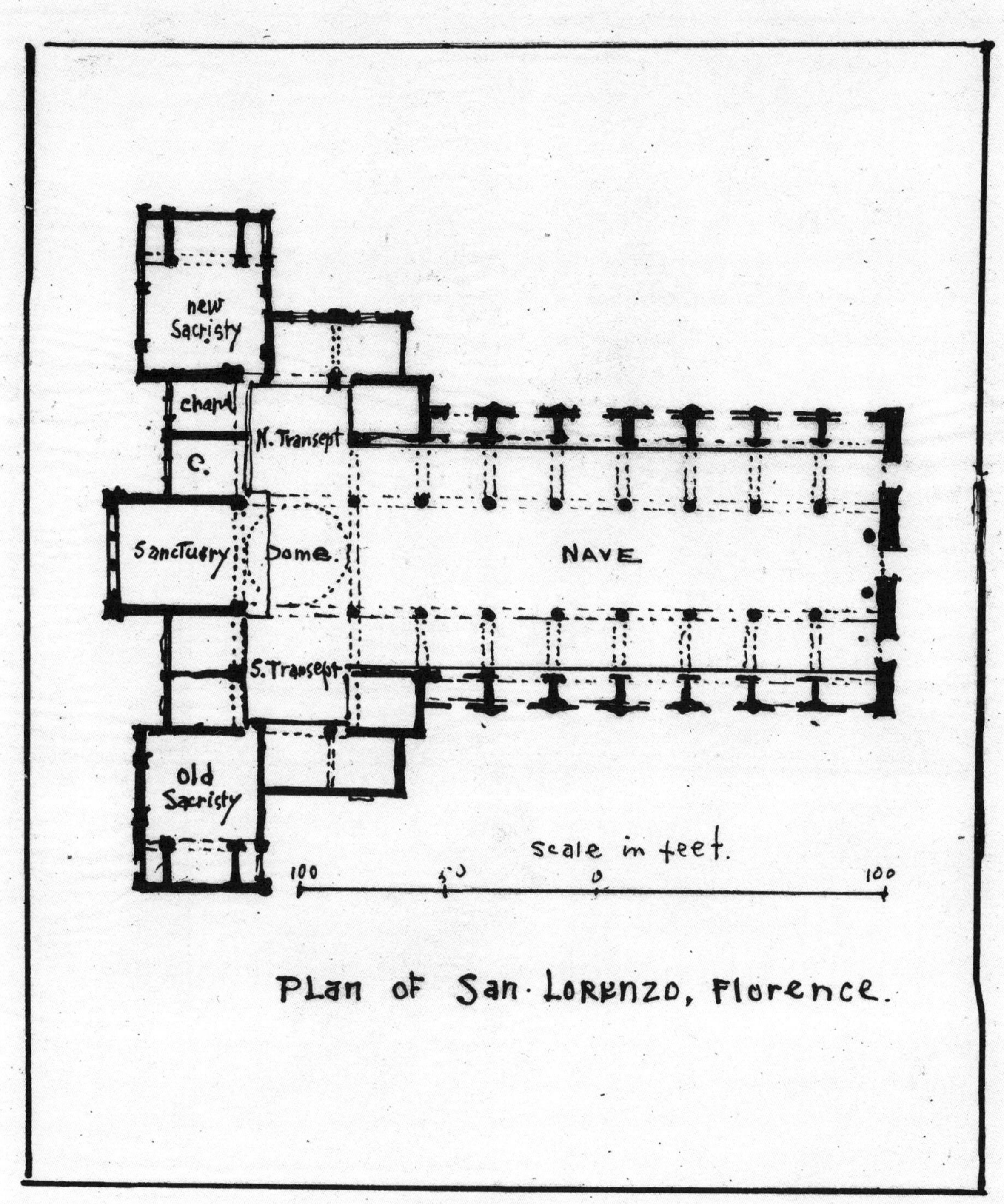
new Sacristy
chapel
C.
N. Transept
Sanctuary
Dome.
NAVE
S. Transept
old Sacristy
scale in feet.
100
50
0
100
PLAN OF SAN·LORENZO, FLORENCE.
THE ARCHITECTURE OF THE
RENAISSANCE IN ITALY.
—Anderson

(15) 佛罗伦萨圣洛伦佐大教堂平面

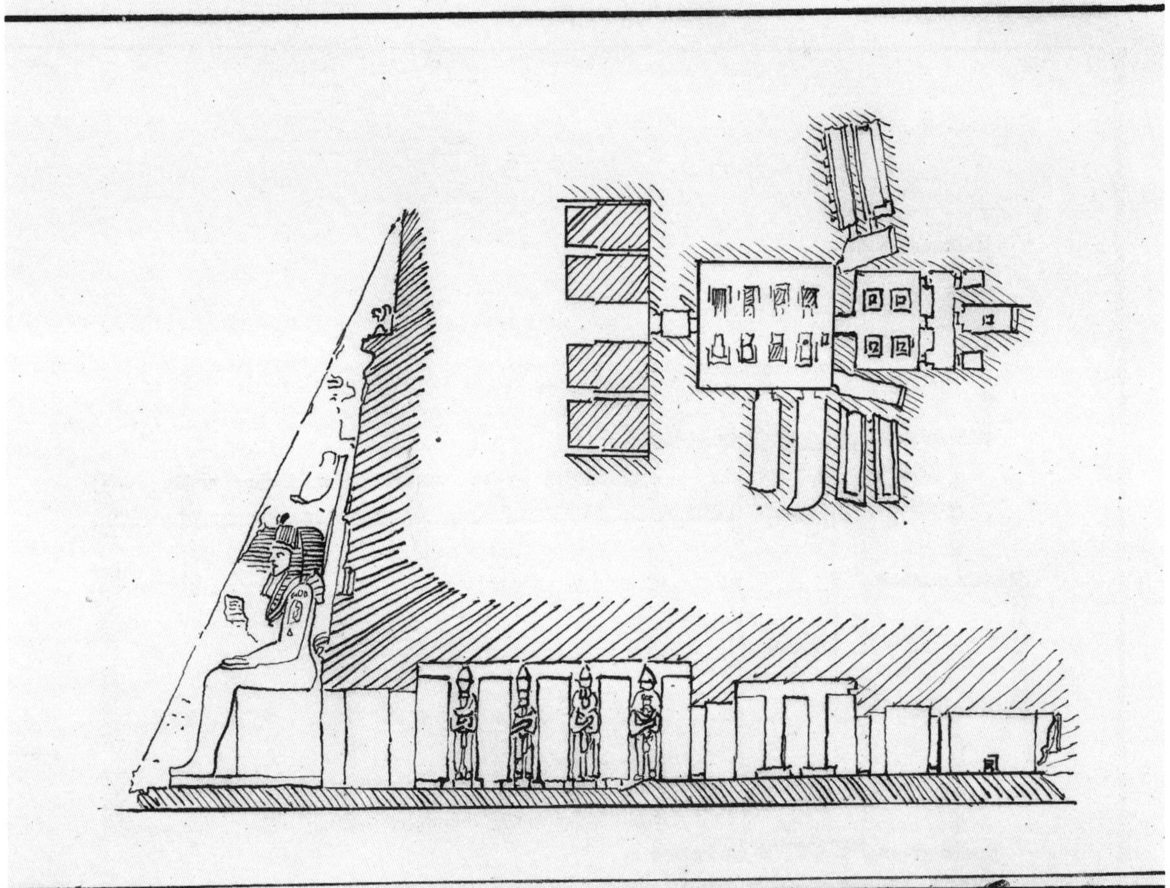

From Histoy of Architecture – Furg-usson – Vol I.

Plan and Section of Rock-cut Temple at Ipsamboul

Illustration of Rock-cut Architecture

(16) 崖雕阿布辛贝神庙平剖面

(17) 阿拉巴尼别墅花园概貌

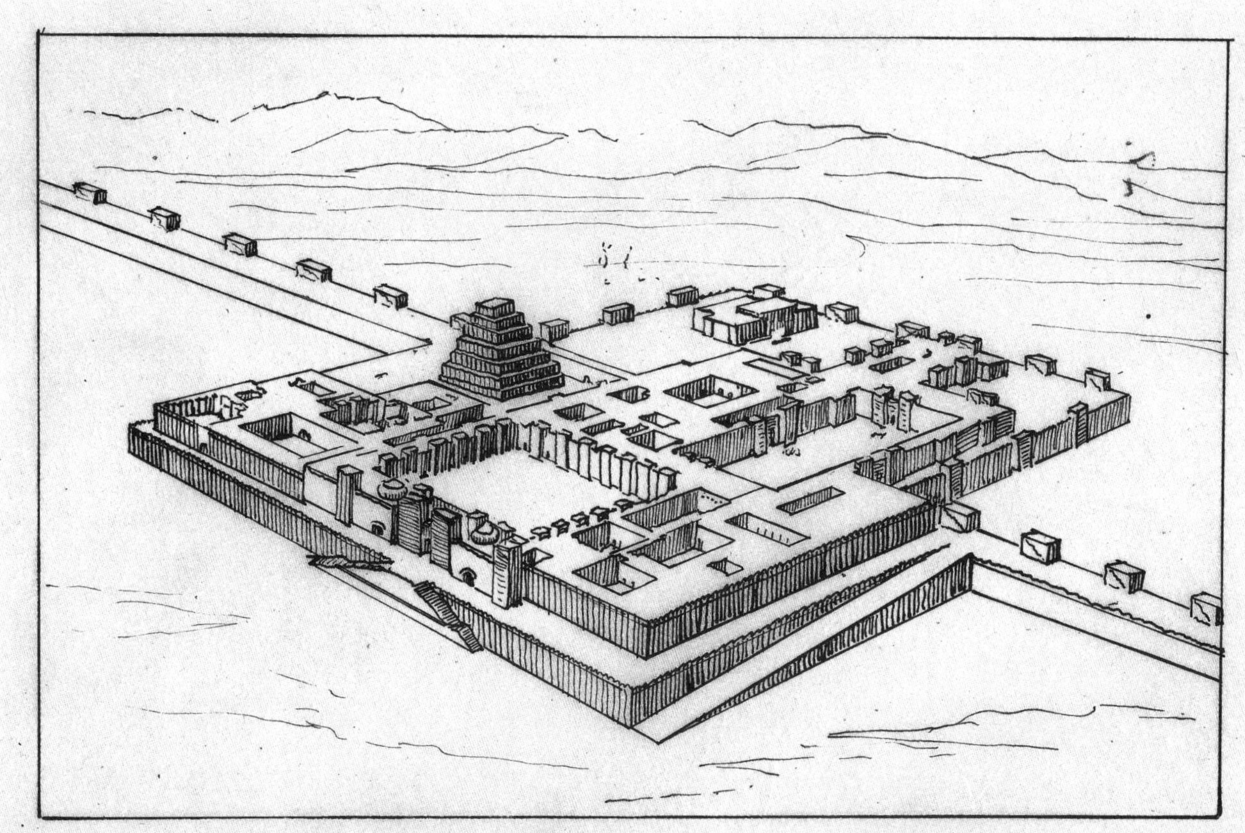
THE PALACE OF SARGON AT KHORSABAD
FROM "THE FOUNDATIONS OF CLASSIC ARCHITECTURE"
—WARREN

(18) 萨艮王宫

TEMPLE OF NIKE APTEROS
AT ATHENS
FROM "Architecture of Greece and Rome.
—Anderson & Spiers.

(19) 雅典娜胜利神庙

LONGITUDINAL AND CROSS SECTIONS. BASILICAN CHURCH
S. MARIA MAGGIORE ROME
10 0 20 40 60
SCALE OF FEET
"HISTORY OF ARCHITECTURAL DEVELOPMENT"
—F. M. SIMPSON

(20) 罗马圣玛丽亚大教堂巴西利卡剖面

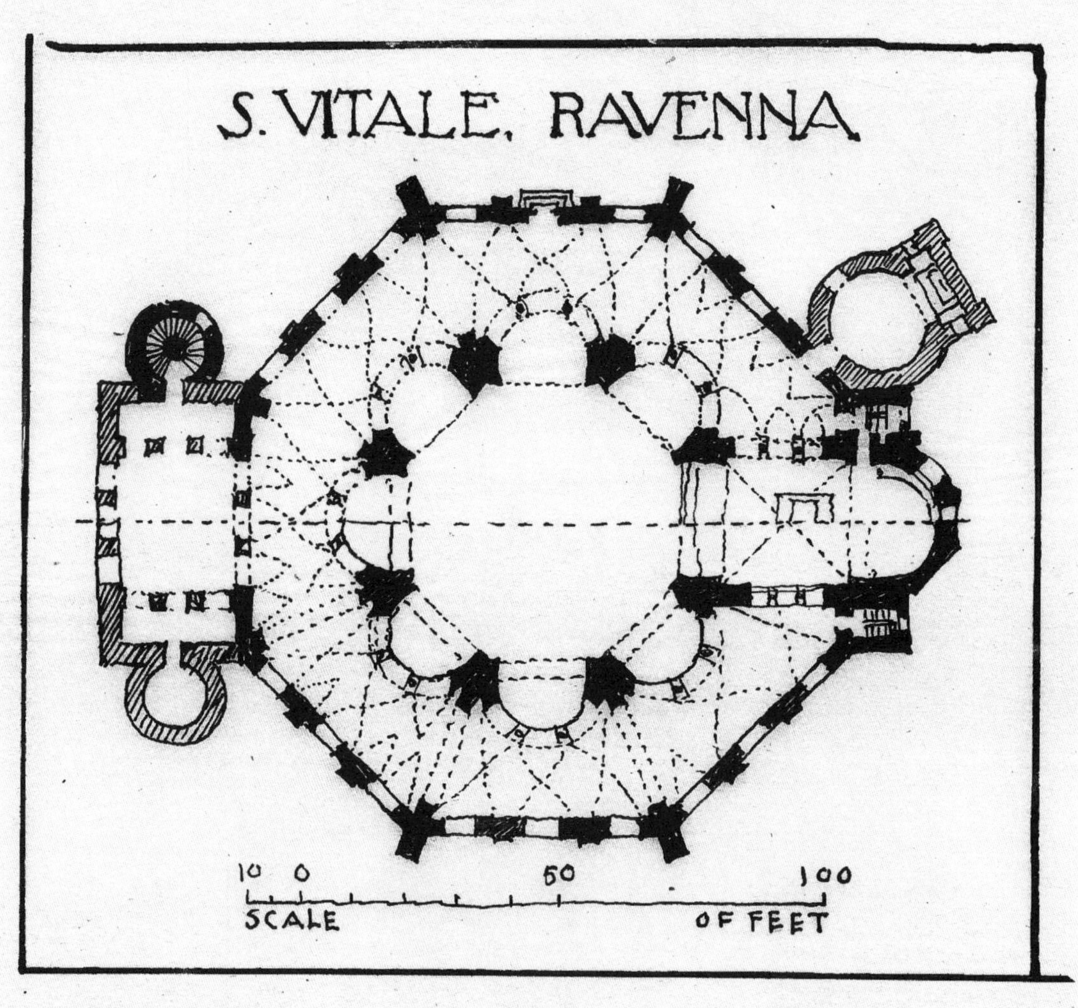
S. VITALE, RAVENNA
10 0
50
100
SCALE
OF FEET
HISTORY OF ARCHITECTURE - SIMPSON

(21) 圣维塔莱教堂

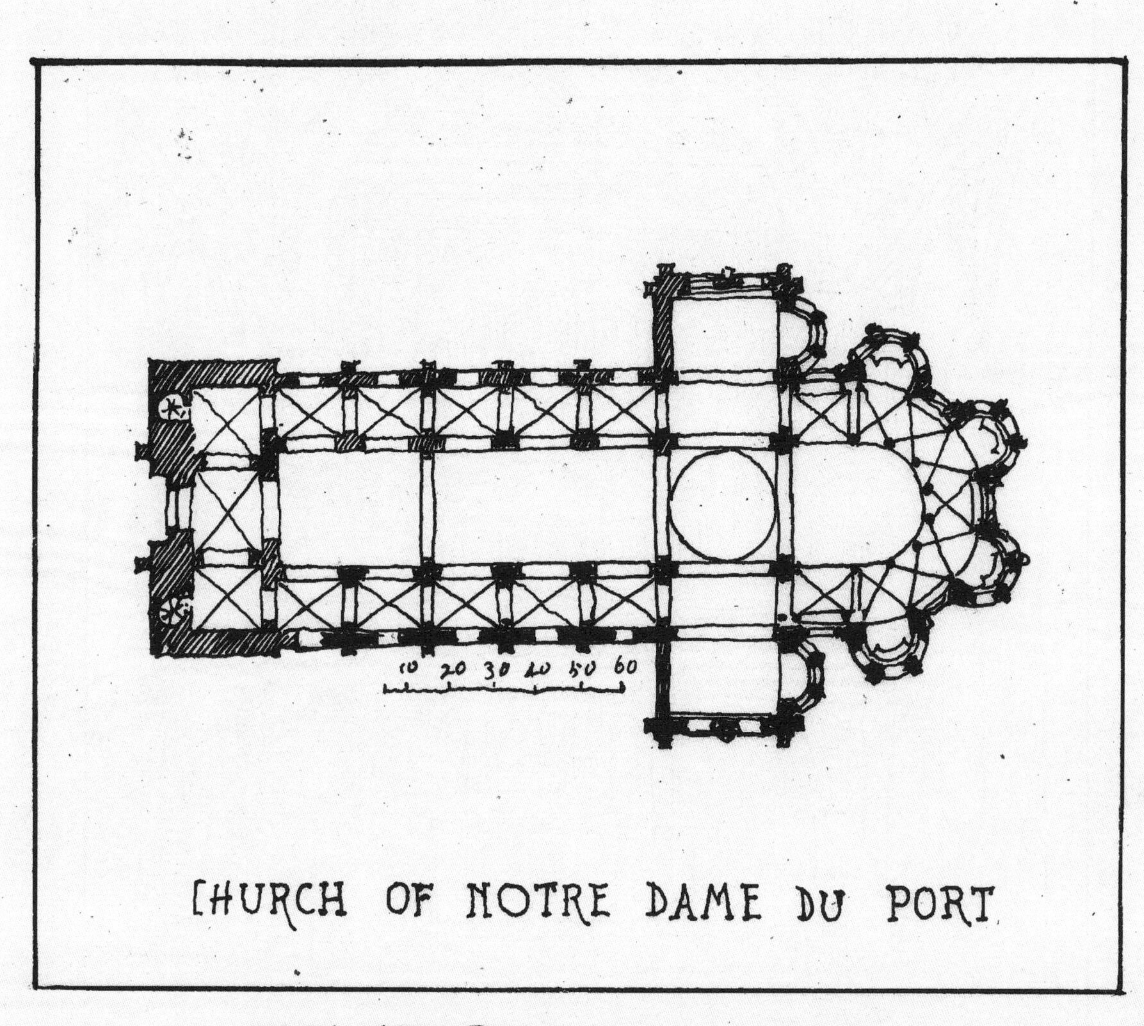
10 20 30 40 50 60
CHURCH OF NOTRE DAME DU PORT
FROM EUROPEAN ARCHITECTURE
— RUSSELL STURGIS

(22) 港口圣母教堂

(23) 佛罗伦萨圣米尼亚托

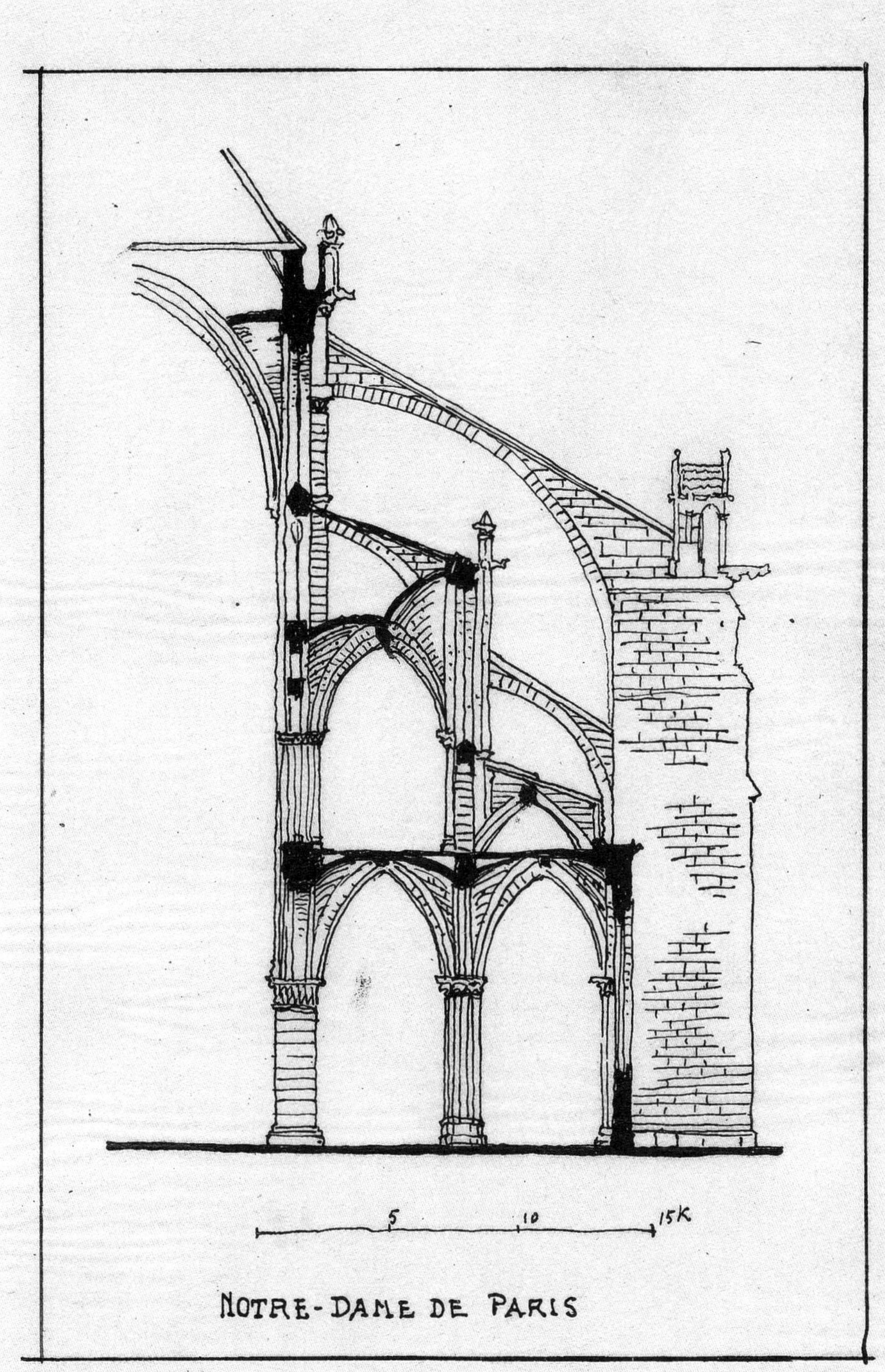
5
10
15K
NOTRE-DAME DE PARIS
L'Architecture Gothique — Ed. CORROYER

(24) 巴黎圣母院

(25) 博洛尼亚法瓦宫内院枕梁

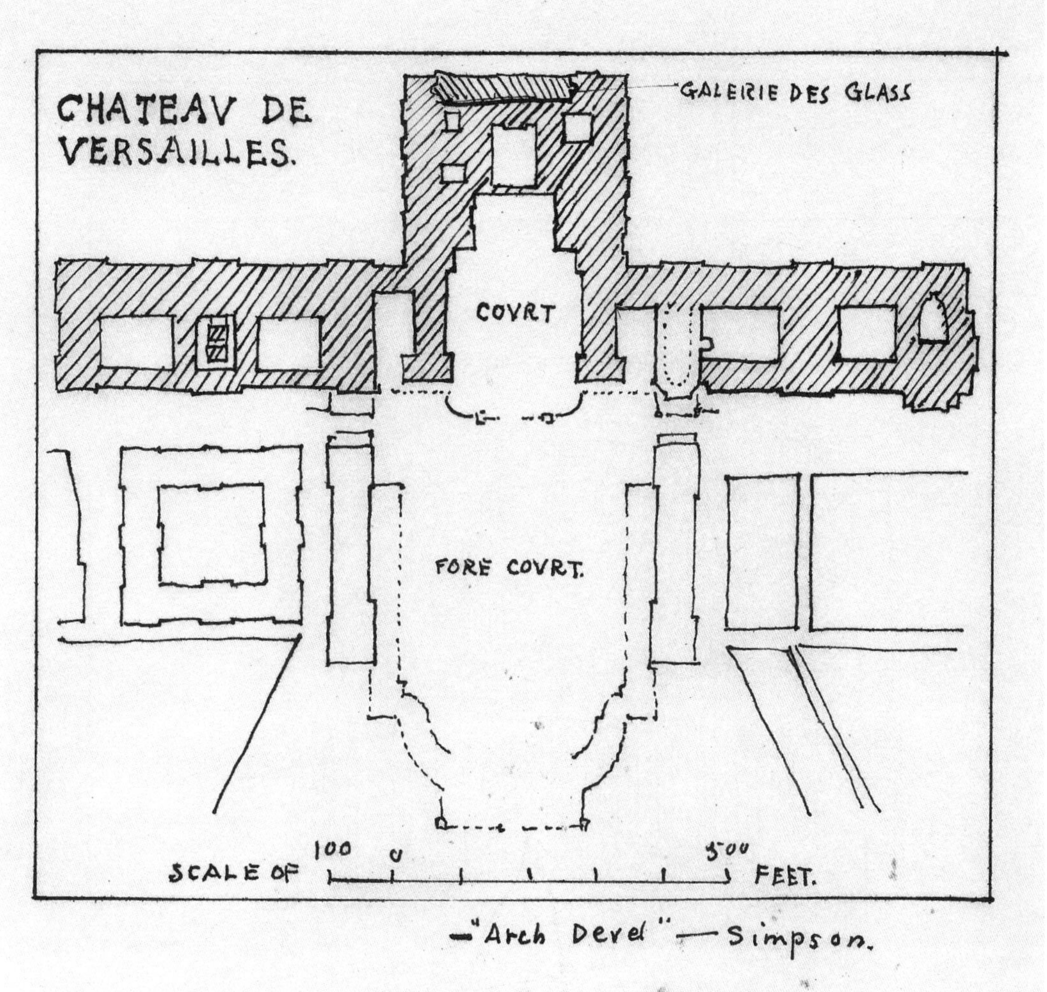
CHATEAU DE VERSAILLES.
GALERIE DES GLASS
COVRT
FORE COVRT.
100
0
500
SCALE OF
FEET.
—"Arch Devel"—Simpson.

(26) 凡尔赛宫

Interior of the church of St. John in Grandson

(From History of Medaeval Art)

Illustration of the principle of conter-thrust used in Arch and Vault construction.

(27) 拱结构中的反推力原理插图

(28) 威尼斯圣马可教堂剖面

St. Sophia, Constantinople
From History of Architettural Development P.2

(29) 圣索菲亚大教堂

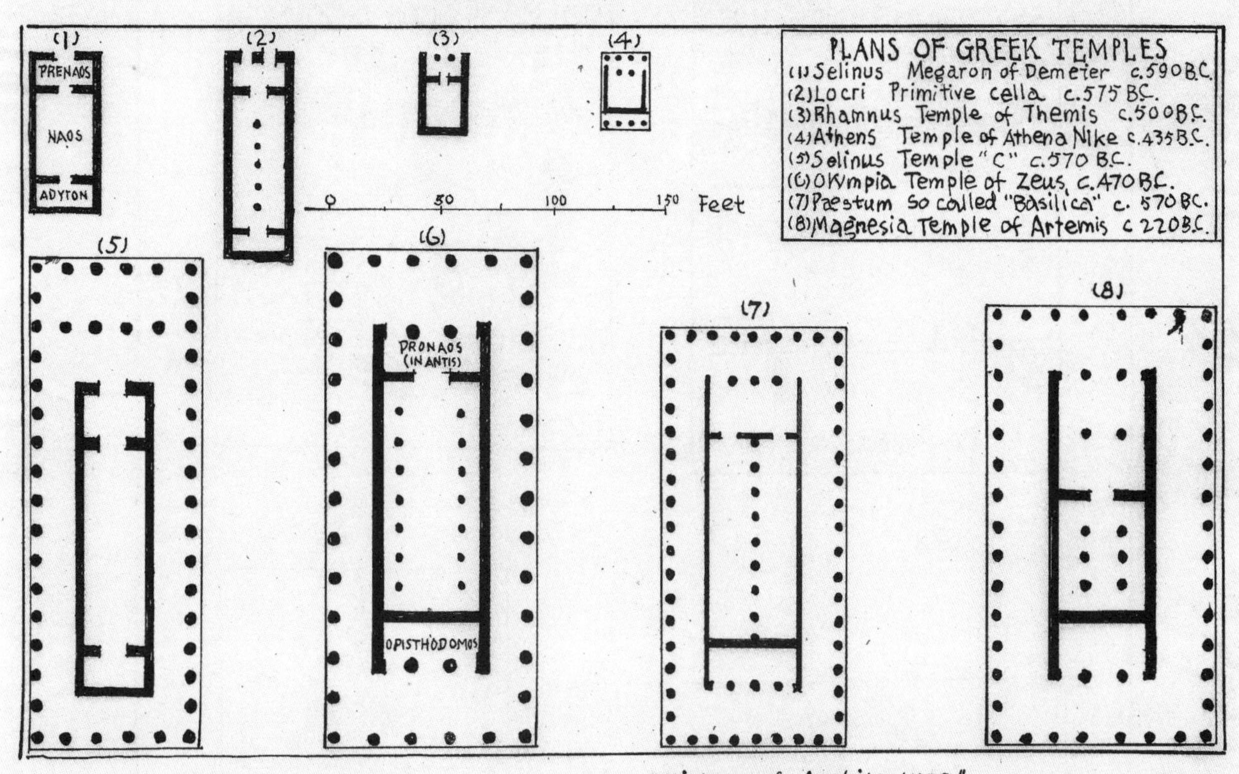
VARIETIES OF GREEK TEMPLE PLAN
(1)
PRENAOS
NAOS
ADYTON
(2)
(3)
(4)
PLANS OF GREEK TEMPLES
(1) Selinus Megaron of Demeter c.590 B.C.
(2) Locri Primitive cella c.575 B.C.
(3) Rhamnus Temple of Themis c.500 B.C.
(4) Athens Temple of Athena Nike c.435 B.C.
(5) Selinus Temple "C" c.570 B.C.
(6) Olympia Temple of Zeus c.470 B.C.
(7) Paestum So called "Basilica" c.570 B.C.
(8) Magnesia Temple of Artemis c.220 B.C.
0 50 100 150 Feet
(5)
(6)
PRONAOS (IN ANTIS)
OPISTHODOMOS
(7)
(8)
From "History of Architecture"
— Kimball and Edgell.

(30) 希腊神庙平面的类型

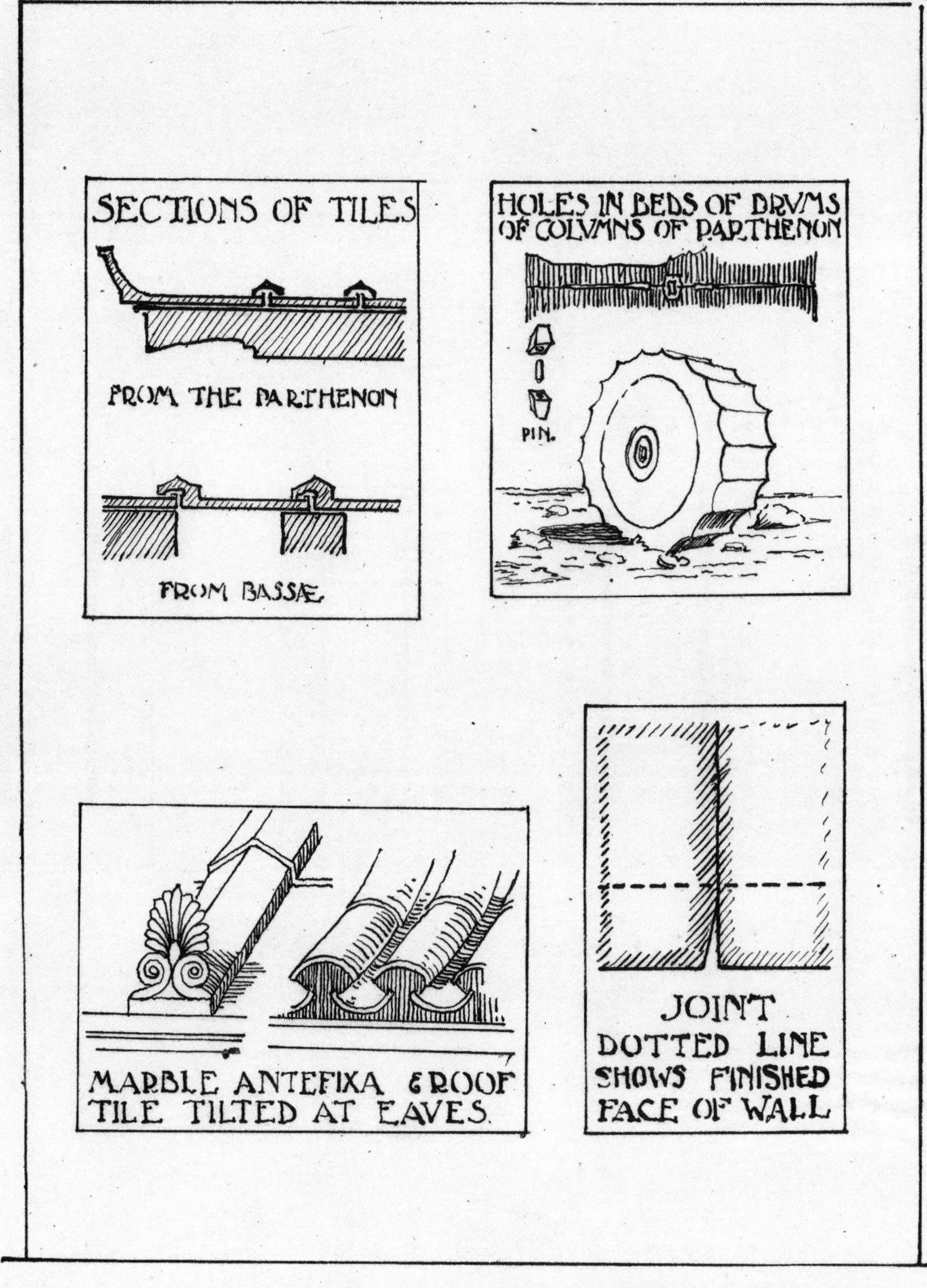

From "A History of Architectural Development." Vol. I.

(31) 细部

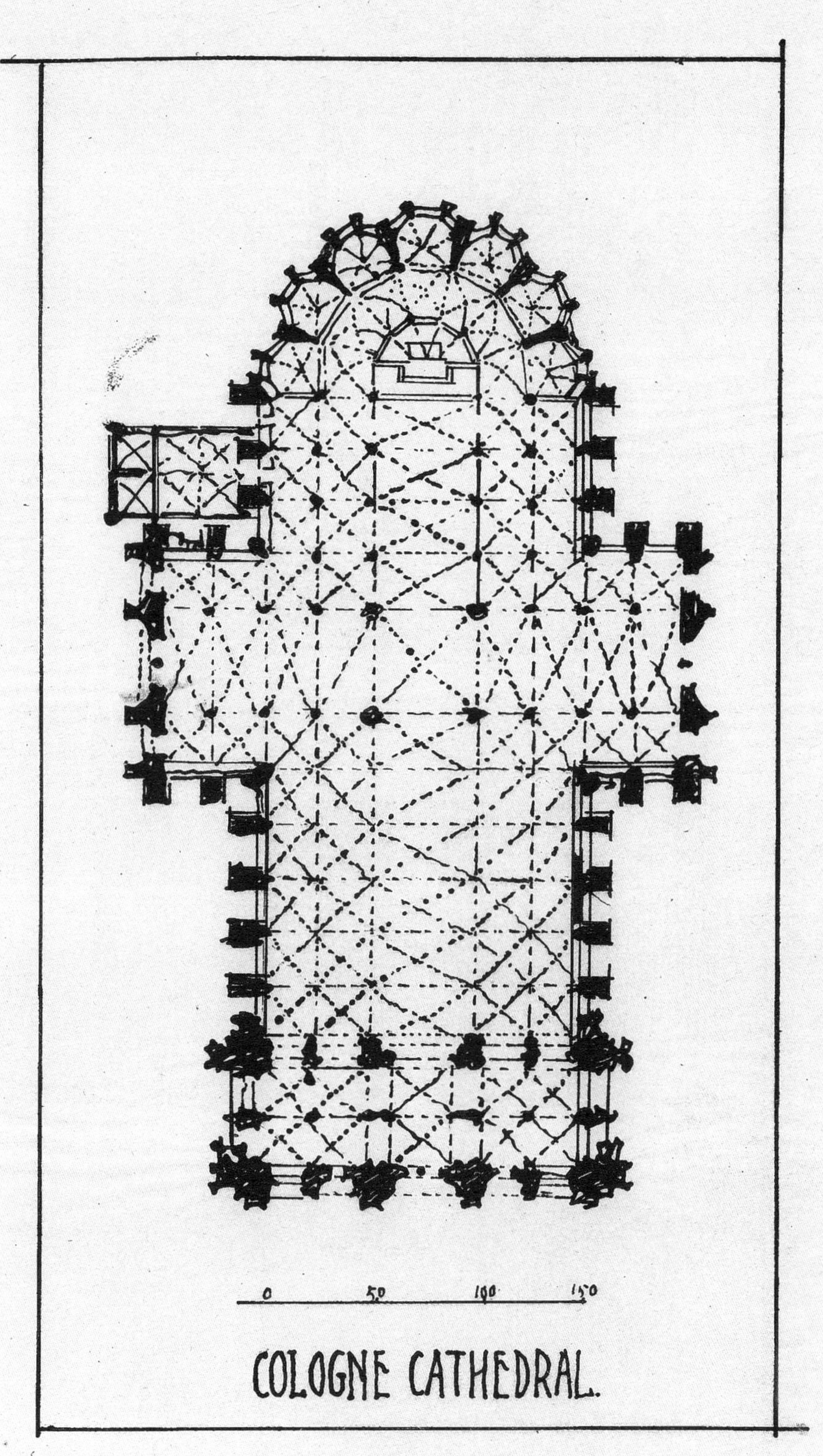
0
50
100
150
COLOGNE CATHEDRAL.
HIST. OF ARCH. -FLETCHER

(32) 科隆大教堂

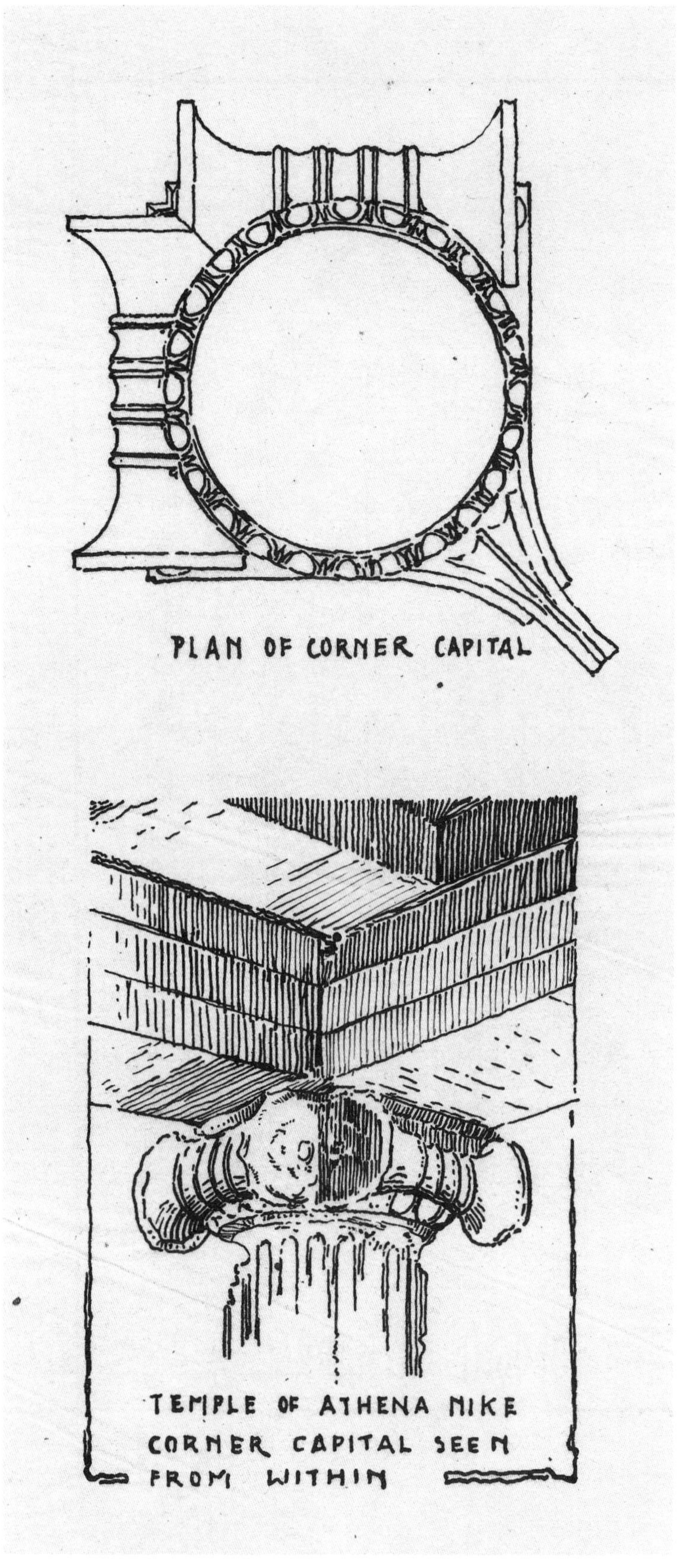

(33) 雅典娜胜利神庙角柱

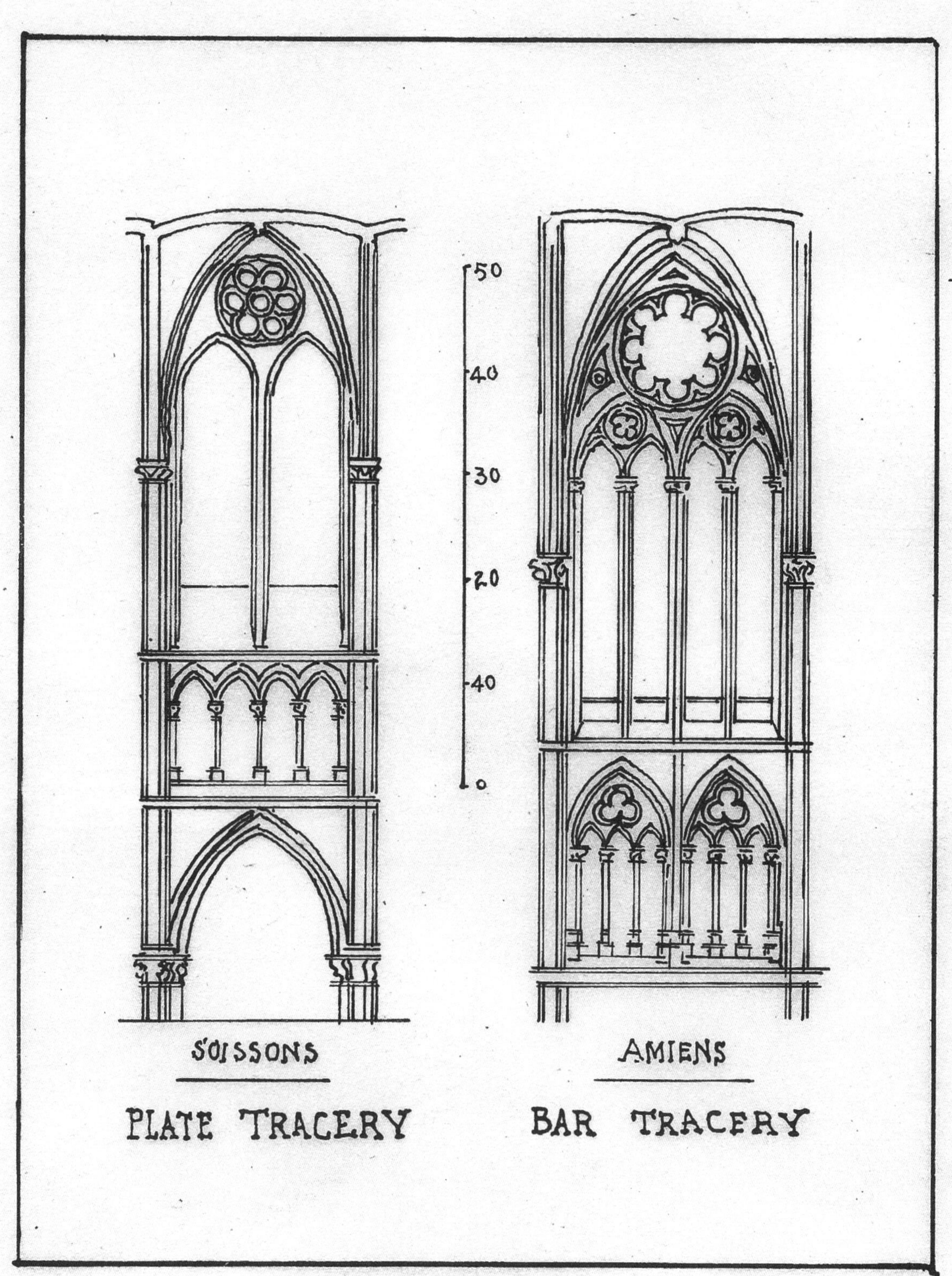
50
40
30
20
40
0
SOISSONS
PLATE TRACERY
AMIENS
BAR TRACERY
A HISTORY OF ARCHITECTURE
KINGBALL AND EDGELL

(34) 铁楞窗纹样

ROMAN AQUEDUCT
From "L'Archéologie Etrusque et Romaine" – Martha

(35) 罗马水道

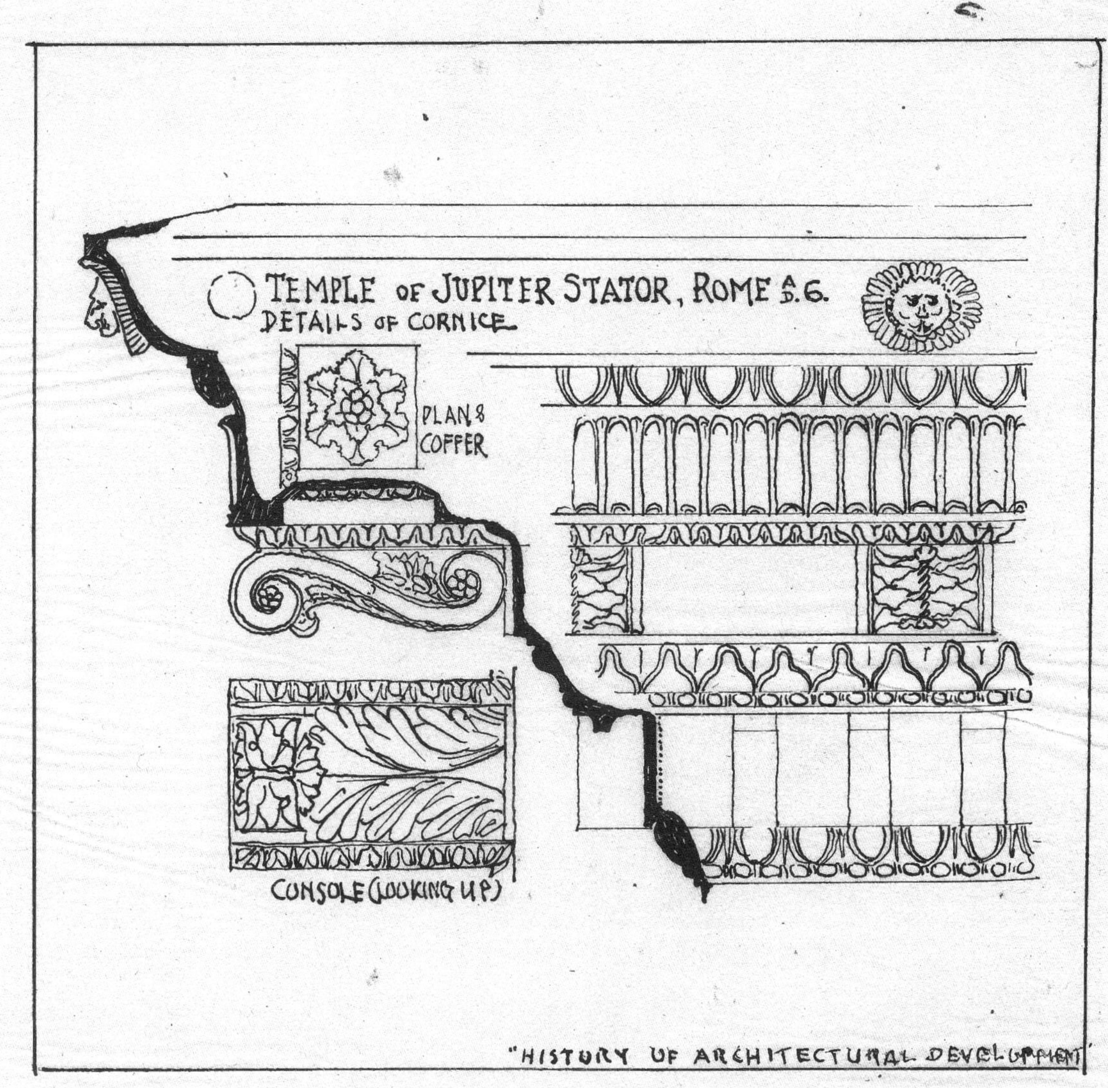

(36) 罗马檐口的典型装饰

IMP CAES DIVI NERVAE FILIO
NERVAE TRAIANO OPTIMO AVG
GERMANICO DACICO PONTIF MAX TRIB
POTEST XVIII IMP VII COS VI P P
FORTISSIMO PRINCIPI S P Q R
ARCH OF TRAJAN
(BUILT 112 TO 114 A.D.)
From "EUROPEAN ARCHITECTURE"
—STURGIS

(37) 图拉真拱门

THE PANTHEON
~From "A Short Critical
History of Architecture"
~Statham.

(38) 万神庙

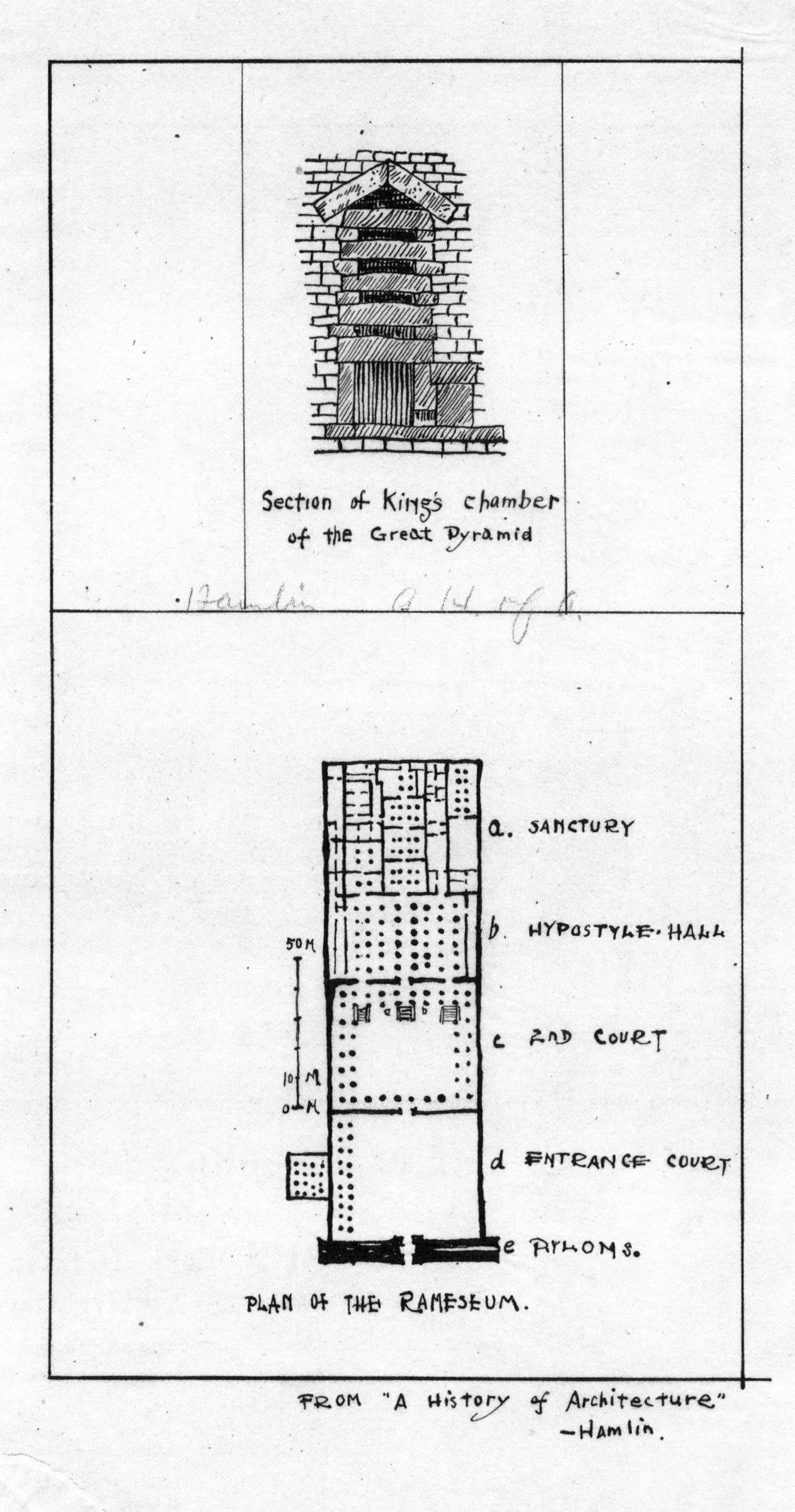
Section of King's chamber
of the Great Pyramid
Hamlin
a. SANCTURY
b. HYPOSTYLE·HALL
c 2ND COURT
d ENTRANCE COURT
e PYLONS.
50M
10 M
0 M
PLAN OF THE RAMESEUM.
FROM "A History of Architecture"
-Hamlin.

(39) 大金字塔国王室剖面等

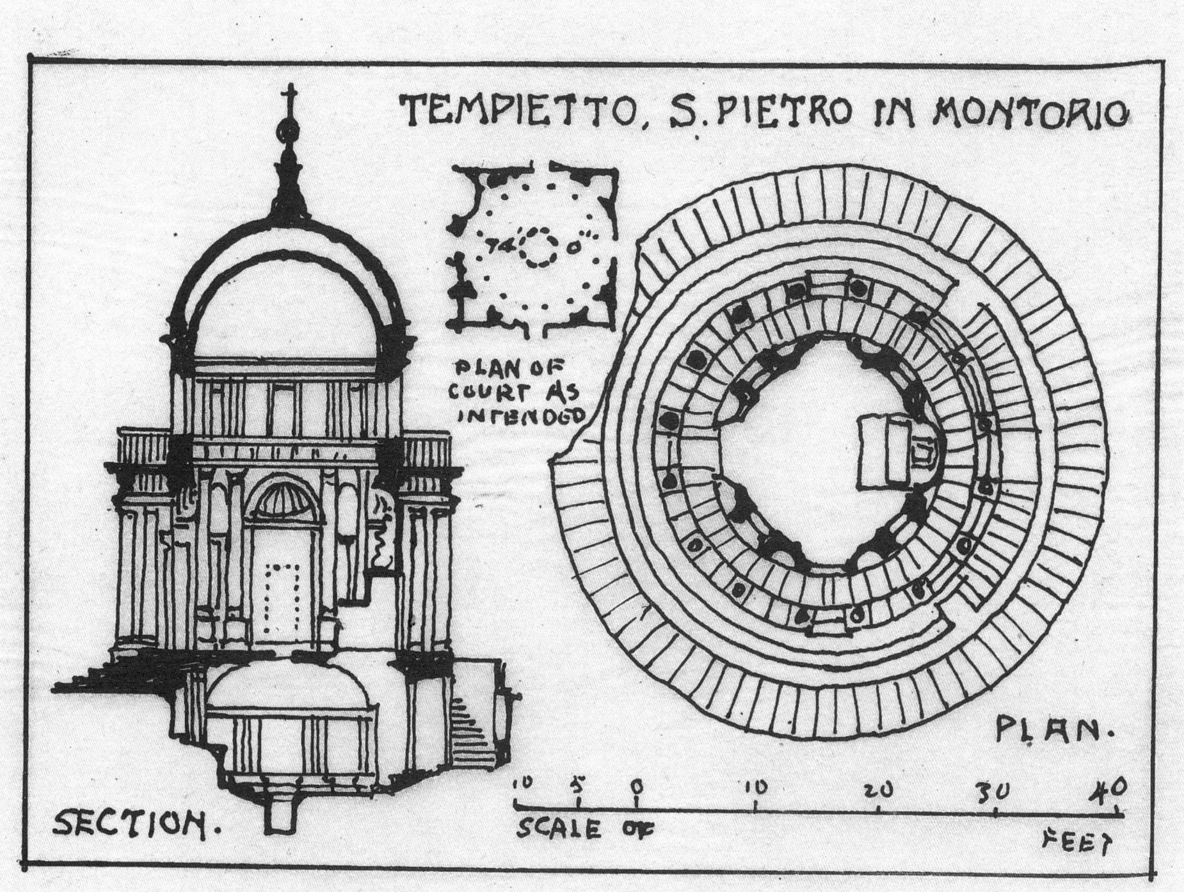
TEMPIETTO, S. PIETRO IN MONTORIO
PLAN OF COURT AS INTENDED
PLAN.
SECTION.
10 5 0 10 20 30 40
SCALE OF FEET
From "A Hist. of Arch. Dev."
— Simpson.

(40) 坦比哀多庙

2. 设计作业

(1) 低年级设计作业——亭

(2) 低年级设计作业——柱头渲染

(3) 中年级设计作业——设计作业（1）立面图

(4) 中年级设计作业——设计作业（2）立面图（上）、平面图（下）

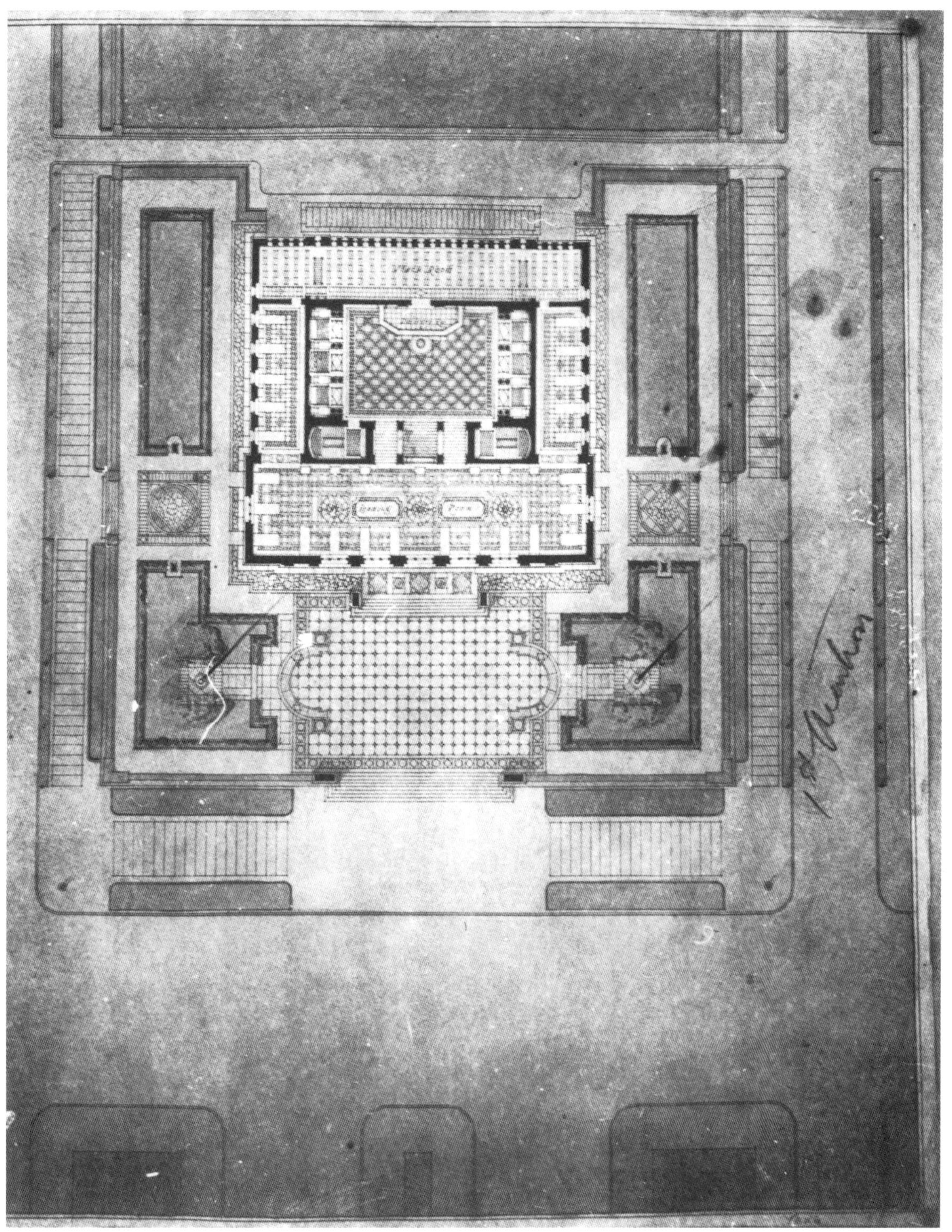

(5) 中年级设计作业——设计作业（3）平面图

(6) 中年级设计作业——设计作业（4）立面图

(7) 中年级设计作业——设计作业（5）立面图

(8) 中年级设计作业——设计作业（6）立面图

(9) 高年级设计作业——乡村俱乐部立面图

(10) 高年级设计作业——乡村俱乐部平面图（上）、剖面图（下）

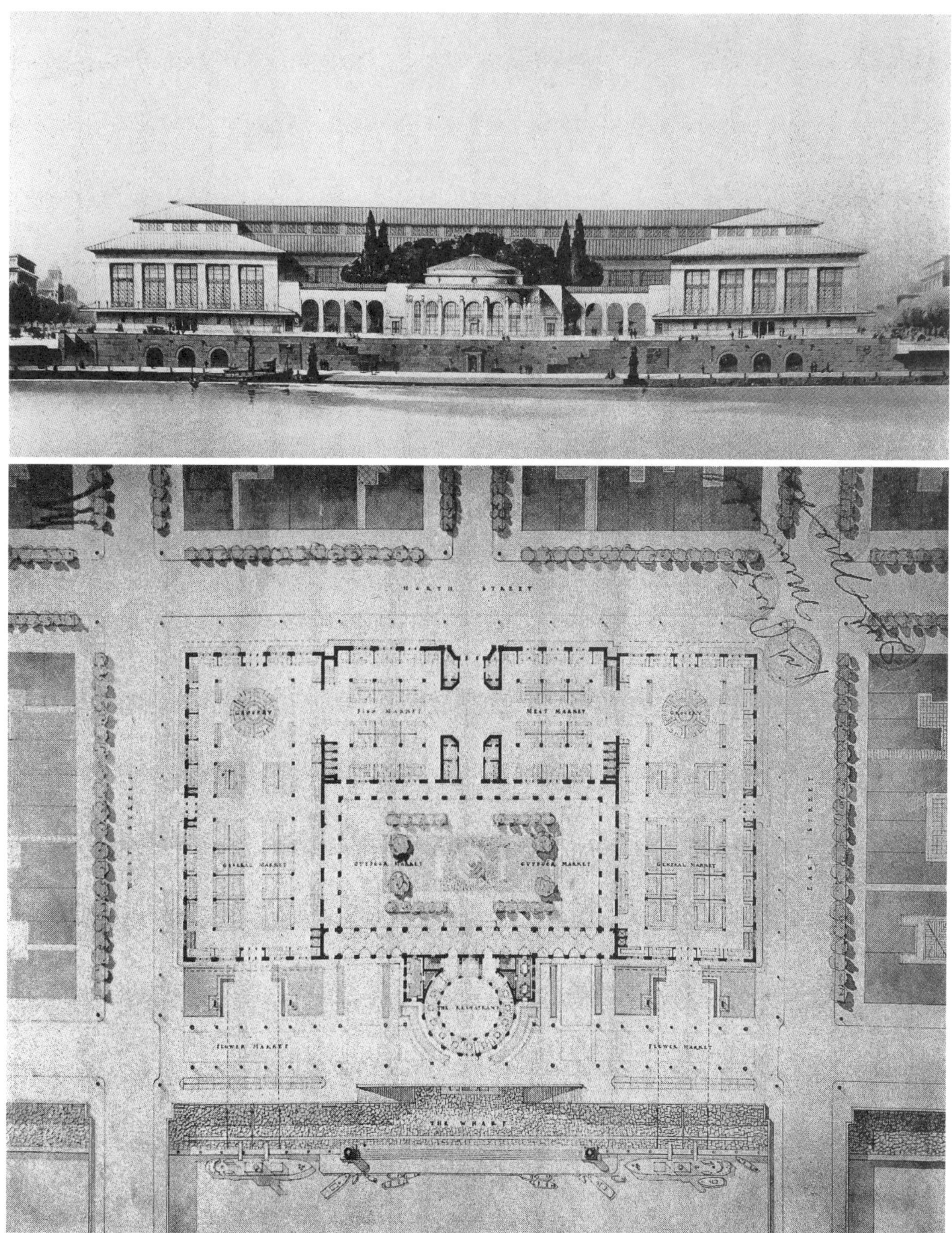

(11) 获奖设计作品——超级市场设计

该作品获 1923 年市政艺术奖一等奖，被收入美国 1927 年版《建筑设计习作》教科书中

(12) 获奖设计作品——教堂圣坛围栏设计

该作品获 1924 年艾默生奖

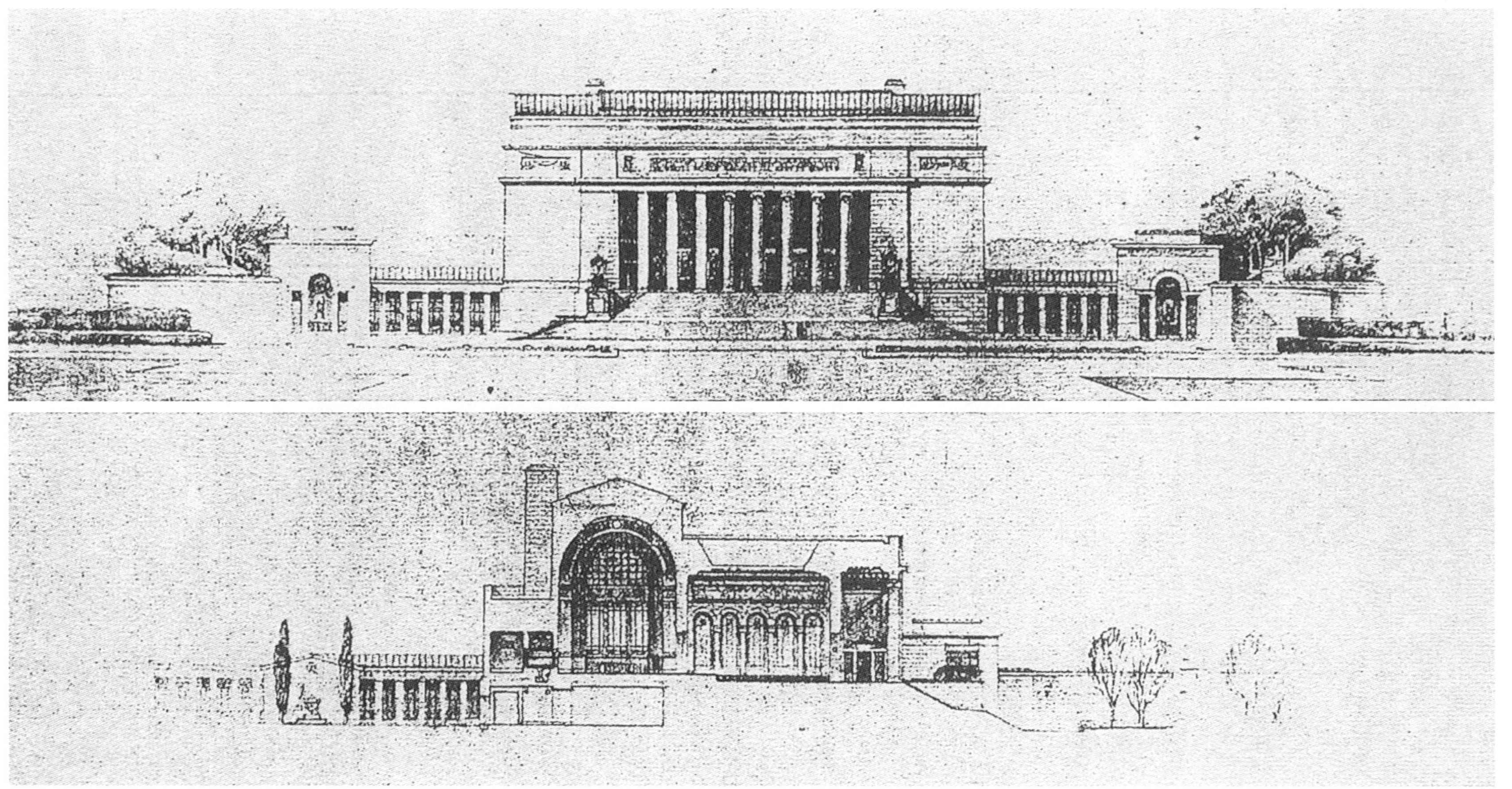

(13) 获奖设计作品——火葬场设计

该作品获 1923—1924 年全美大学生设计比赛二等奖，被收入美国 1927 年版《建筑设计习作》教科书中

四、图纸拾掇

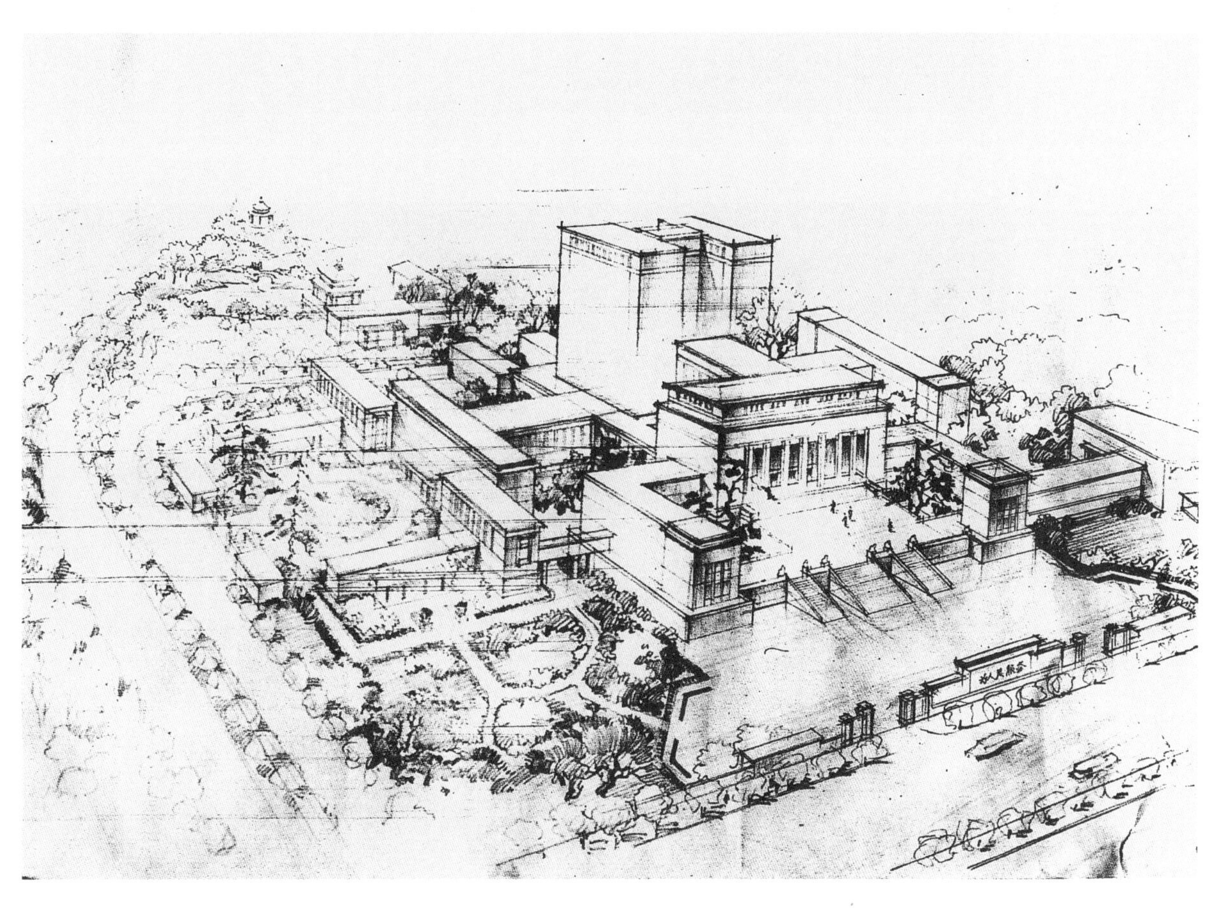

1. 施工图

(1) 天津中原公司修改施工图，1927 年

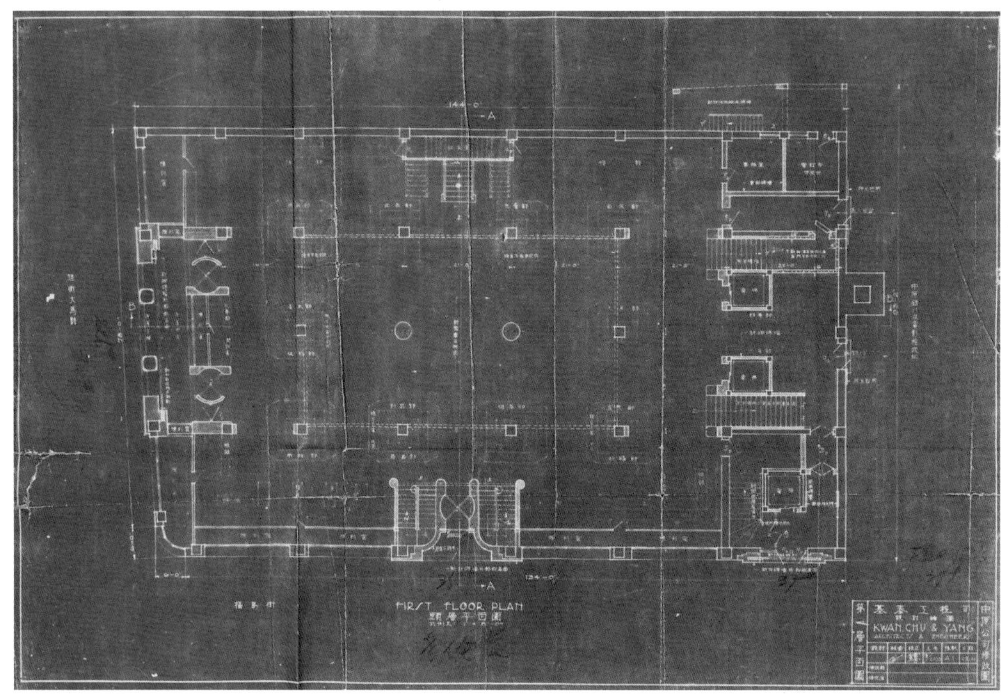

头层平面图

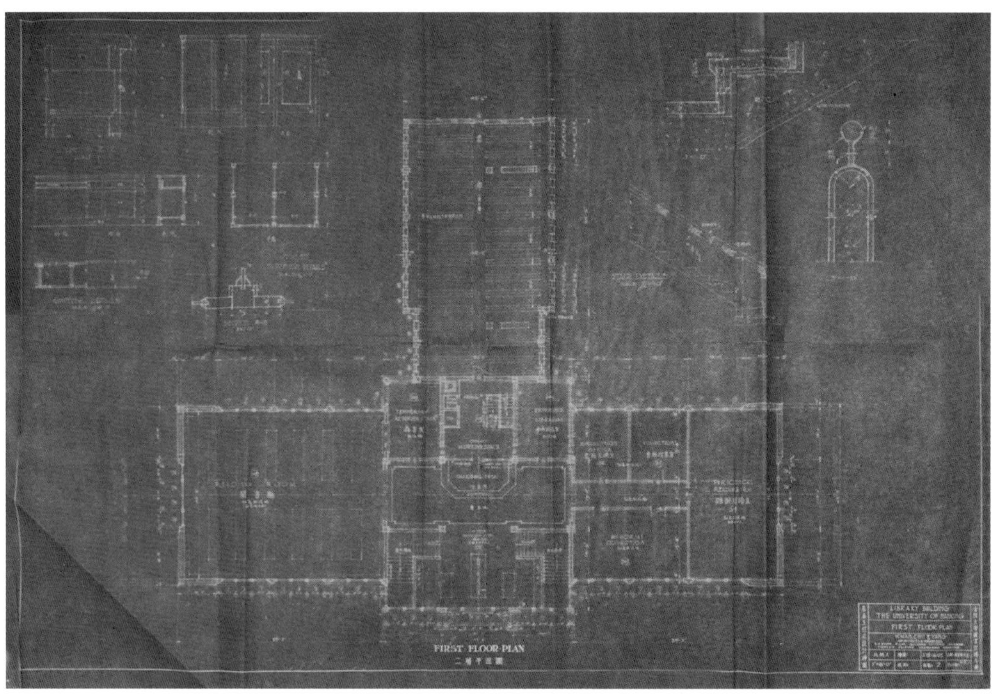

二层平面图

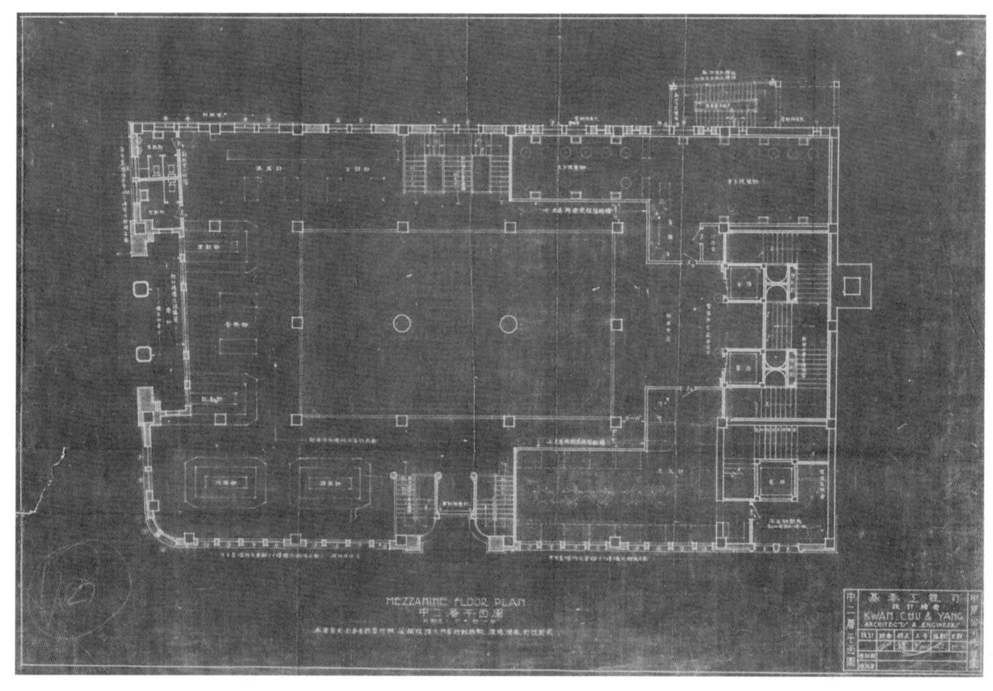

中二层平面图

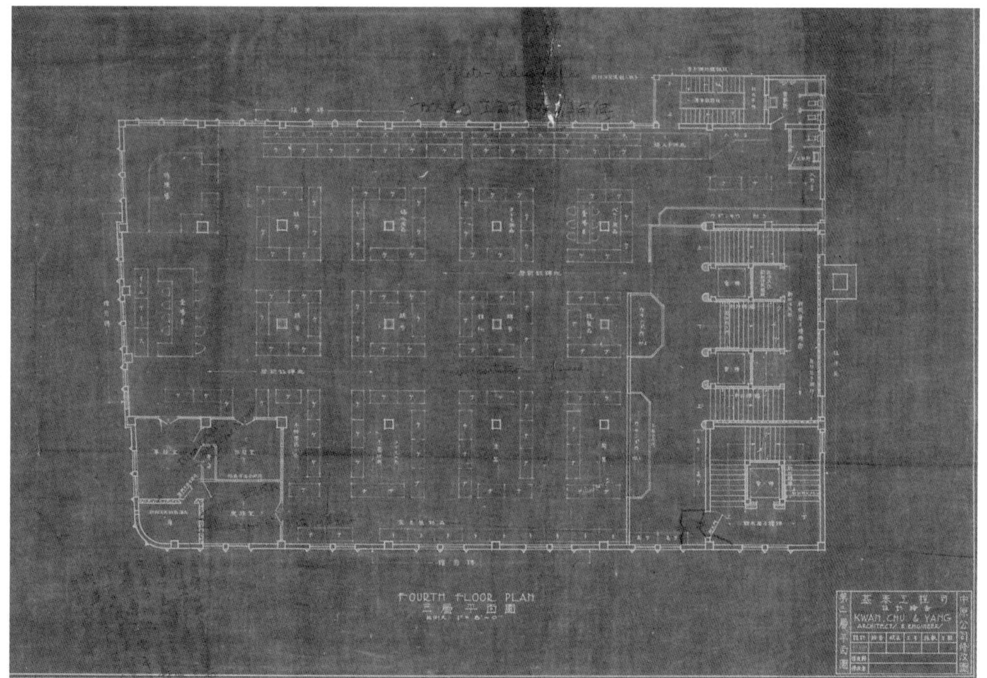

三层平面图

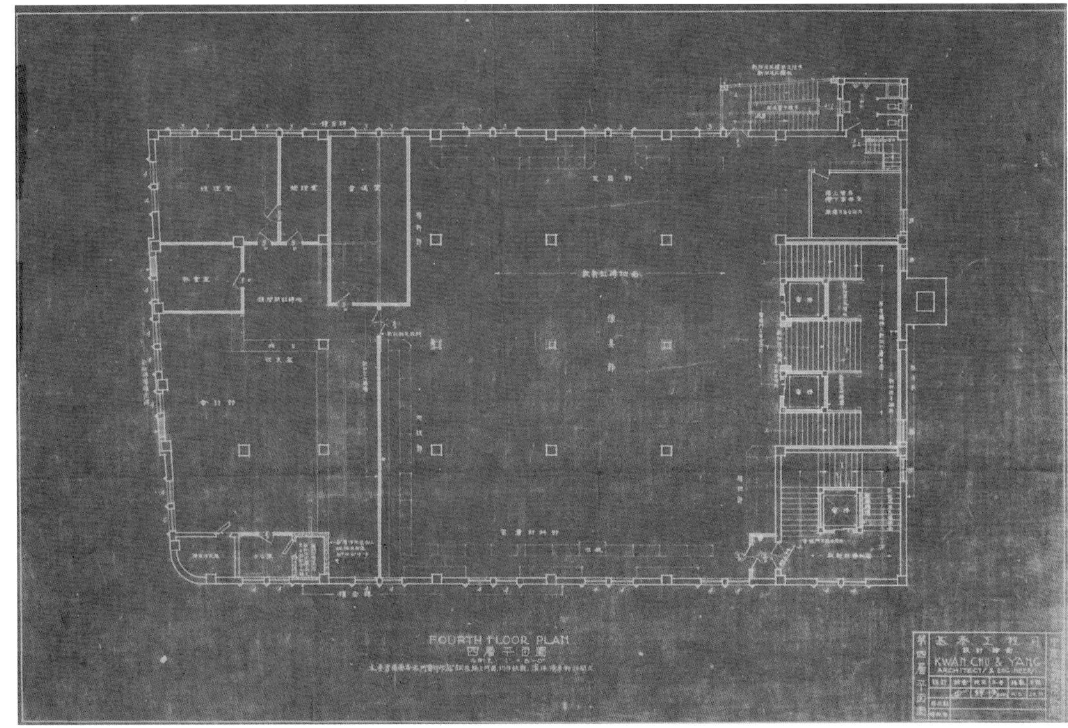

FOURTH FLOOR PLAN
四層平面圖
基泰工程司
KWAN CHU & YANG

四层平面图

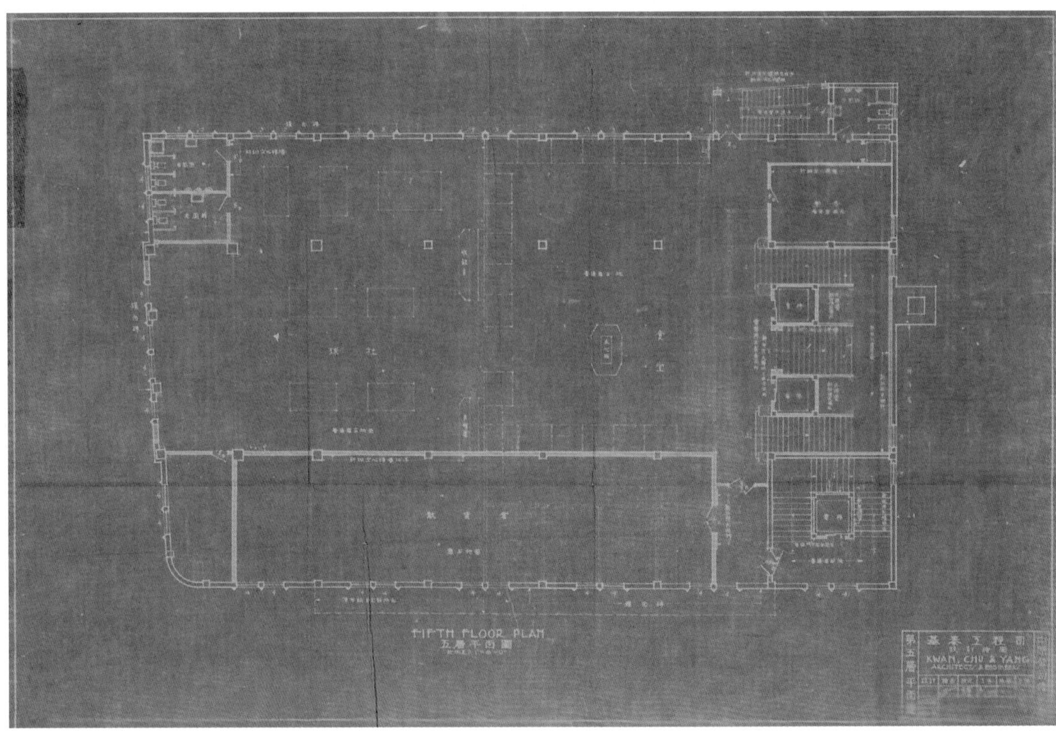

FIFTH FLOOR PLAN
五層平面圖
基泰工程司
KWAN, CHU & YANG

五层平面图

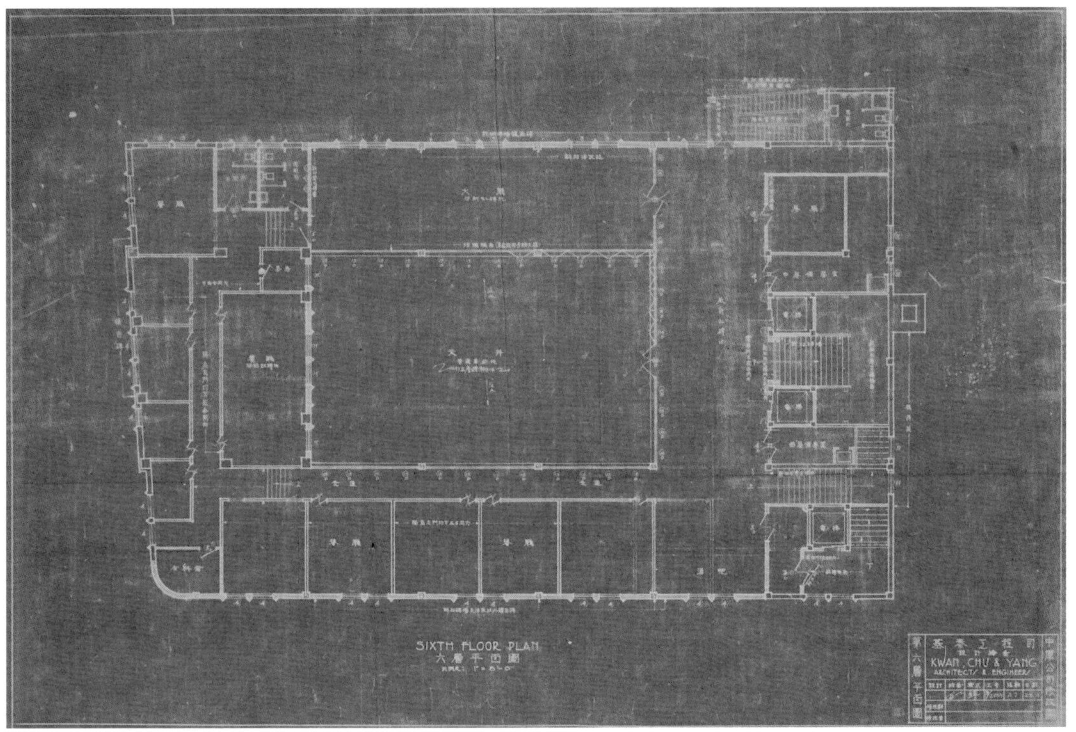
SIXTH FLOOR PLAN
六層平面圖
基泰工程司
KWAN, CHU & YANG
ARCHITECTS & ENGINEERS

六层平面图

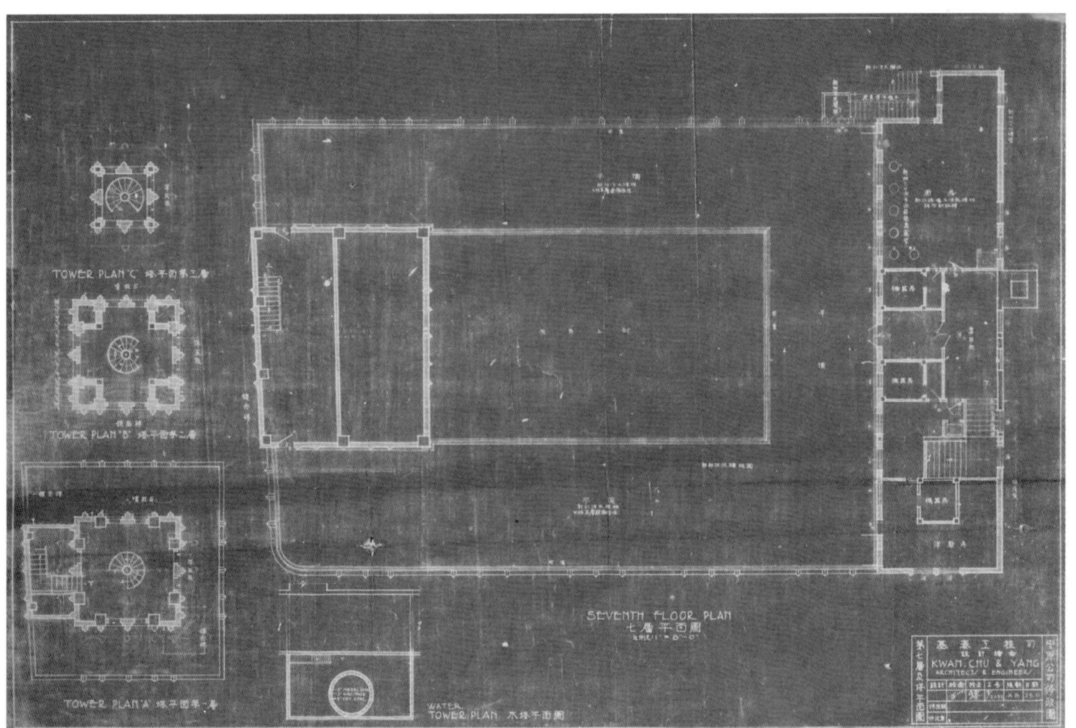
TOWER PLAN 'C'
TOWER PLAN 'B'
TOWER PLAN 'A'
SEVENTH FLOOR PLAN
七層平面圖
WATER
TOWER PLAN 水塔平面圖
基泰工程司
KWAN, CHU & YANG
ARCHITECTS & ENGINEERS

七层平面图

(2) 清华大学生物馆施工图，1929 年

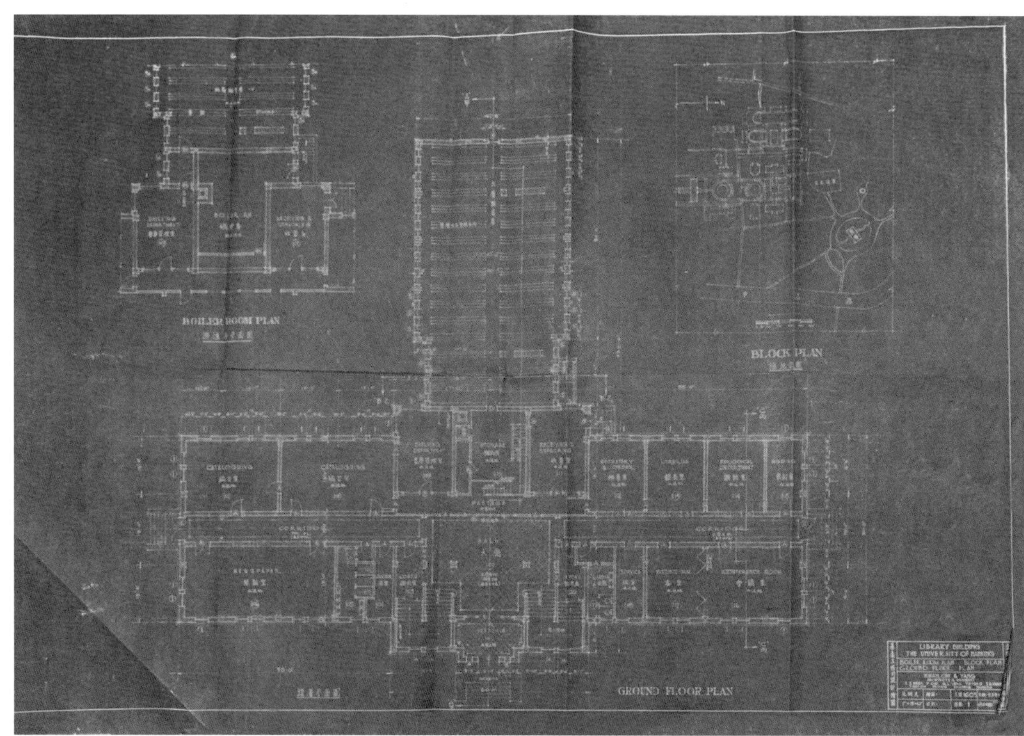

一层平面图

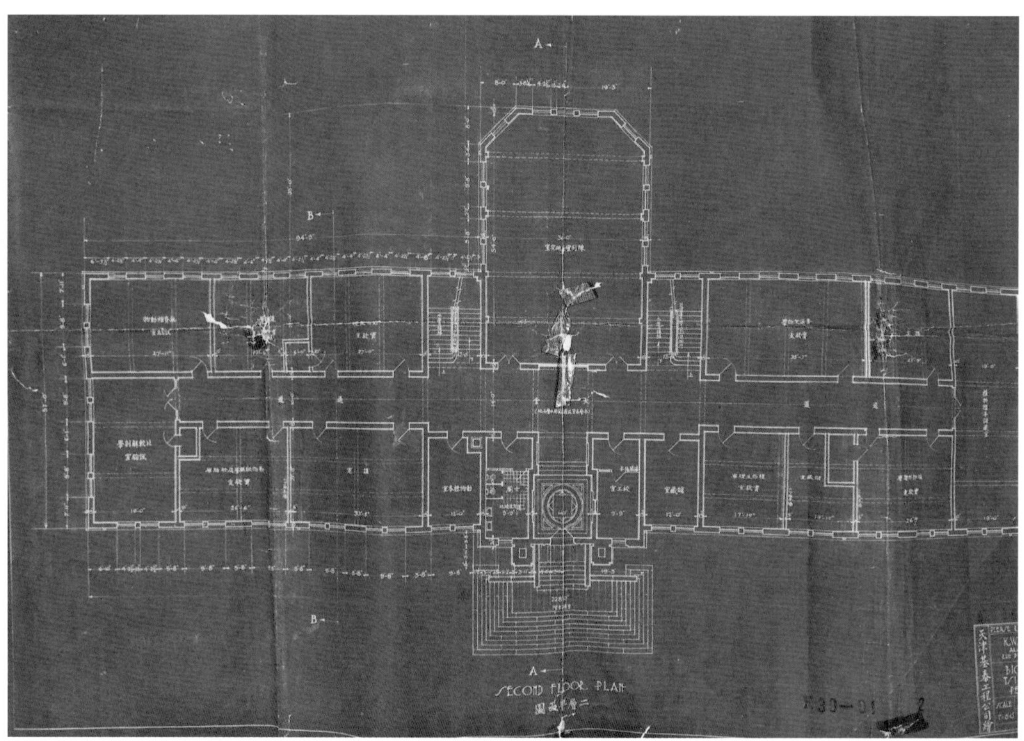

二层平面图

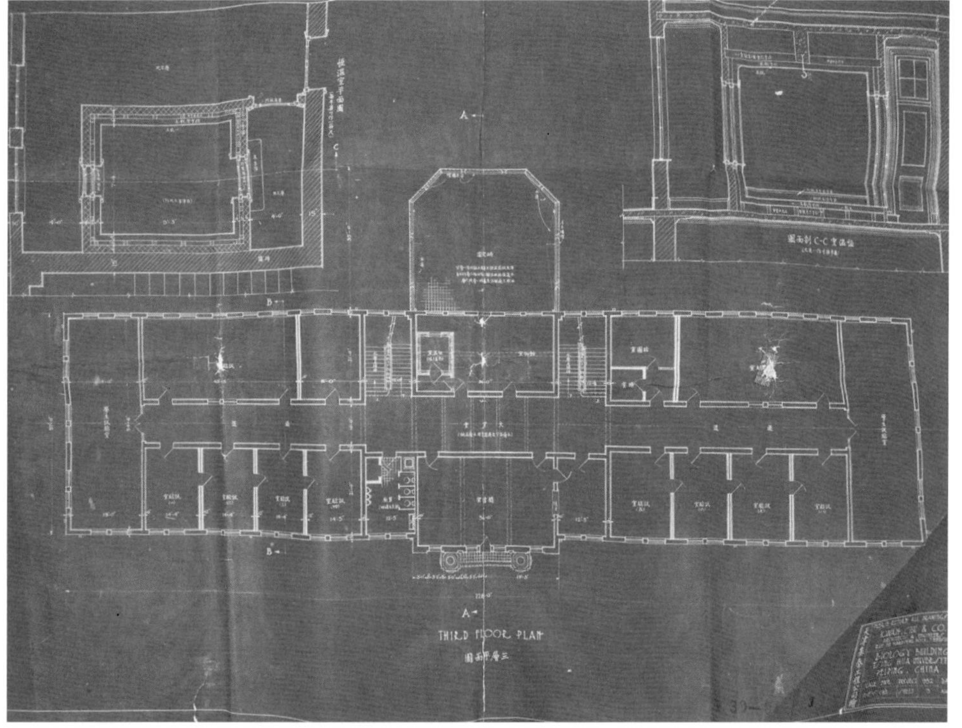
THIRD FLOOR PLAN

三层平面图

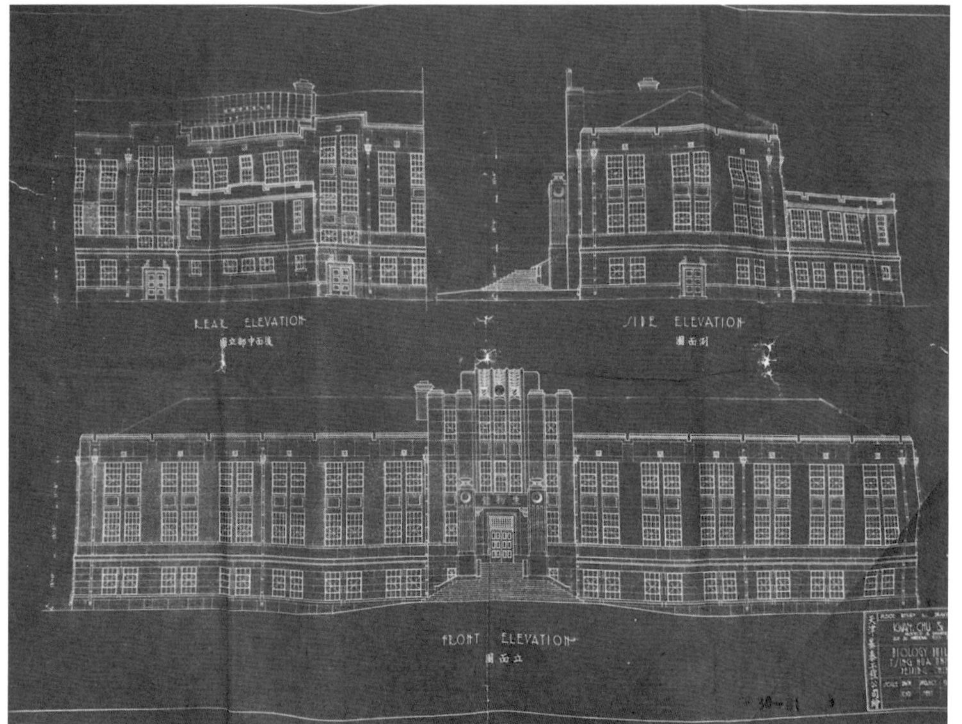
REAR ELEVATION
SIDE ELEVATION
FRONT ELEVATION

立面图

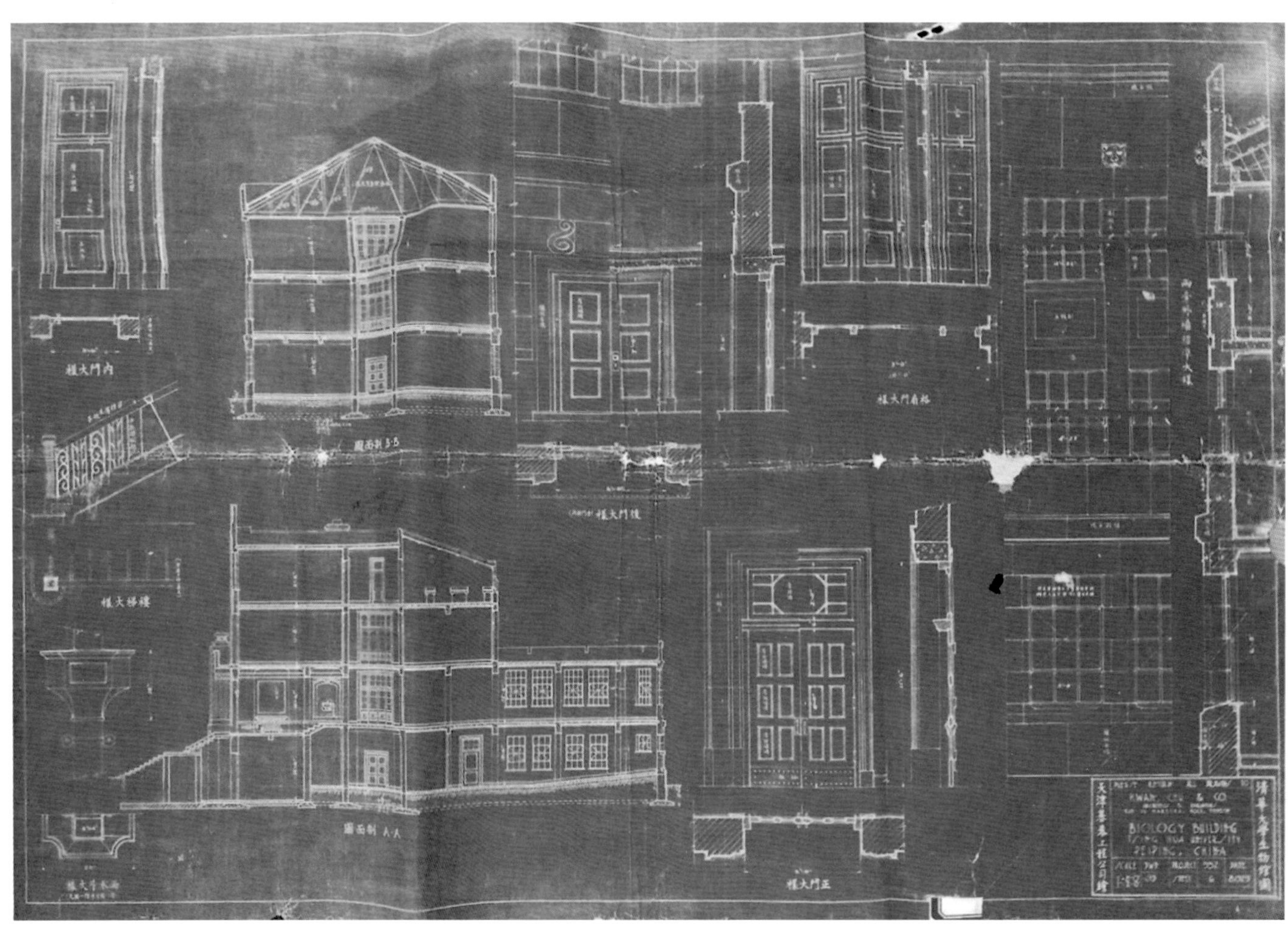

清華大學生物館圖
KWAN, CHU & CO
BIOLOGY BUILDING
PEIPING, CHINA
天津基泰工程公司繪

剖面图、大样图

(3) 清华大学气象台施工图，1930 年

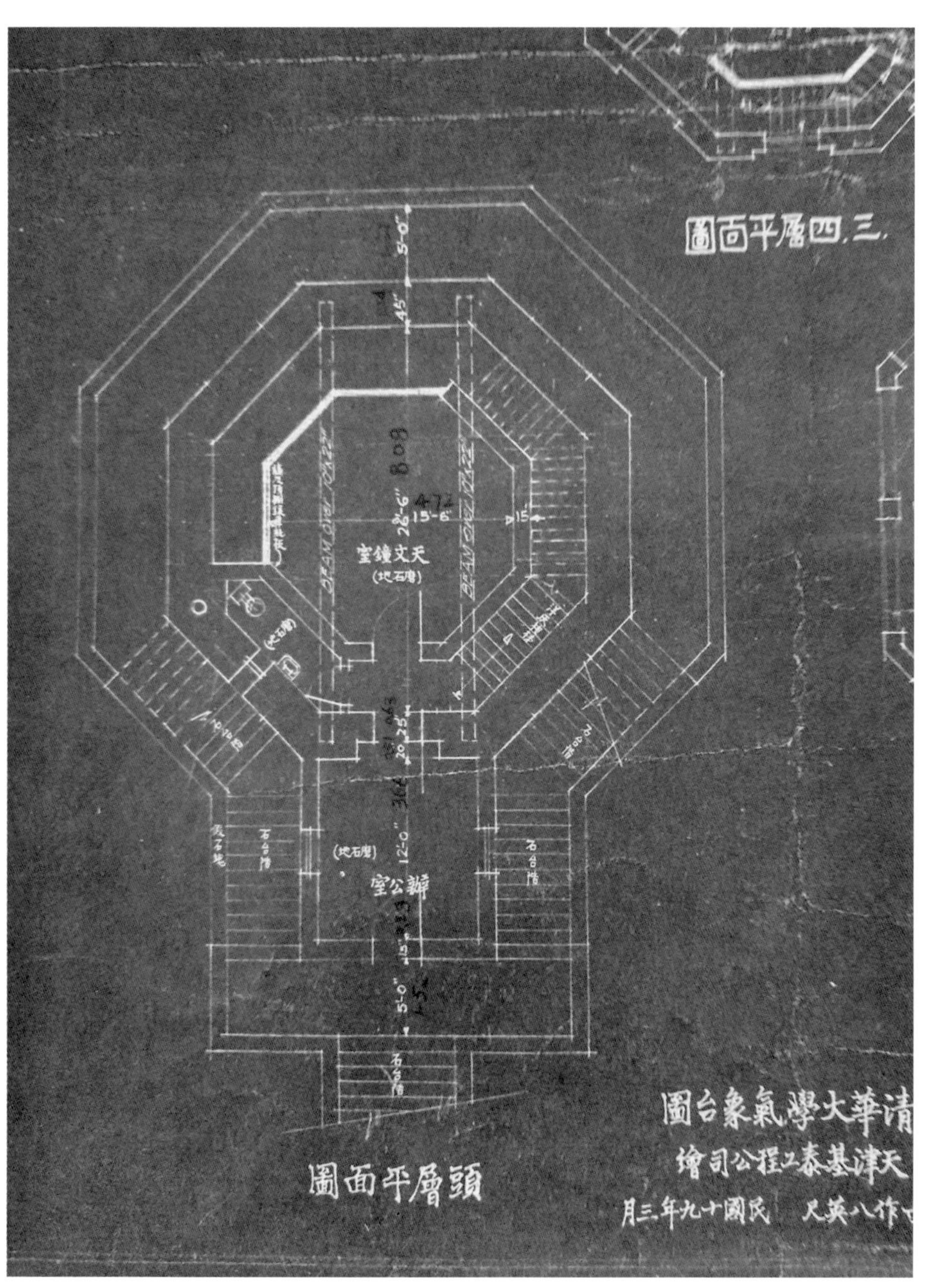

一层平面图

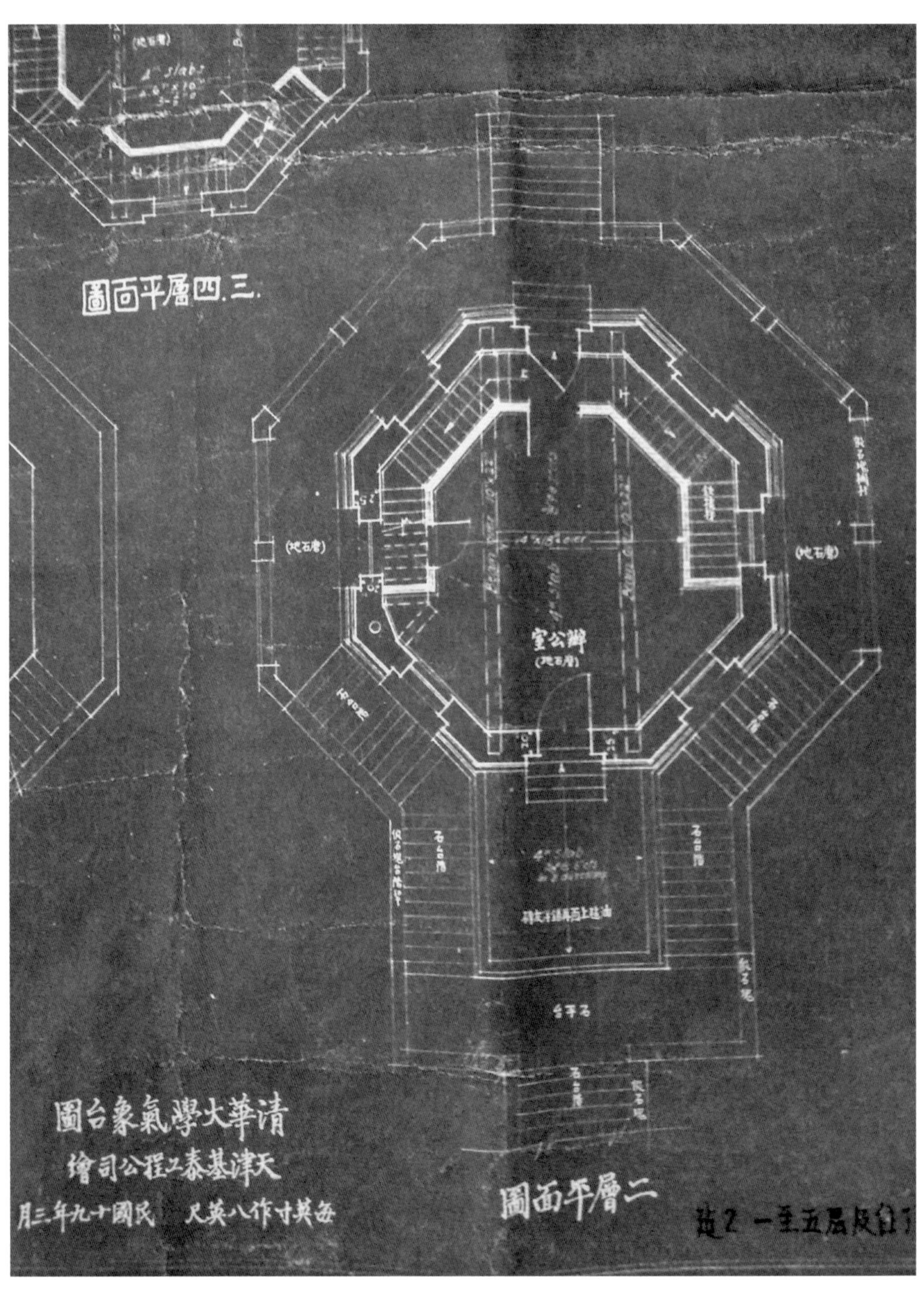

二层平面图

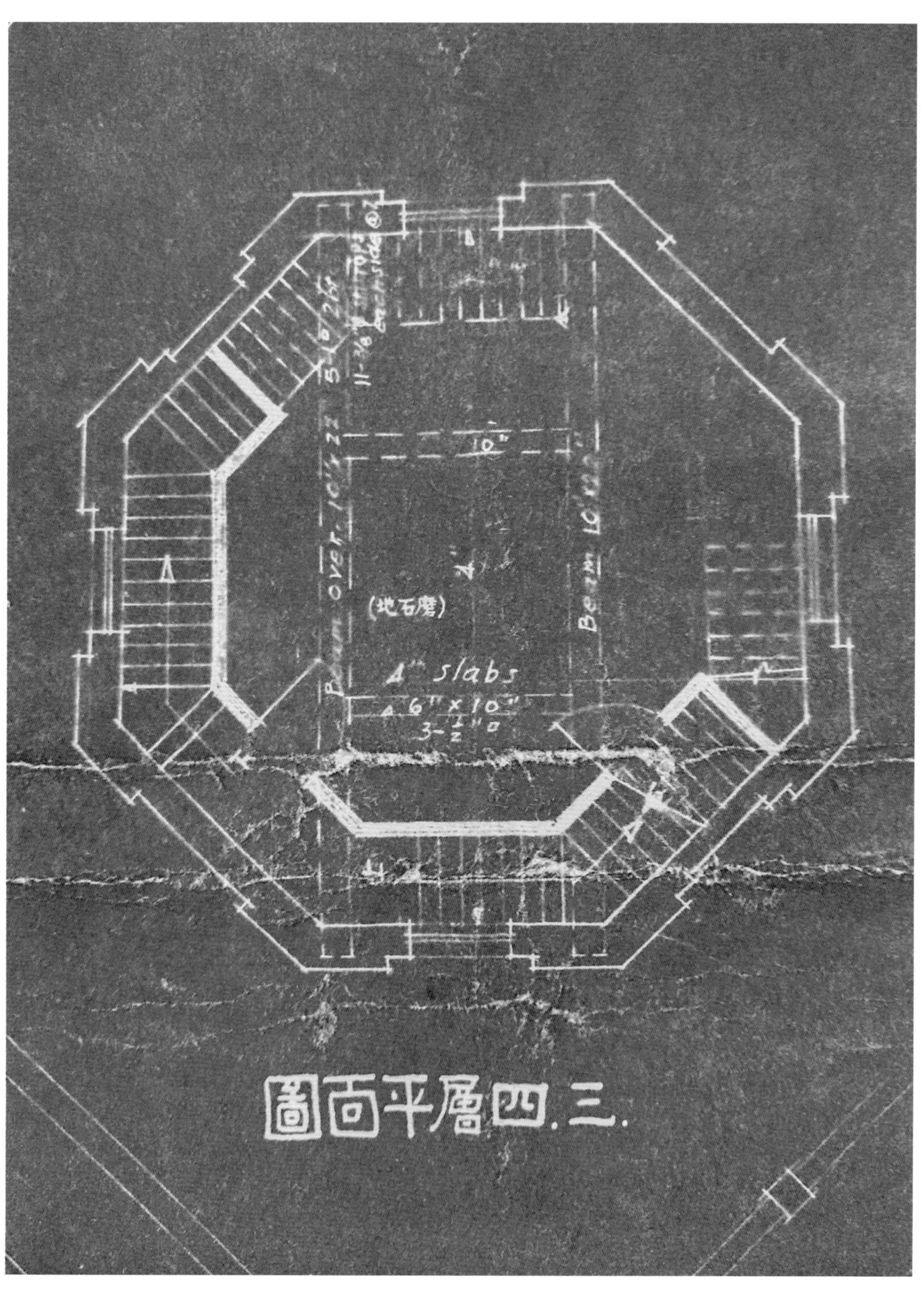

三、四层平面图

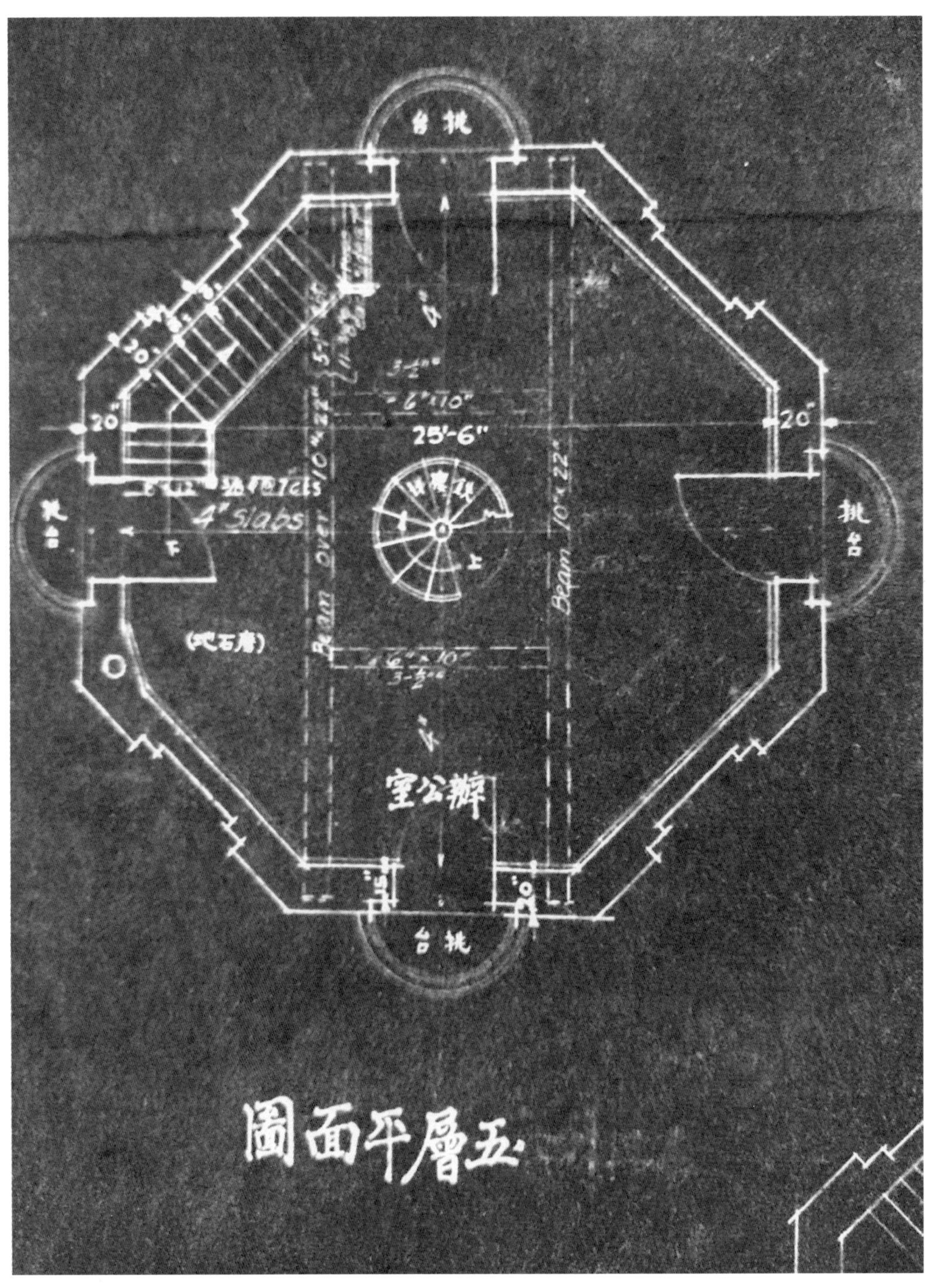

挑台
挑台
挑台
挑台
20"
20"
25'-6"
4" Slabs
Beam over
10"×22"
Beam
10"×22"
上
辦公室
五層平面圖

五层平面图

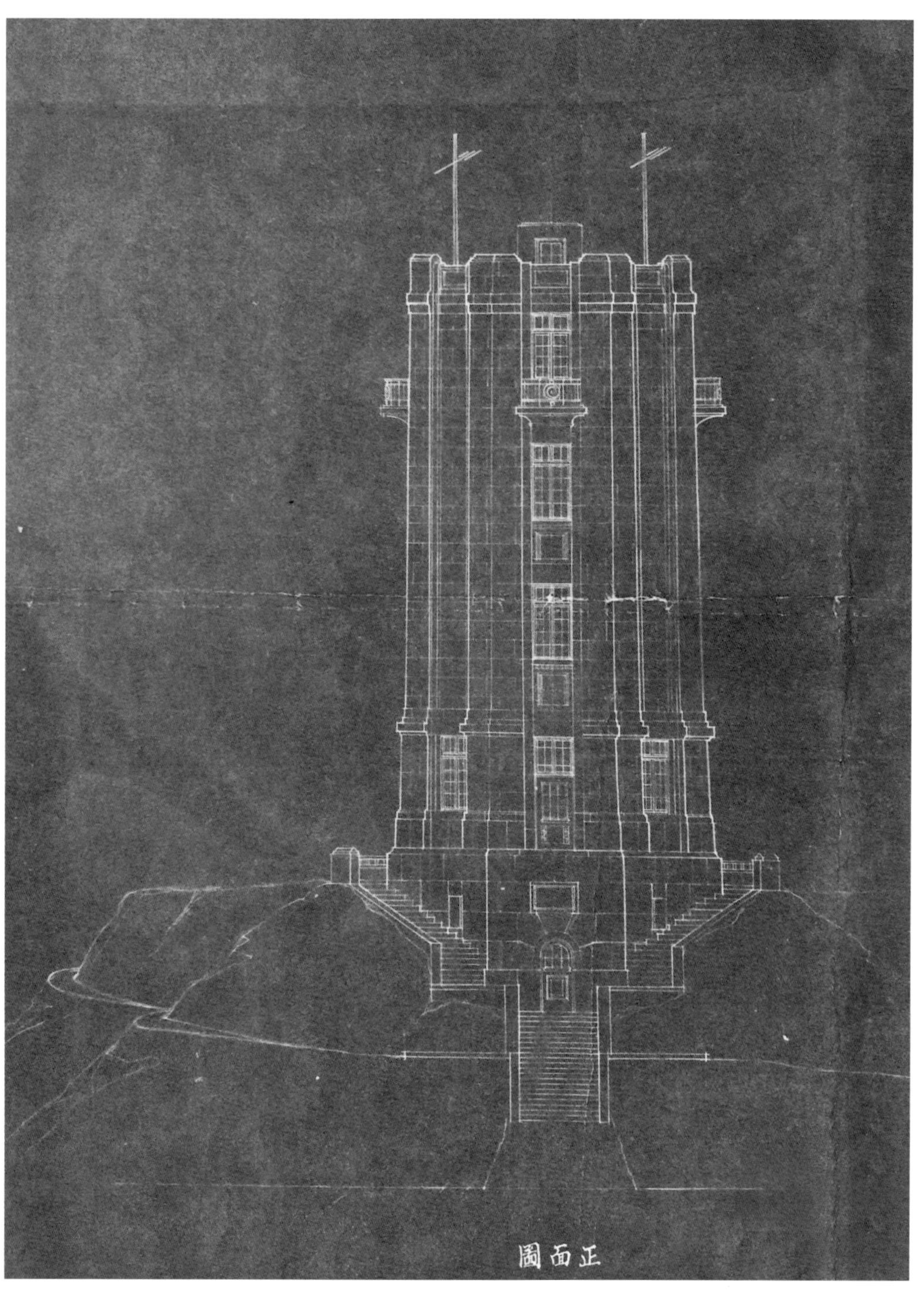

立面图

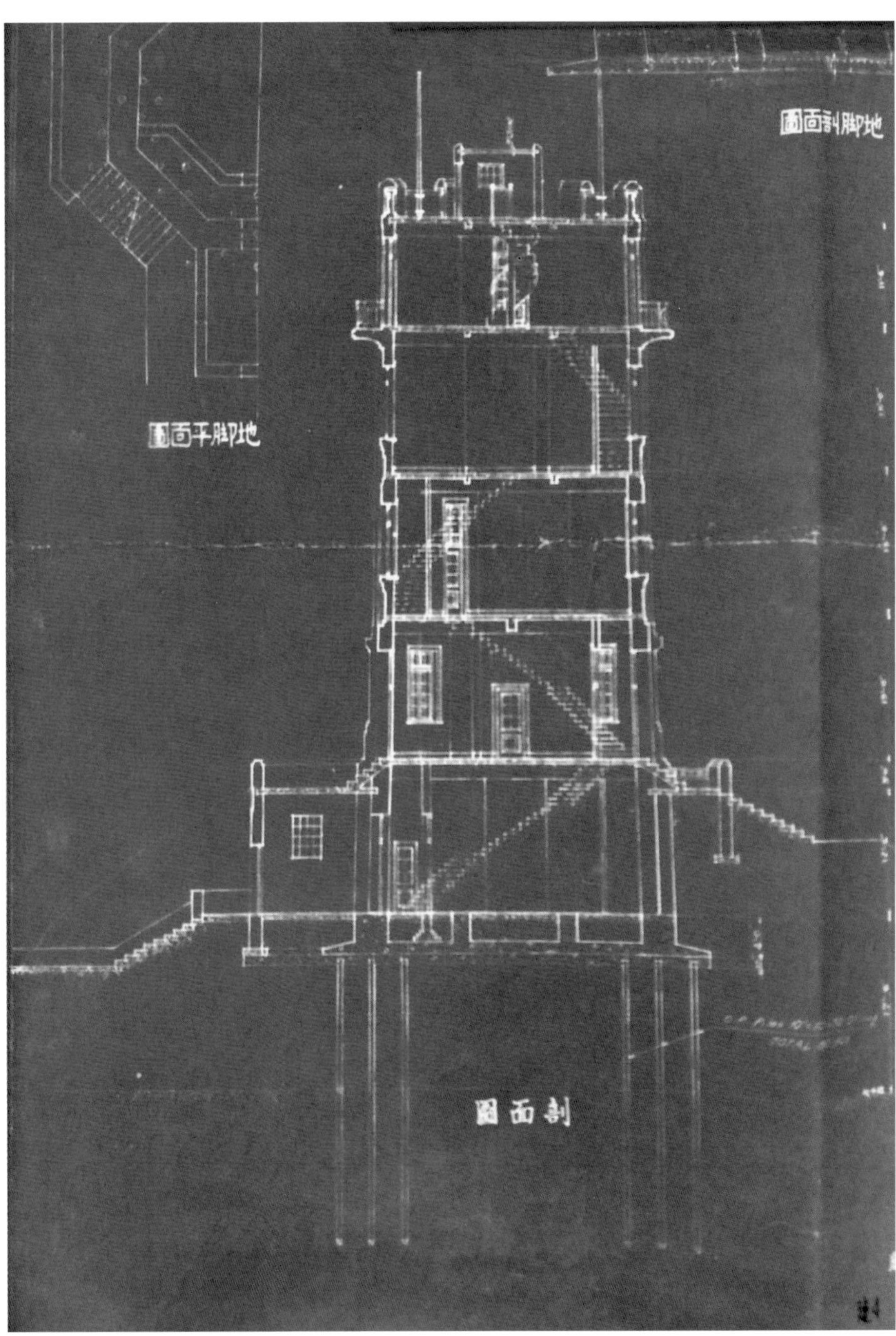

剖面图

(4) 清华大学图书馆扩建工程施工图，1930 年

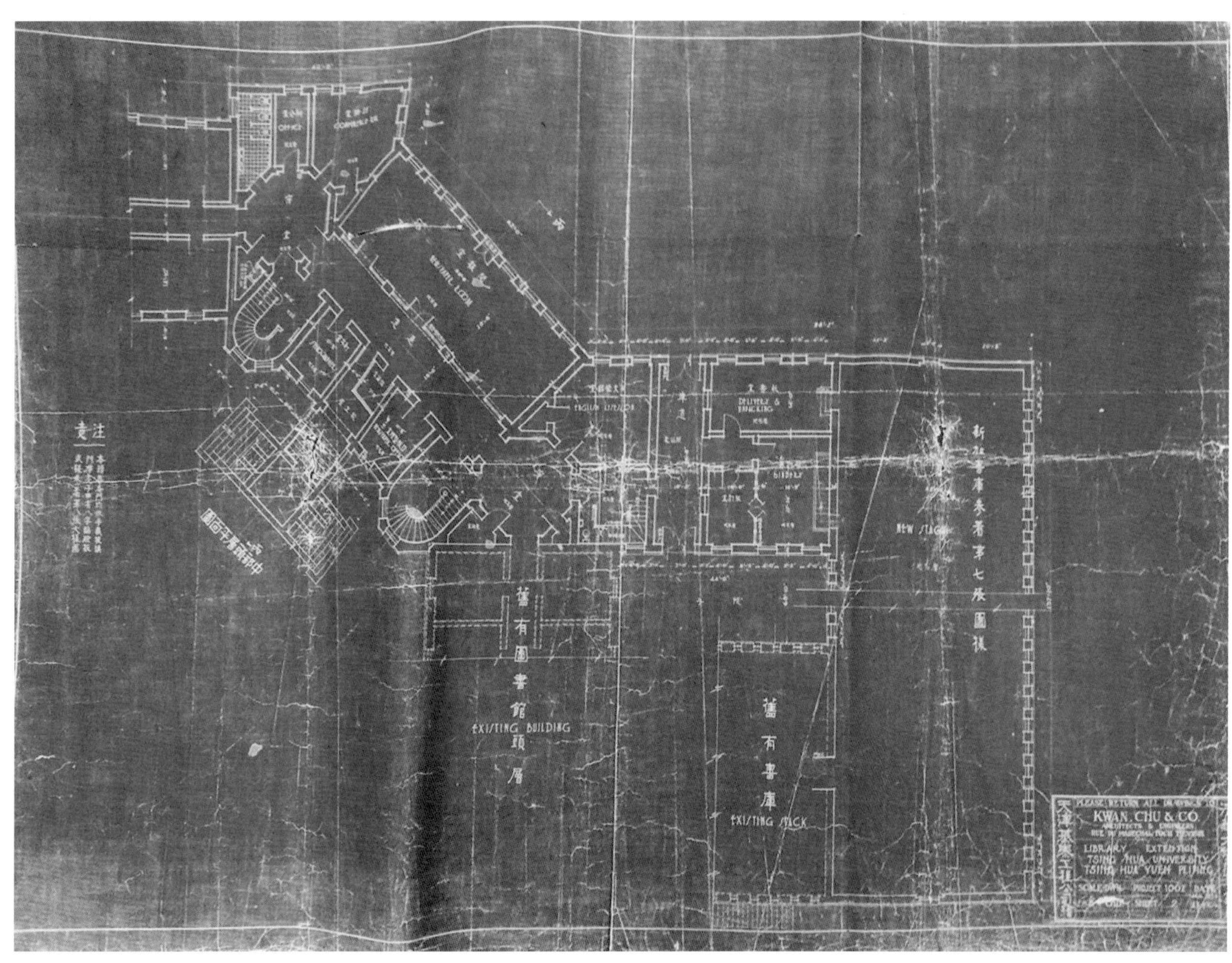

中部一层平面图

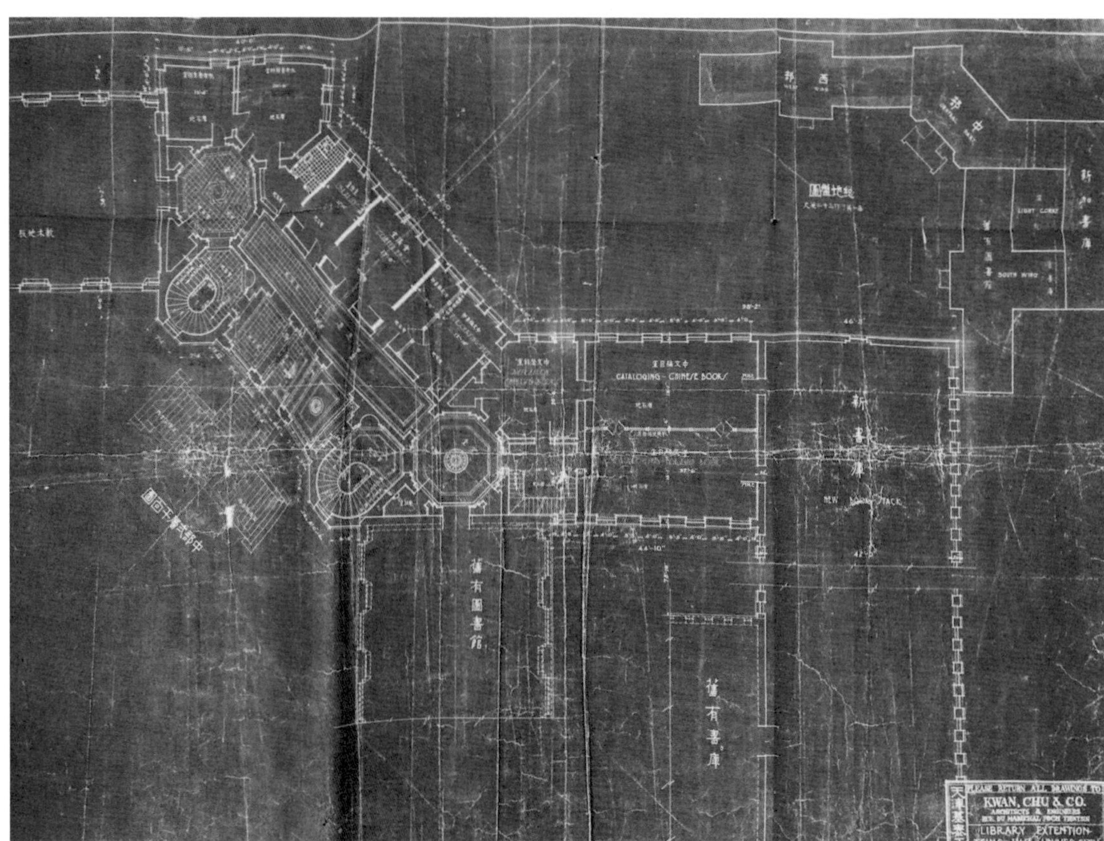

中部二层平面图

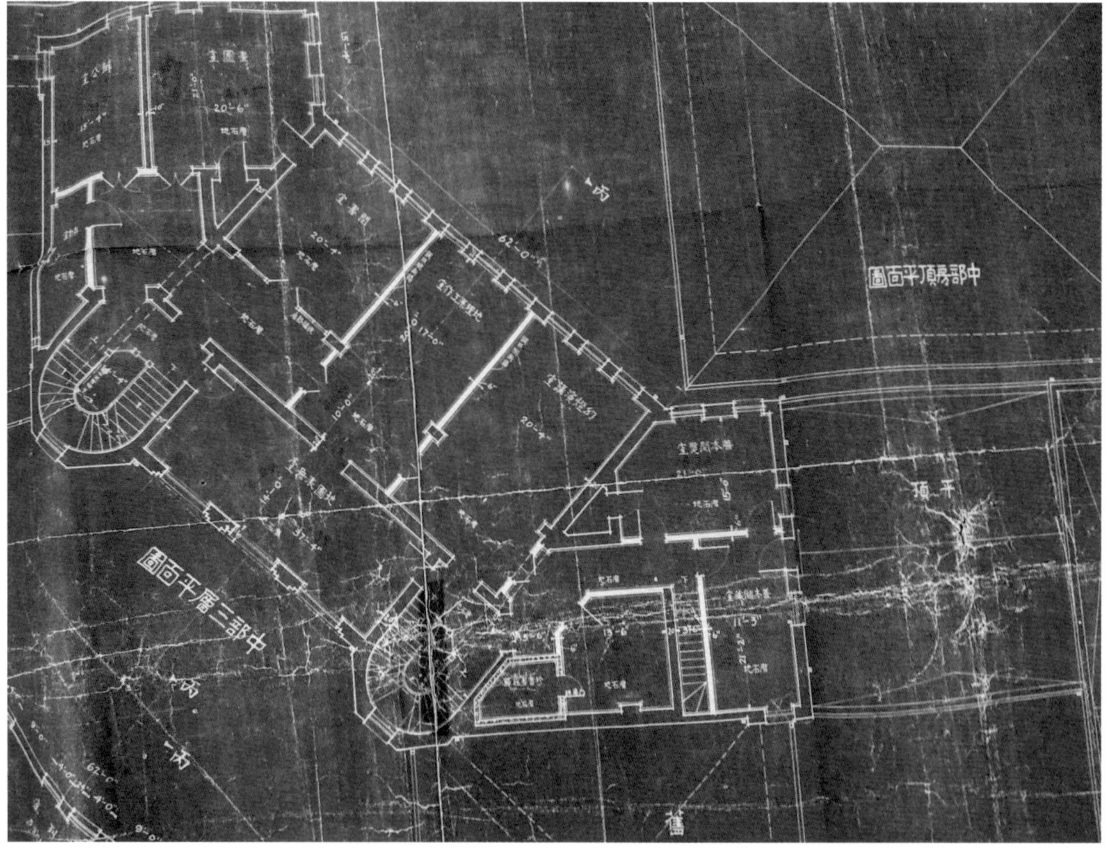

中部三层平面图

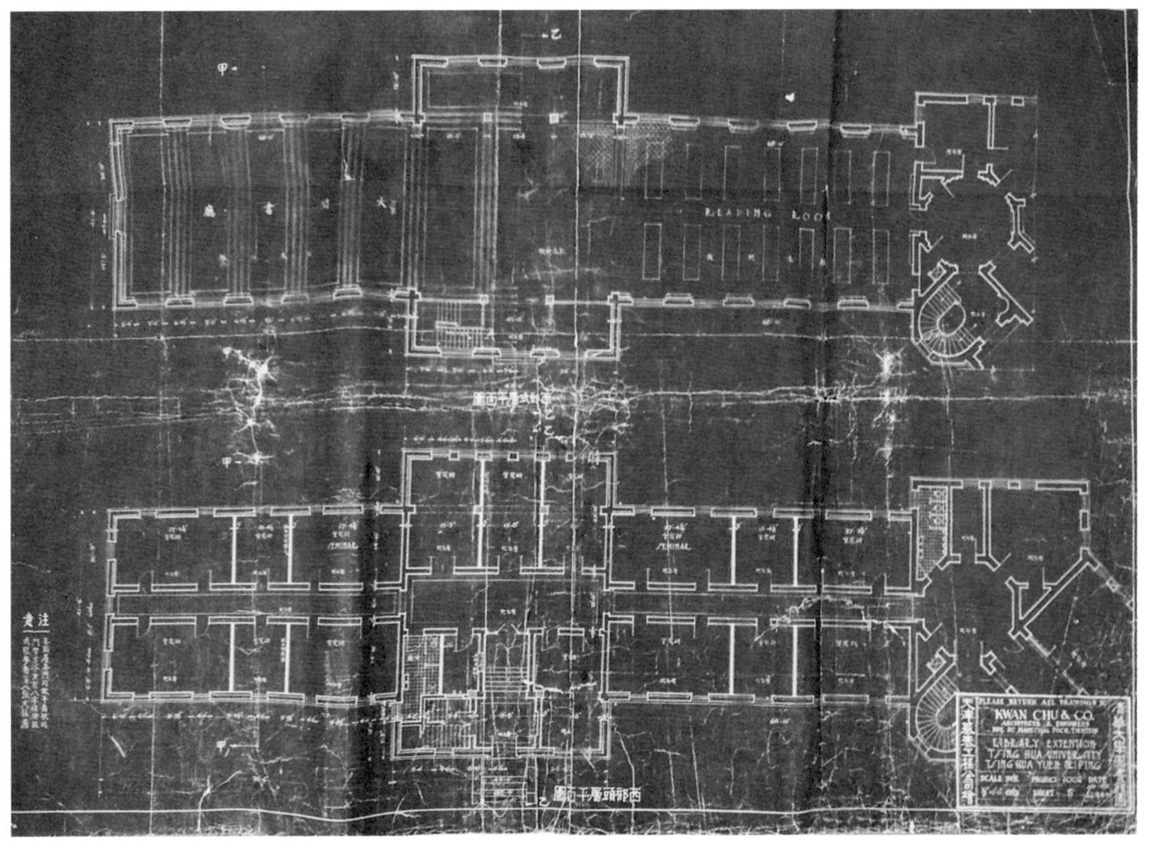

西部一、二层平面图

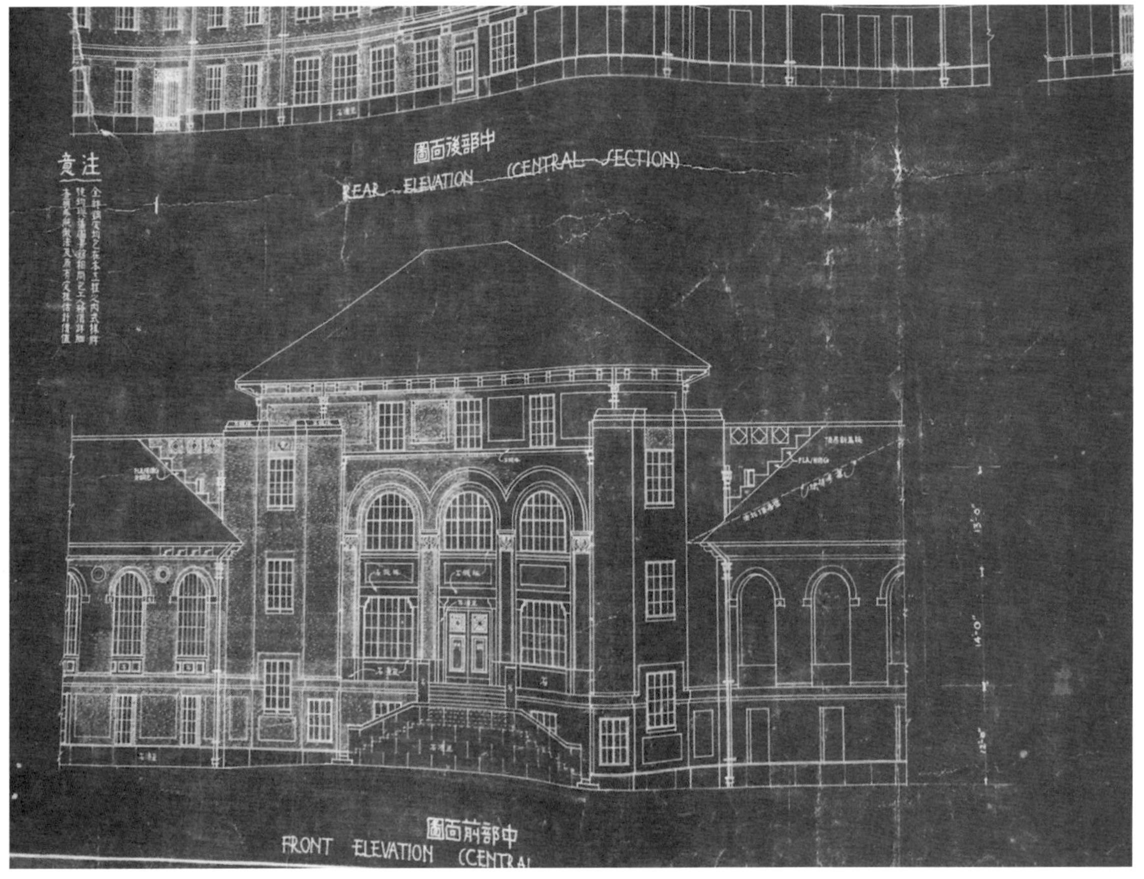

中部前立面图

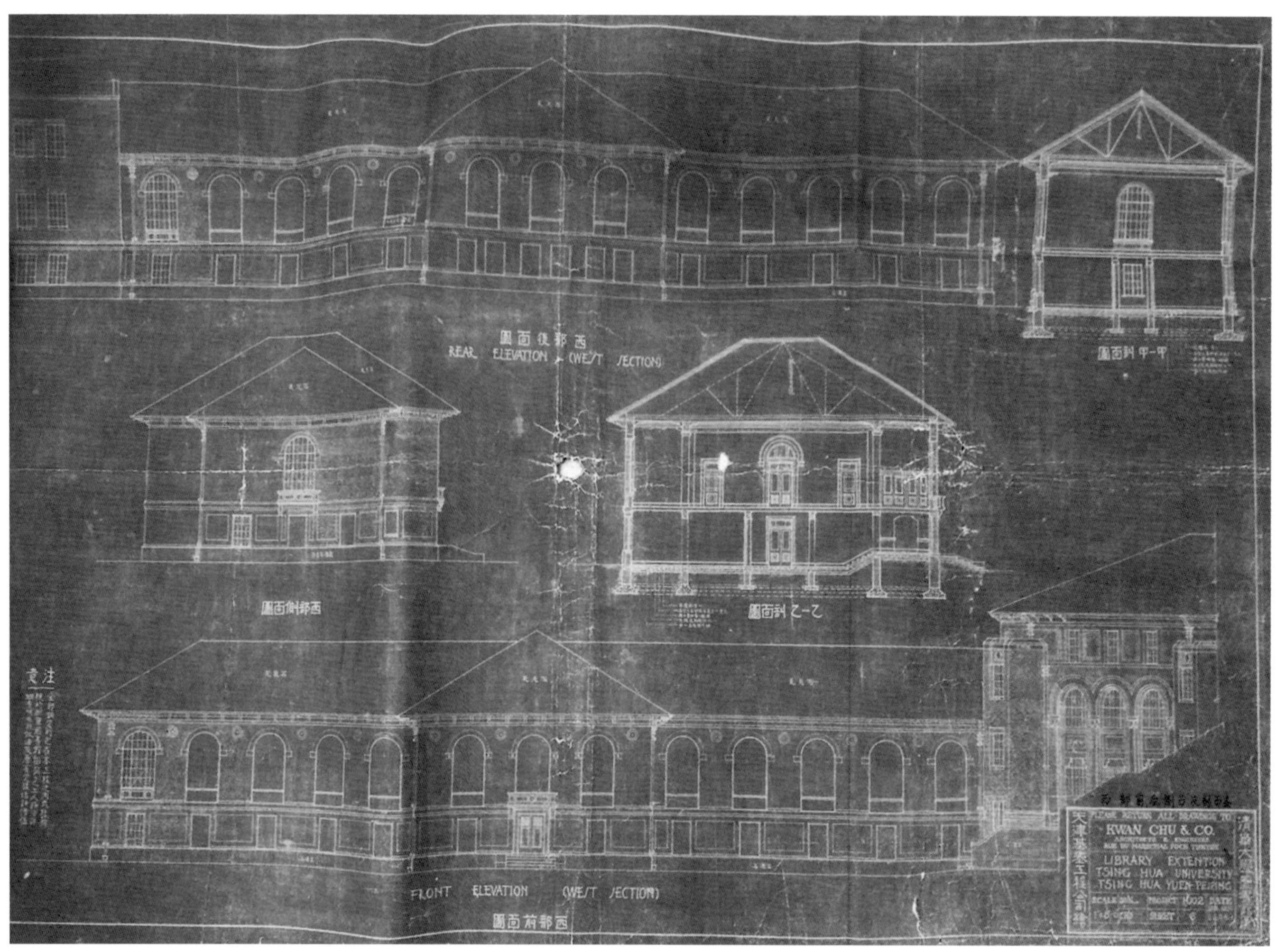

西部前、后立面图和侧面图、剖面图

中部剖面图

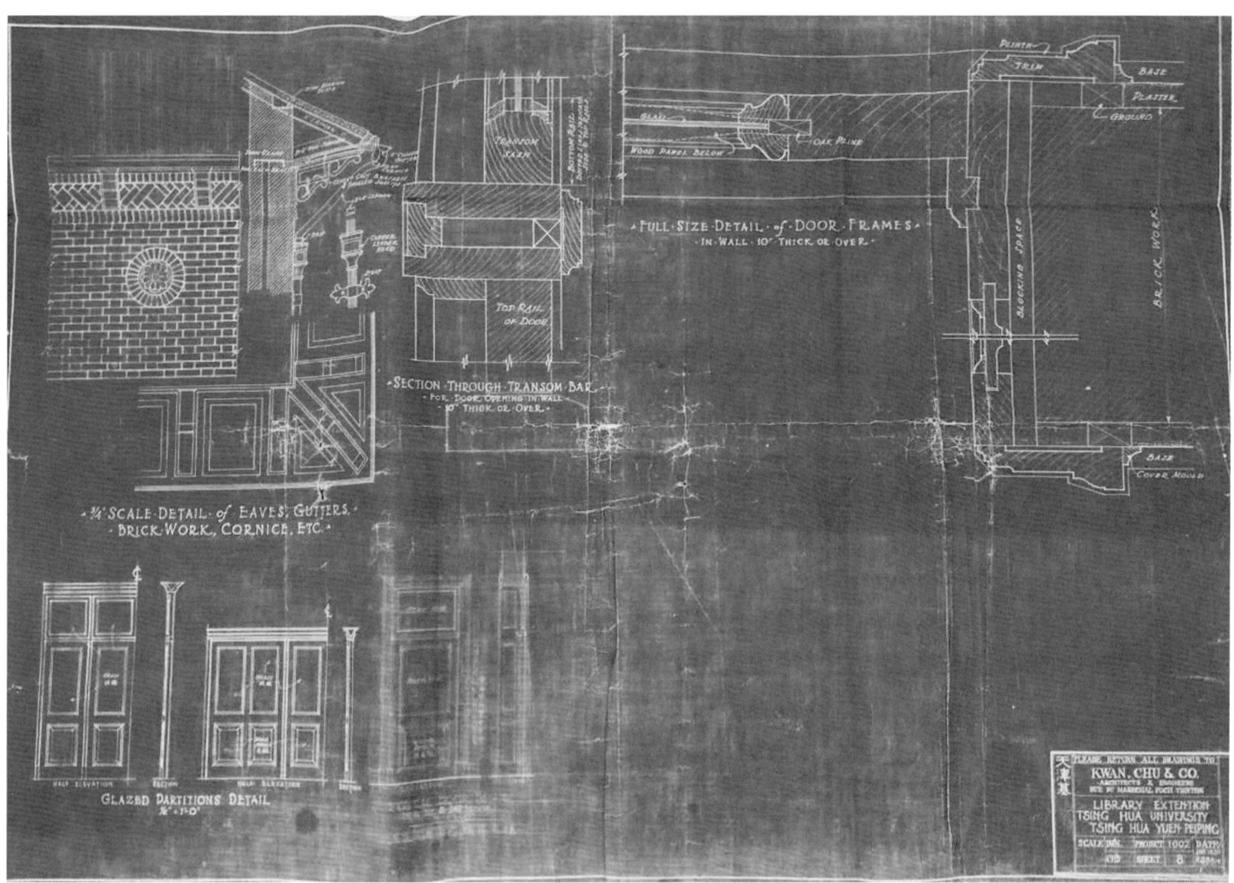
FULL SIZE DETAIL of DOOR FRAMES
IN WALL 10" THICK OR OVER
SECTION THROUGH TRANSOM BAR
FOR DOOR OPENING IN WALL 10" THICK OR OVER
TOP RAIL of DOOR
BLOCKING SPACE
BRICK WORK
1/4" SCALE DETAIL of EAVES, GUTTERS, BRICK WORK, CORNICE, ETC.
GLAZED PARTITIONS DETAIL
KWAN, CHU & CO.
LIBRARY EXTENSION
TSING HUA UNIVERSITY
TSING HUA YUEN PEIPING

门窗大样图

(5) 清华大学宿舍（明斋）施工图，1929 年

一层平面图

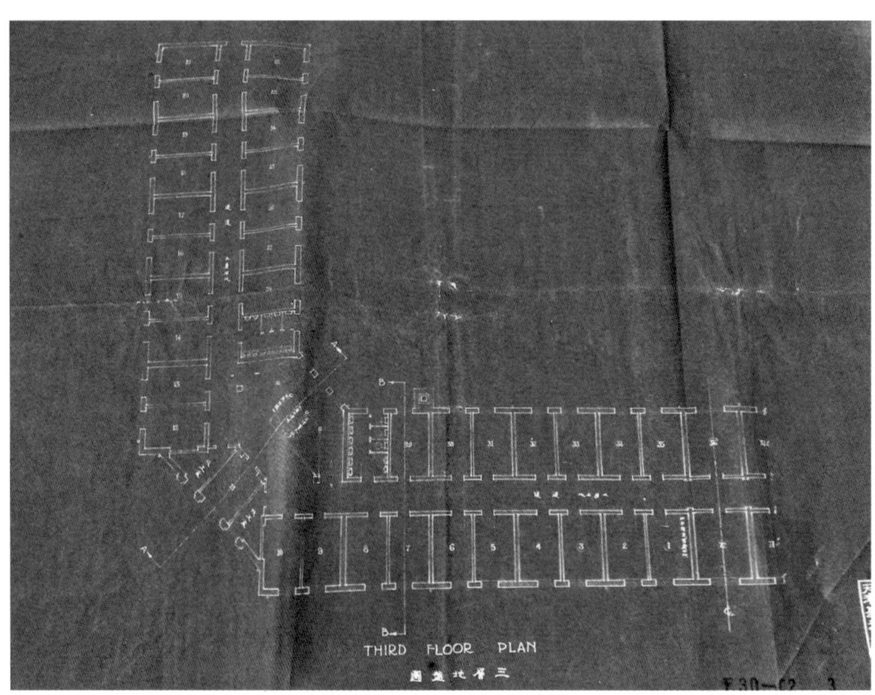

三层平面图

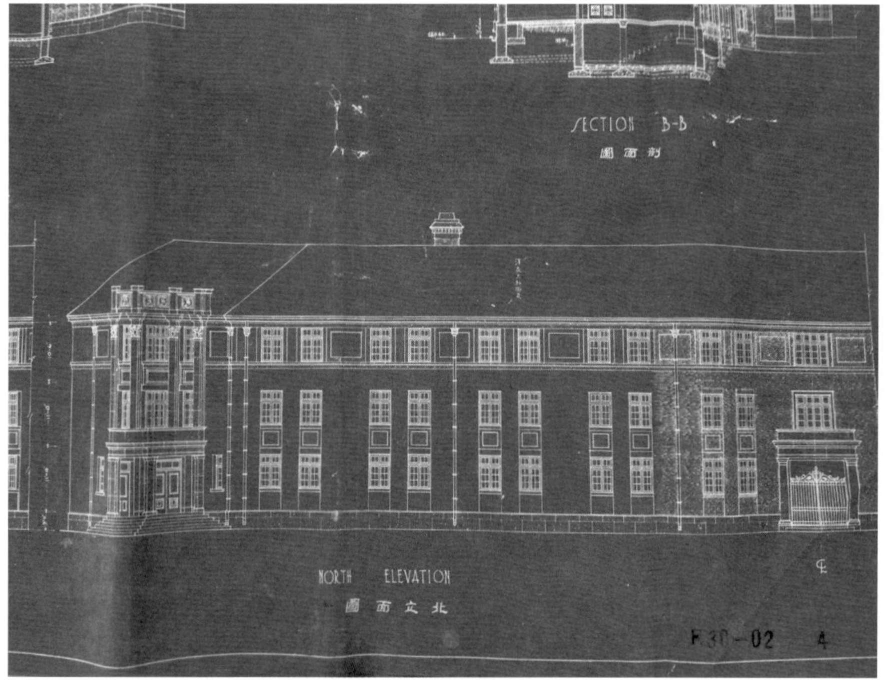

南立面图

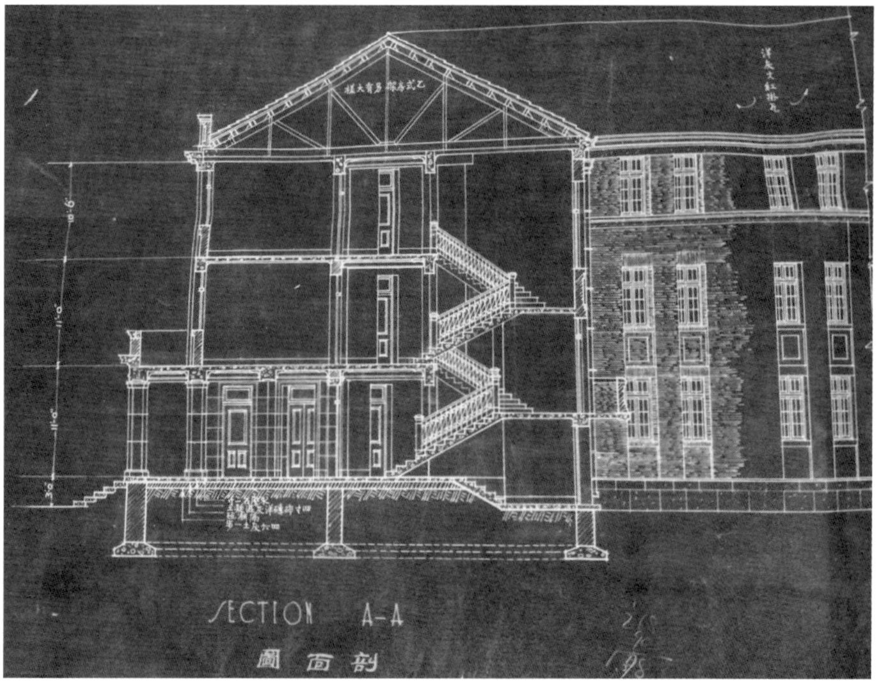

剖面图

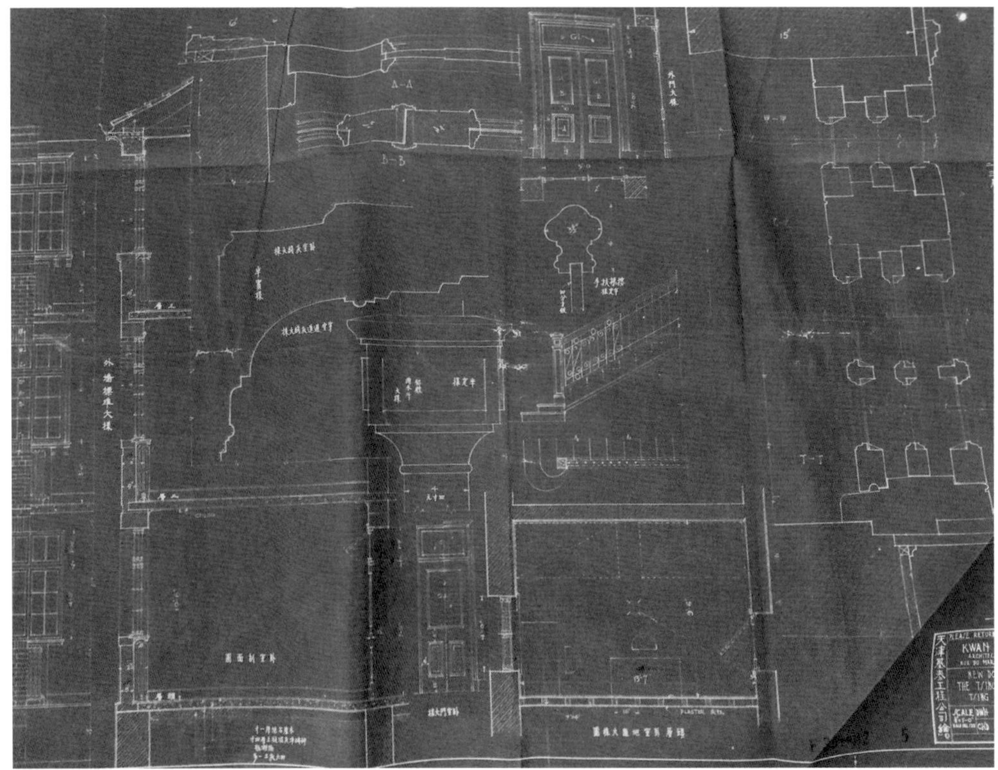

大样图（一）

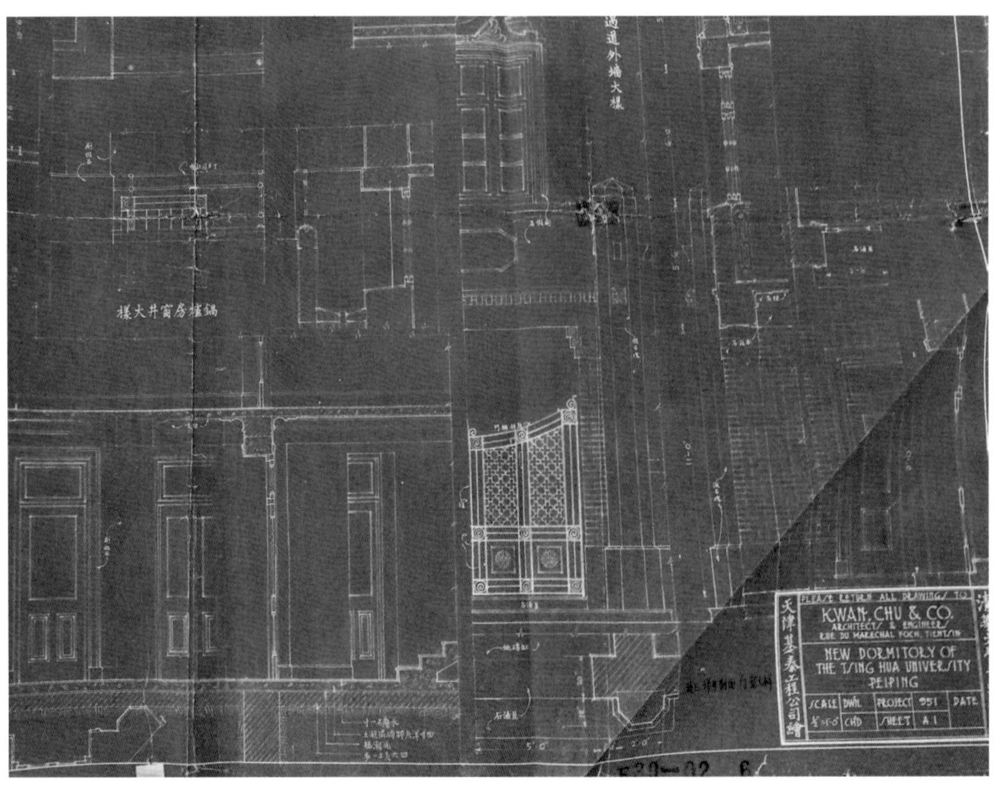
KWAN, CHU & CO.
ARCHITECTS & ENGINEERS
NEW DORMITORY OF
THE TSING HUA UNIVERSITY
PEIPING
天津基泰工程公司繪

大样图（二）

(6) 国民政府外交部外交大楼施工图，1931 年

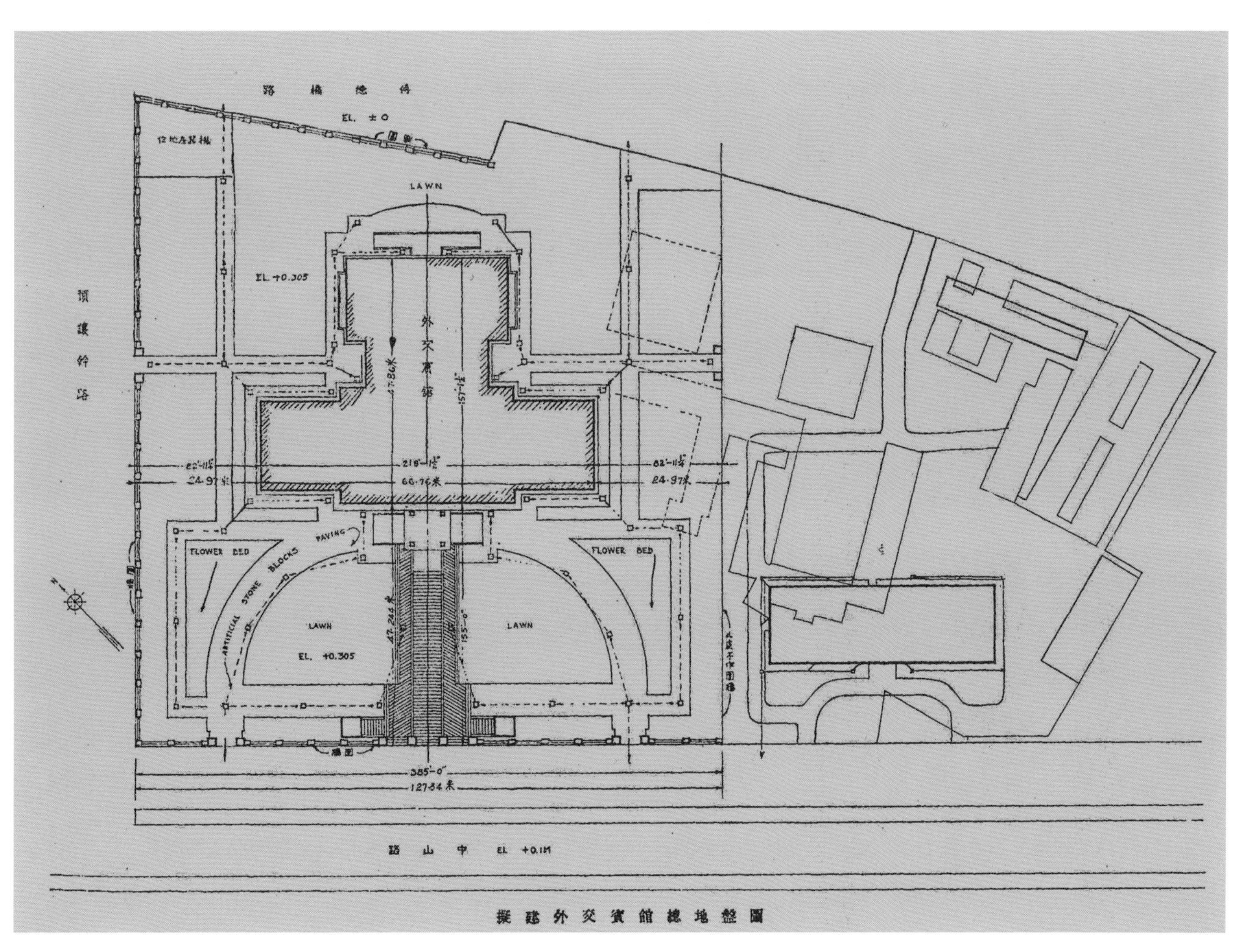

总平面图

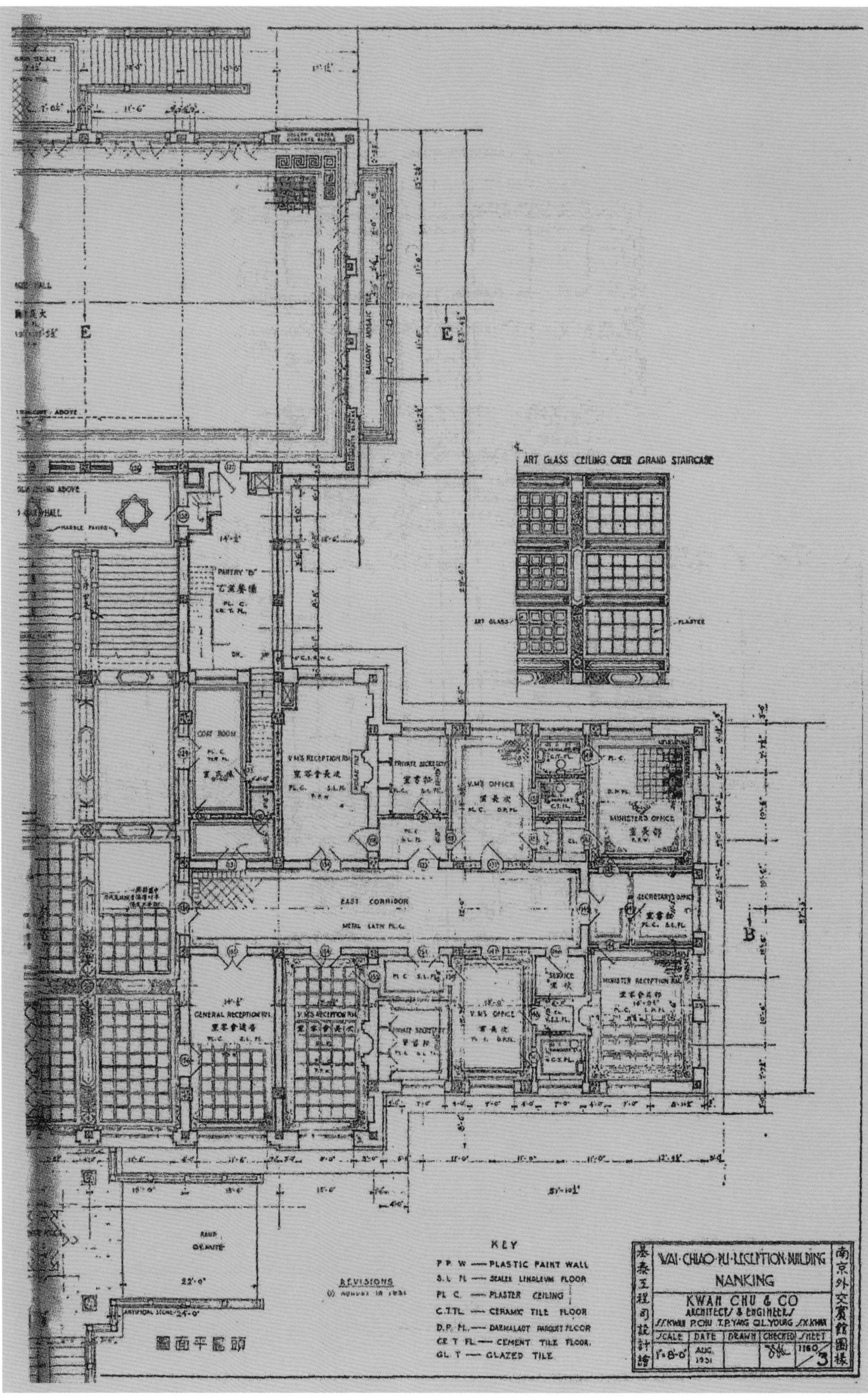
ART GLASS CEILING OVER GRAND STAIRCASE
EAST CORRIDOR
METAL LATH PL. C.
GENERAL RECEPTION RM.
MINISTER'S OFFICE
MINISTER RECEPTION RM.
SECRETARY'S OFFICE
V.M'S OFFICE
V.M'S RECEPTION RM.
PRIVATE SECRETARY
COAT ROOM
PANTRY "D"
SERVICE
KEY
P.P. W — PLASTIC PAINT WALL
S.L. FL — SEALEX LINOLEUM FLOOR
PL. C. — PLASTER CEILING
C.T.TL. — CERAMIC TILE FLOOR
D.P. FL. — DARNALAQT PARQUET FLOOR
CE. T. FL. — CEMENT TILE FLOOR.
GL. T — GLAZED TILE
REVISIONS
WAI-CHIAO-PU-RECEPTION-BUILDING
NANKING
KWAN CHU & CO
ARCHITECTS & ENGINEERS
S.S.KWAN P.CHU T.P.YANG Q.L.YOUNG S.K.KWAN
SCALE
DATE
DRAWN
CHECKED
SHEET
1"=8'-0"
AUG. 1931
1160/3
基泰工程司設計圖
南京外交賓館圖樣
頭層平面圖
85'-10½"

一层（右）平面图

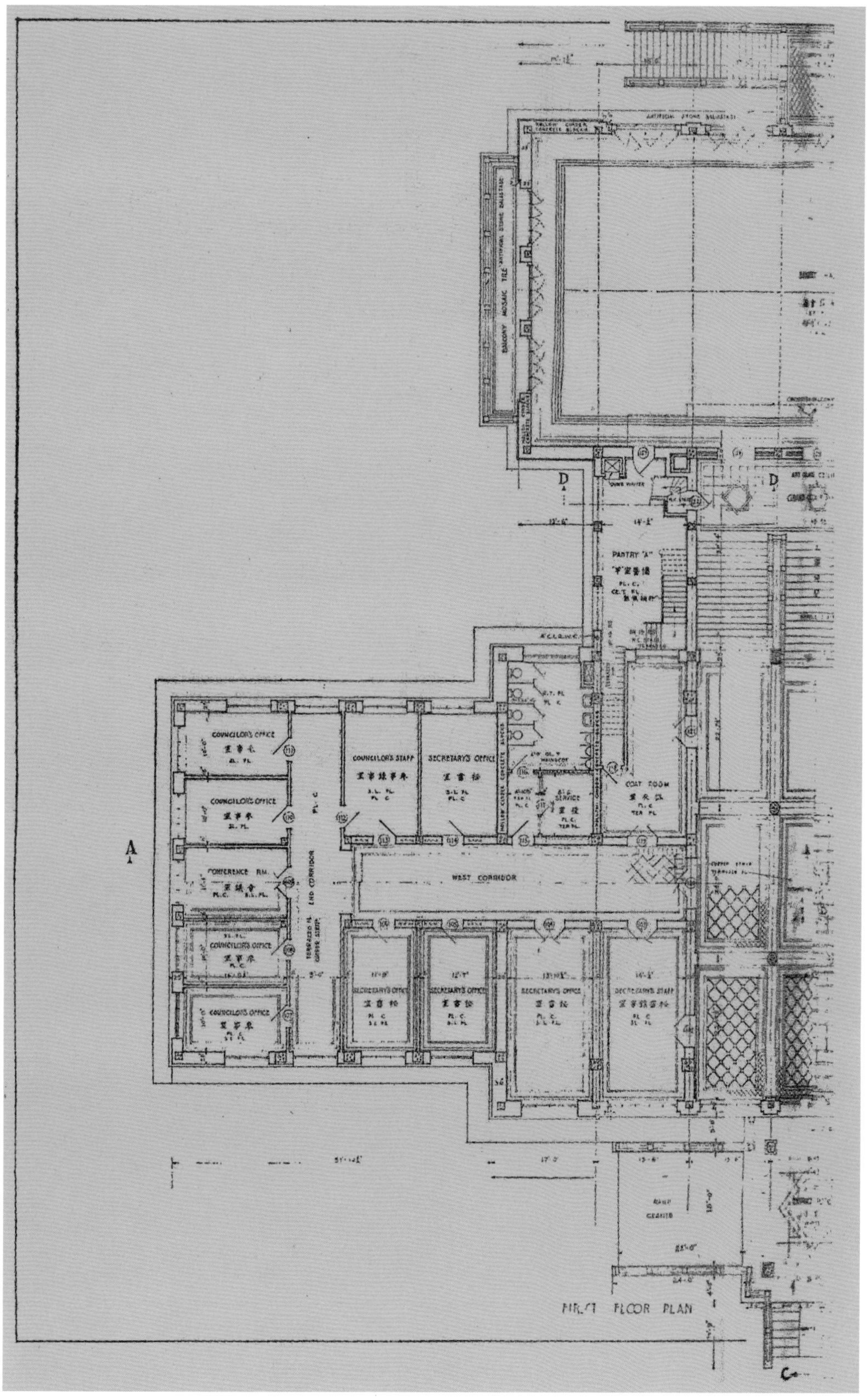

一层（左）平面图

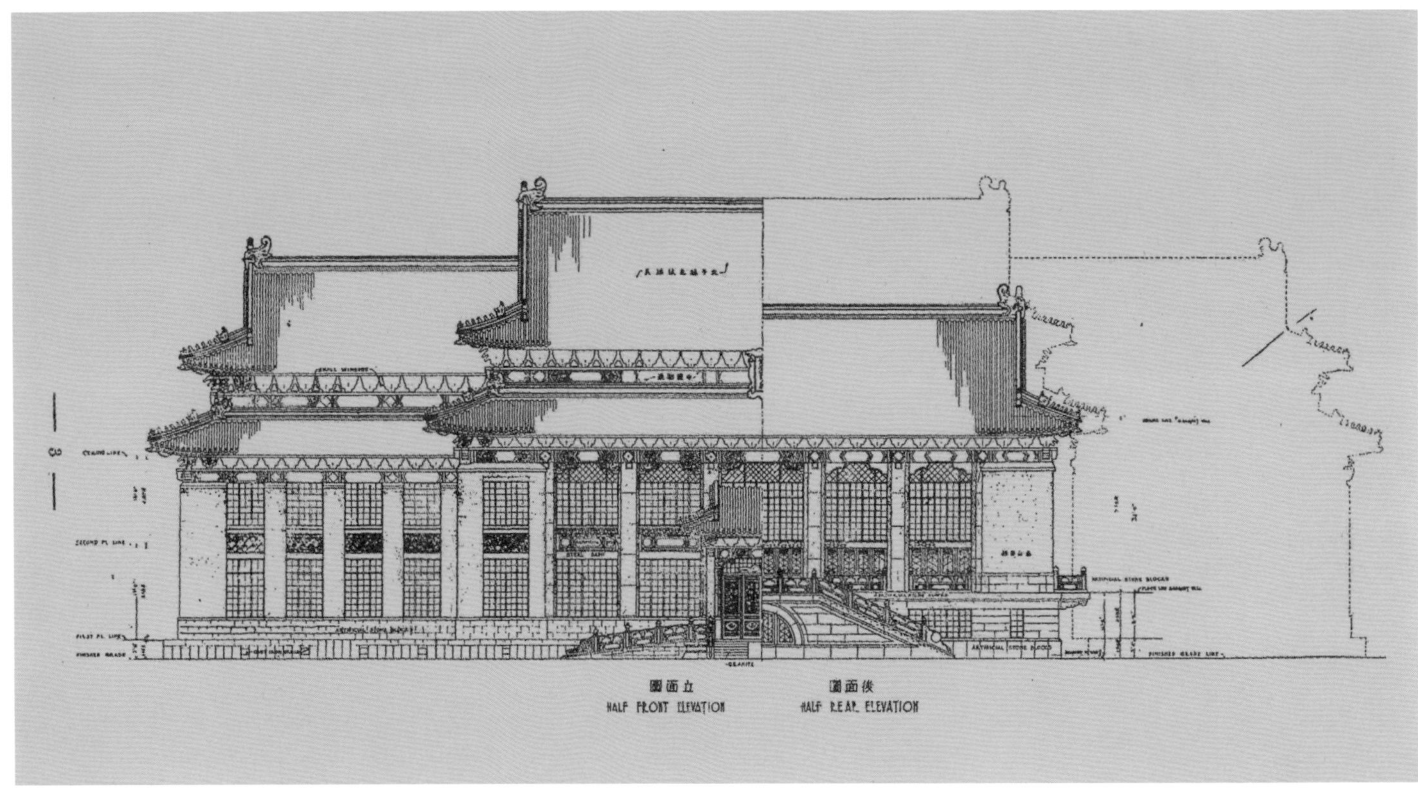
圖面立
HALF FRONT ELEVATION
圖面後
HALF REAR ELEVATION

正、背面图

SIDE ELEVATION
圖面側
HALF ELEVATION
圖面側
"D-D"

侧面图

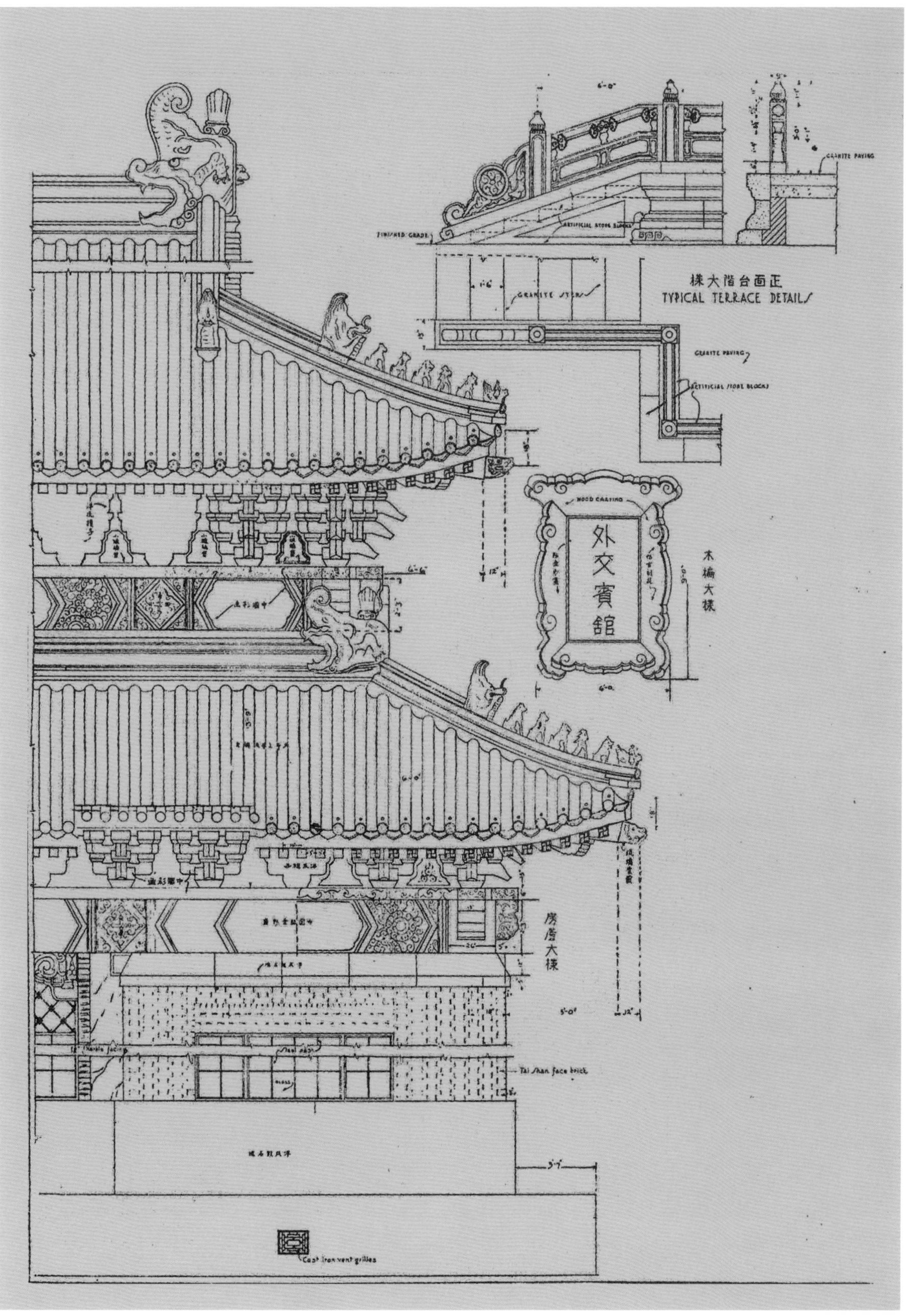
FINISHED GRADE
ARTIFICIAL STONE BLOCKS
GRANITE PAVING
正面台階大樣
TYPICAL TERRACE DETAILS
GRANITE STEPS
ARTIFICIAL STONE BLOCKS
WOOD CARVING
外交賓館
Tai Shan face brick
Cast iron vent grilles

大样图

(7) 国立中央大学图书馆扩建工程施工图，1933 年

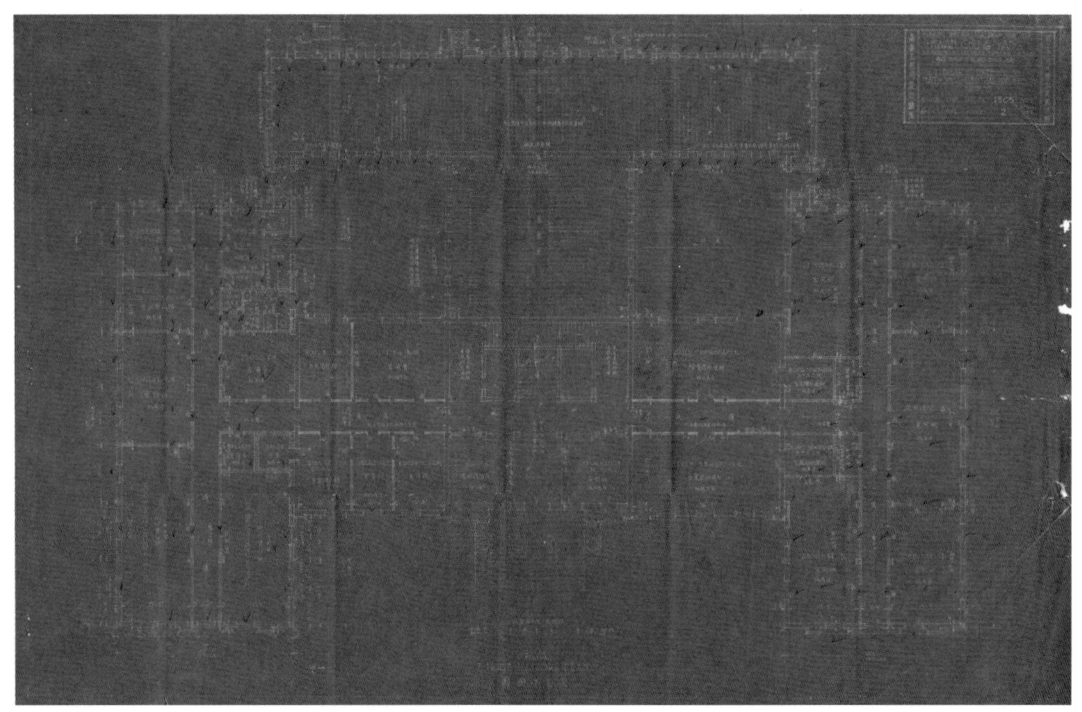

一层平面图

二层平面图

南立面图、北立面图

甲—甲、乙—乙剖面图

外墙大样图

(8) 南京金陵大学图书馆施工图，1936 年

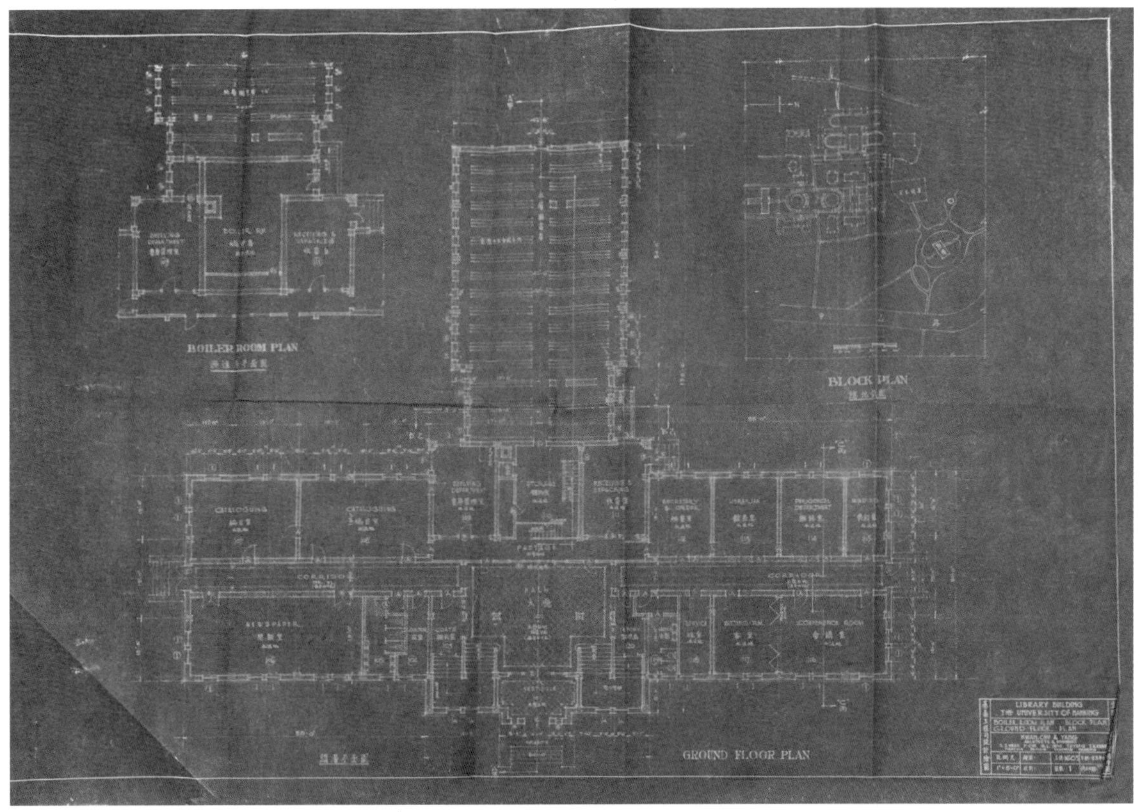

一层平面图

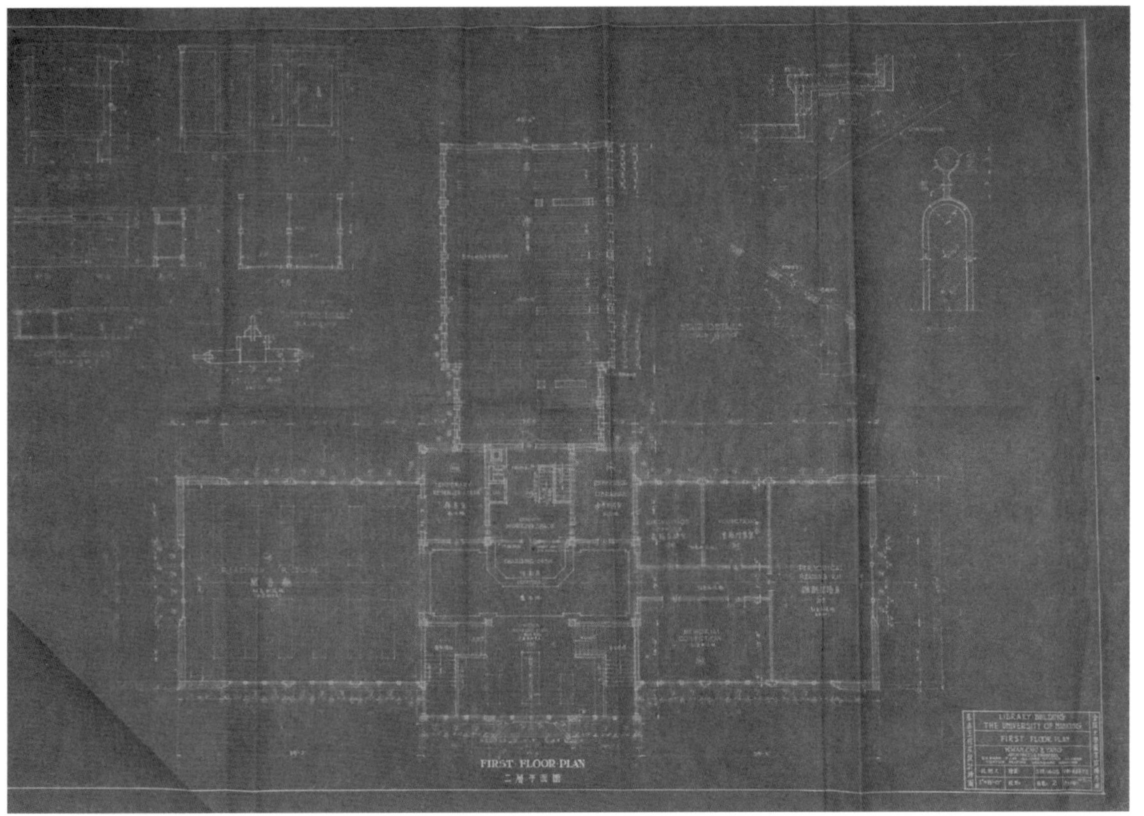

二层平面图

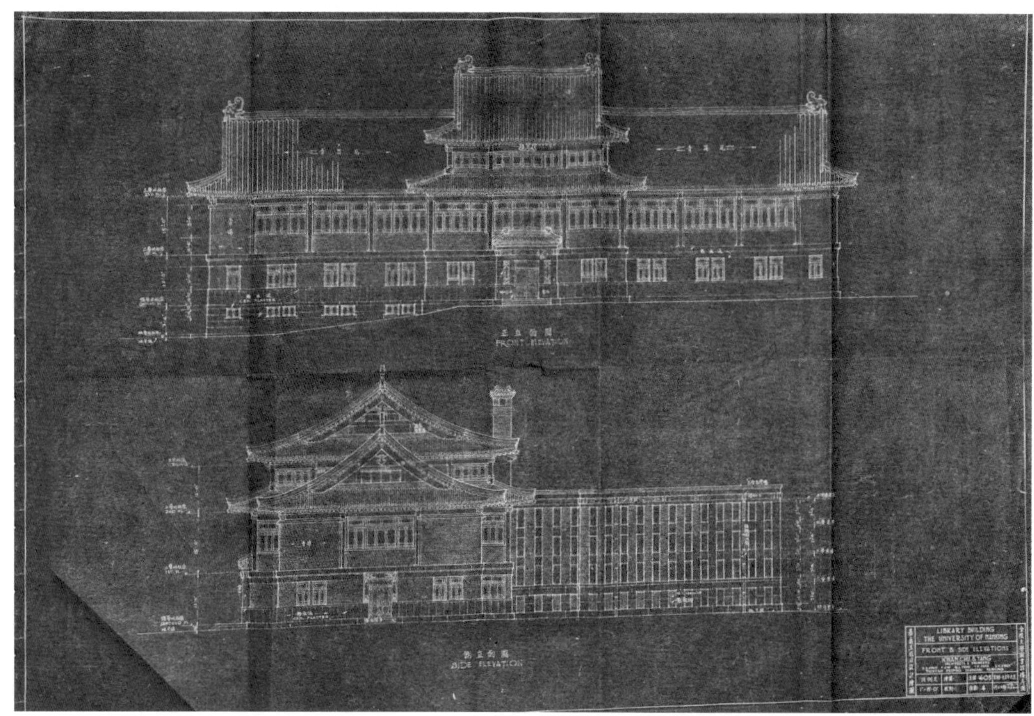

北、西立面图

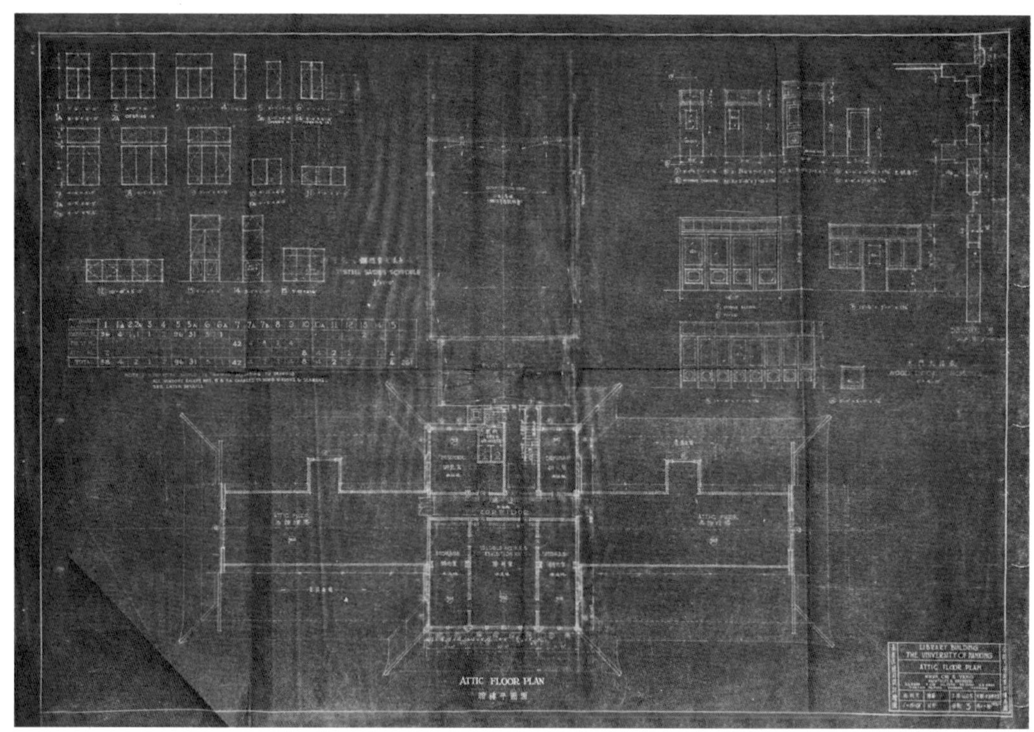

暗层平面图、门窗图

(9) 国立四川大学图书馆施工图，1937 年

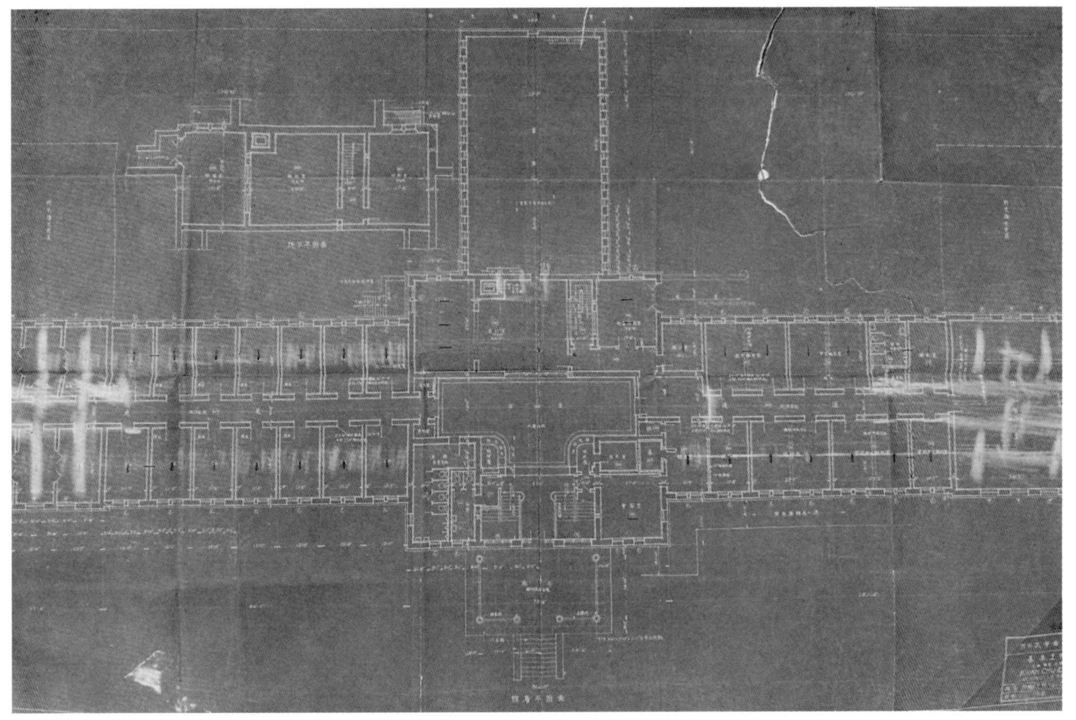

一层平面图

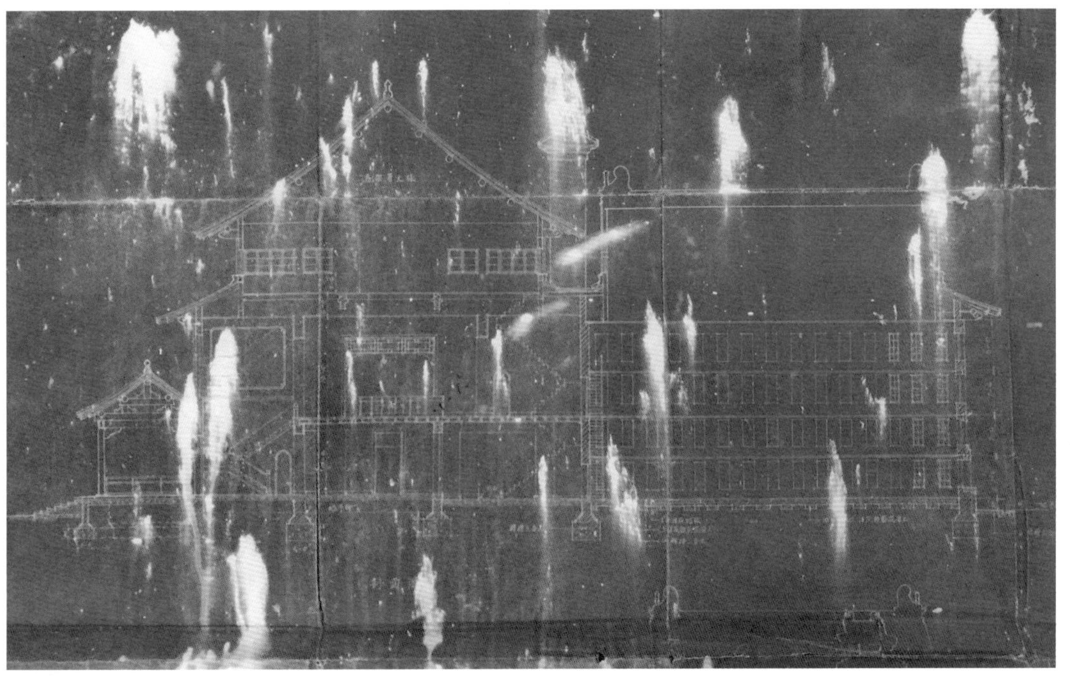

剖面图

南立面图

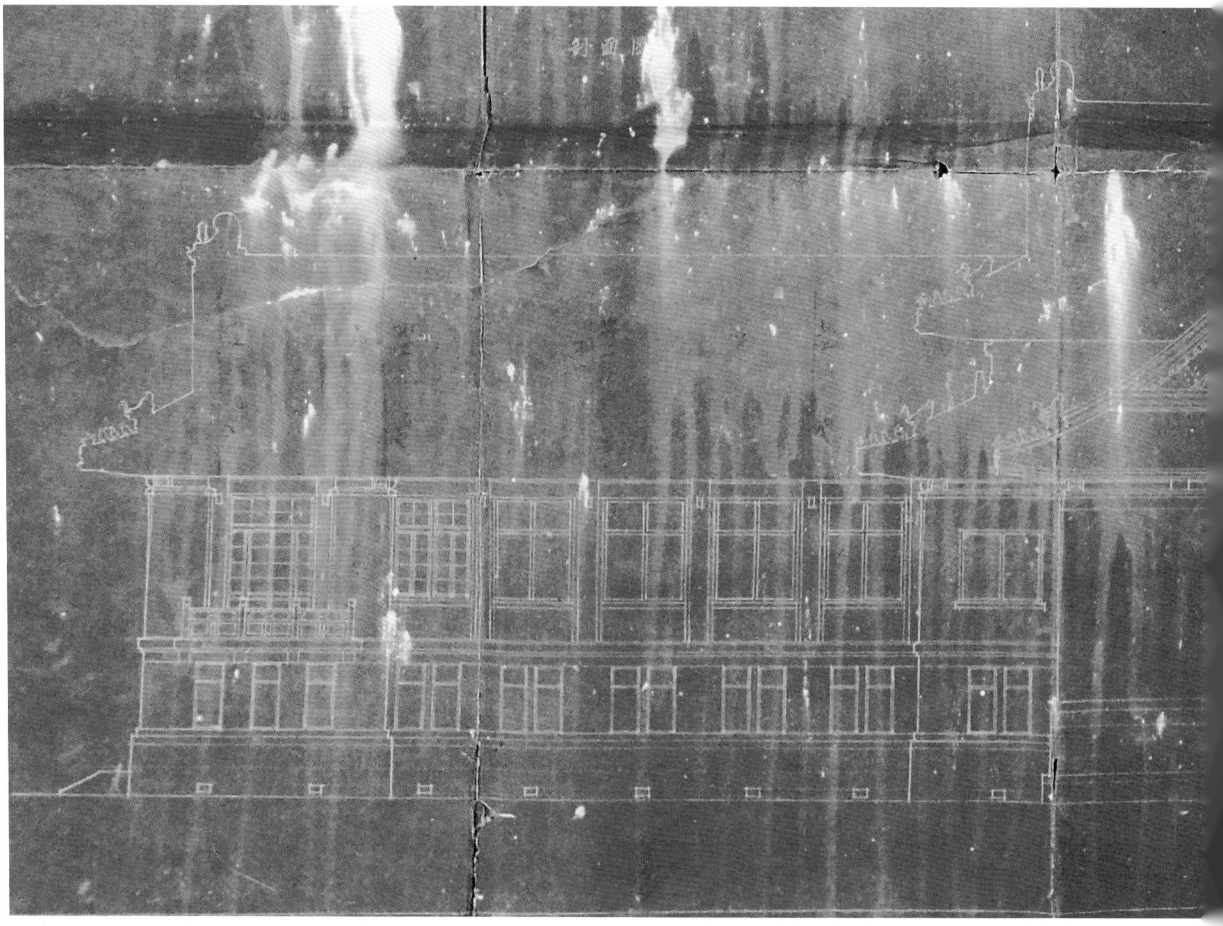

北立面图

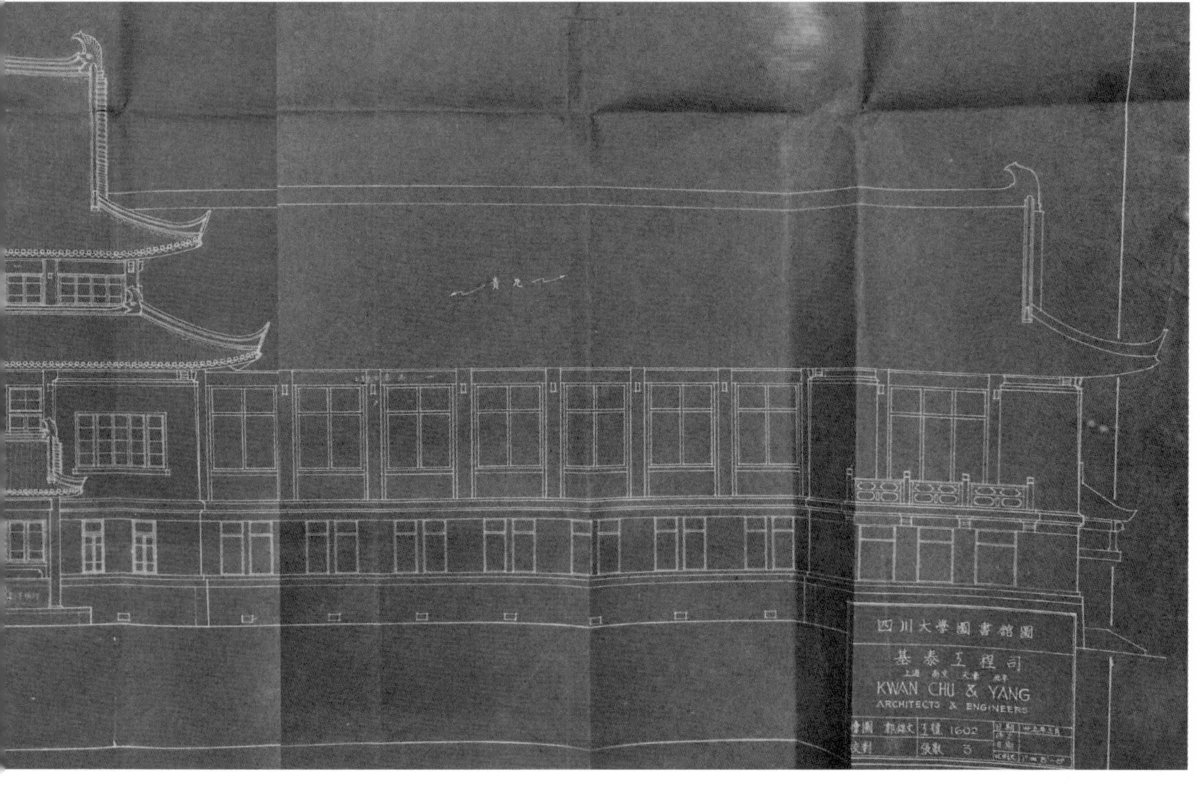
四川大學圖書館圖
基泰工程司
KWAN CHU & YANG
ARCHITECTS & ENGINEERS
工號 1602
張數 3

2. 方案图

(1) 国民政府外交部宾馆大楼方案图，1930 年

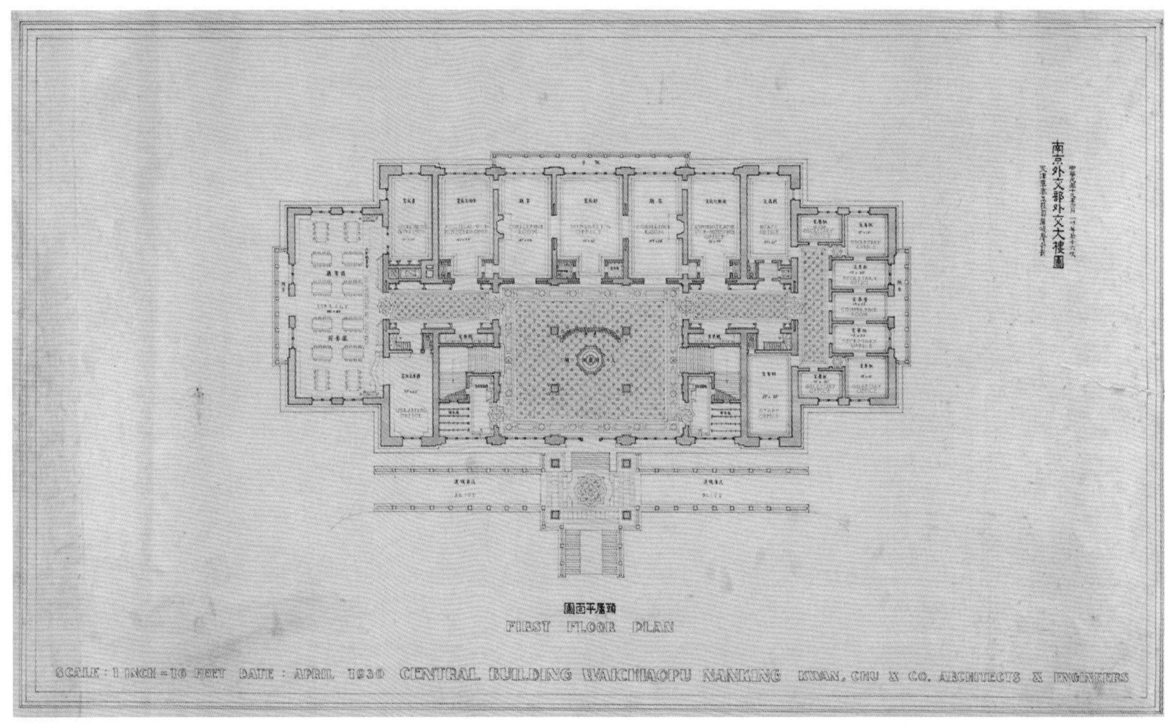

头层平面图

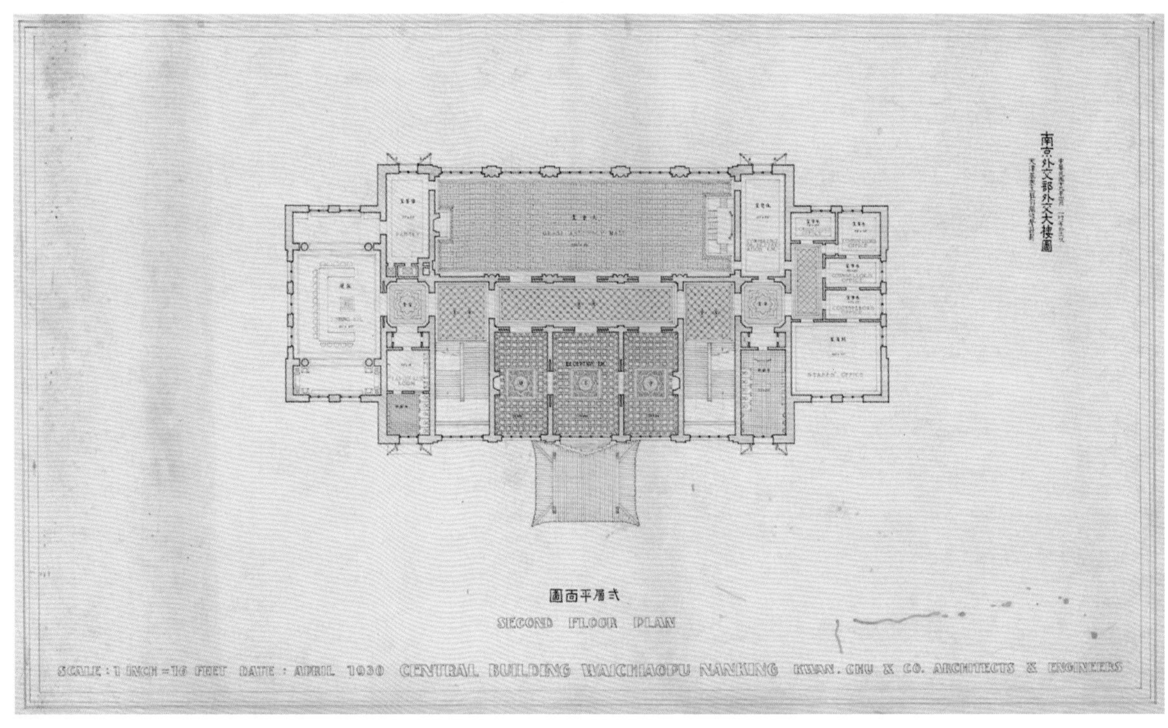

二层平面图

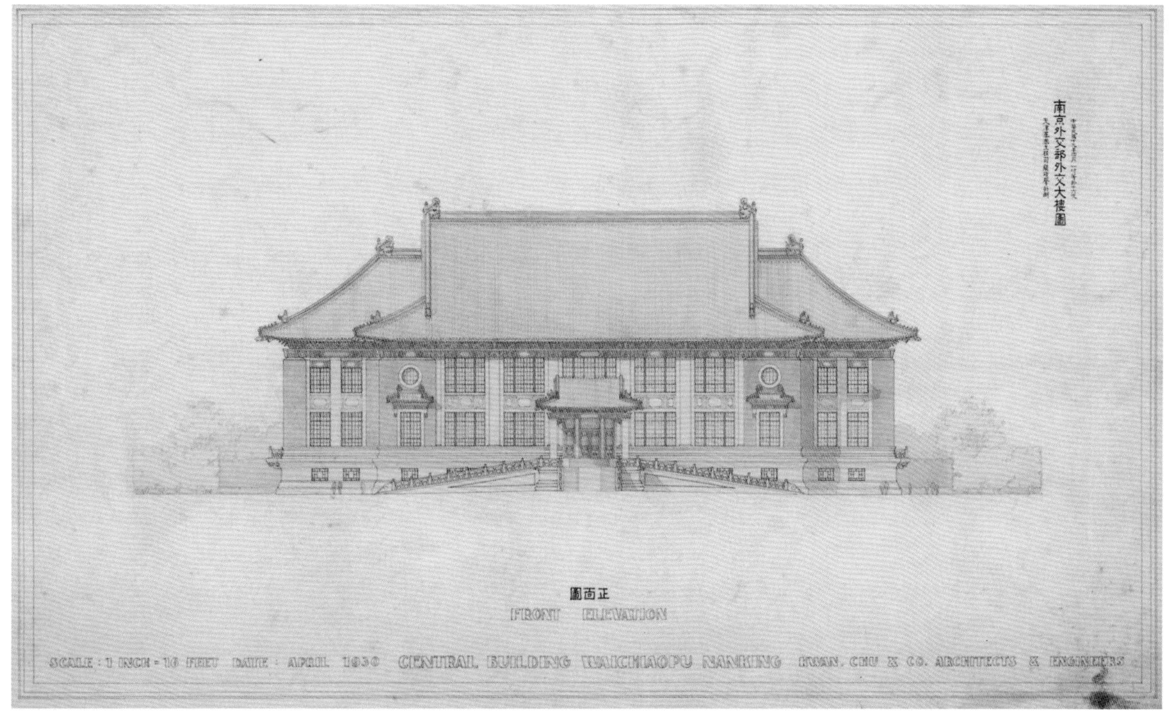
南京外交部外交大樓圖
圖面正
FRONT ELEVATION
SCALE: 1 INCH=16 FEET DATE APRIL 1930 CENTRAL BUILDING WAICHIAOPU NANKING KWAN, CHU & CO. ARCHITECTS & ENGINEERS

正面图

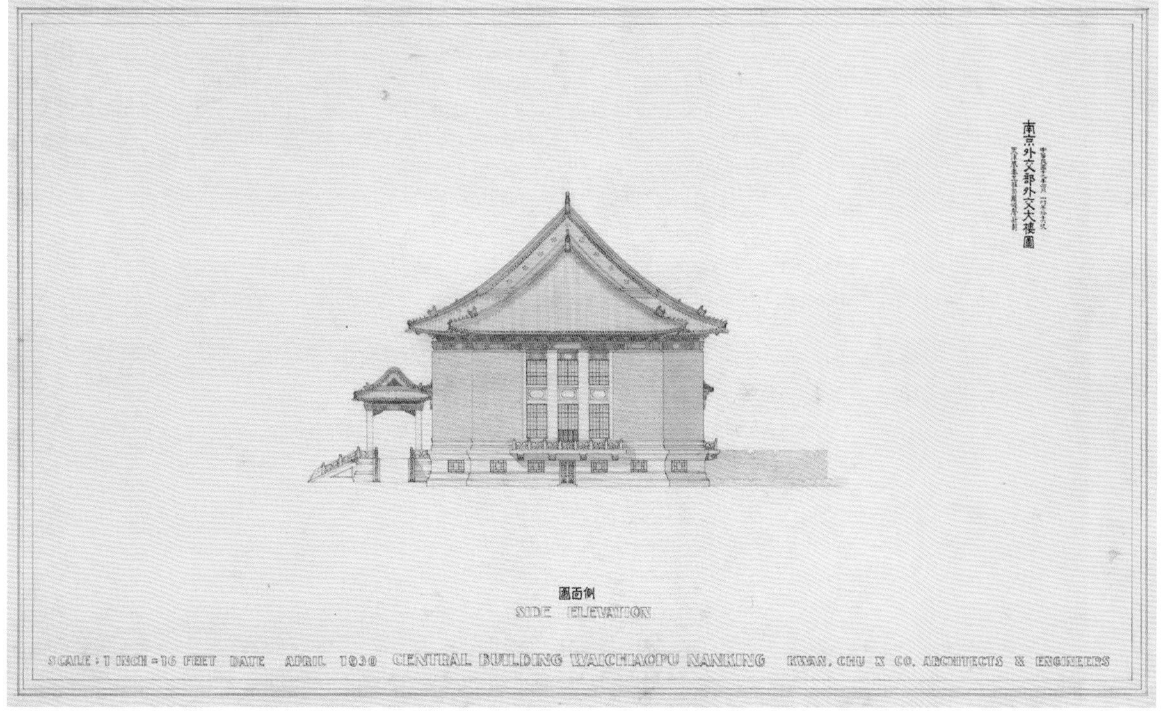
南京外交部外交大樓圖
圖面側
SIDE ELEVATION
SCALE: 1 INCH=16 FEET DATE APRIL 1930 CENTRAL BUILDING WAICHIAOPU NANKING KWAN, CHU & CO. ARCHITECTS & ENGINEERS

侧面图

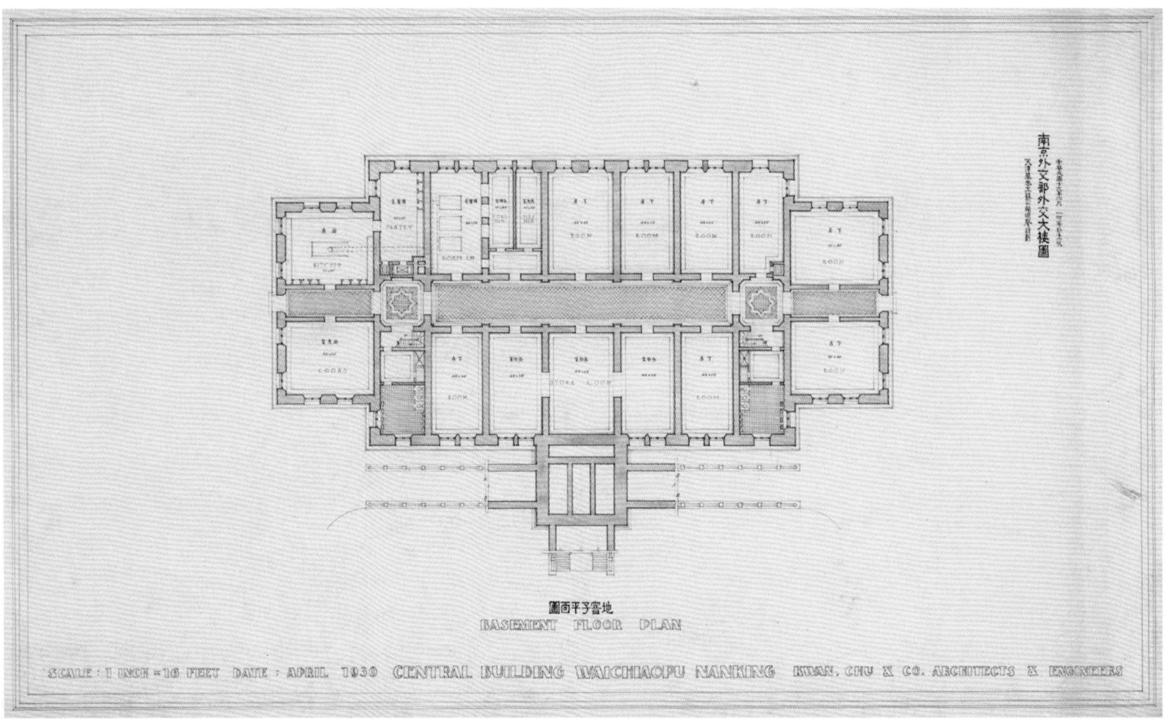
南京外交部外交大樓圖
地窖子平面圖
BASEMENT FLOOR PLAN
SCALE : 1 INCH = 16 FEET DATE : APRIL 1930 CENTRAL BUILDING WAICHIAOPU NANKING KWAN, CHU & CO. ARCHITECTS & ENGINEERS

地下室平面图

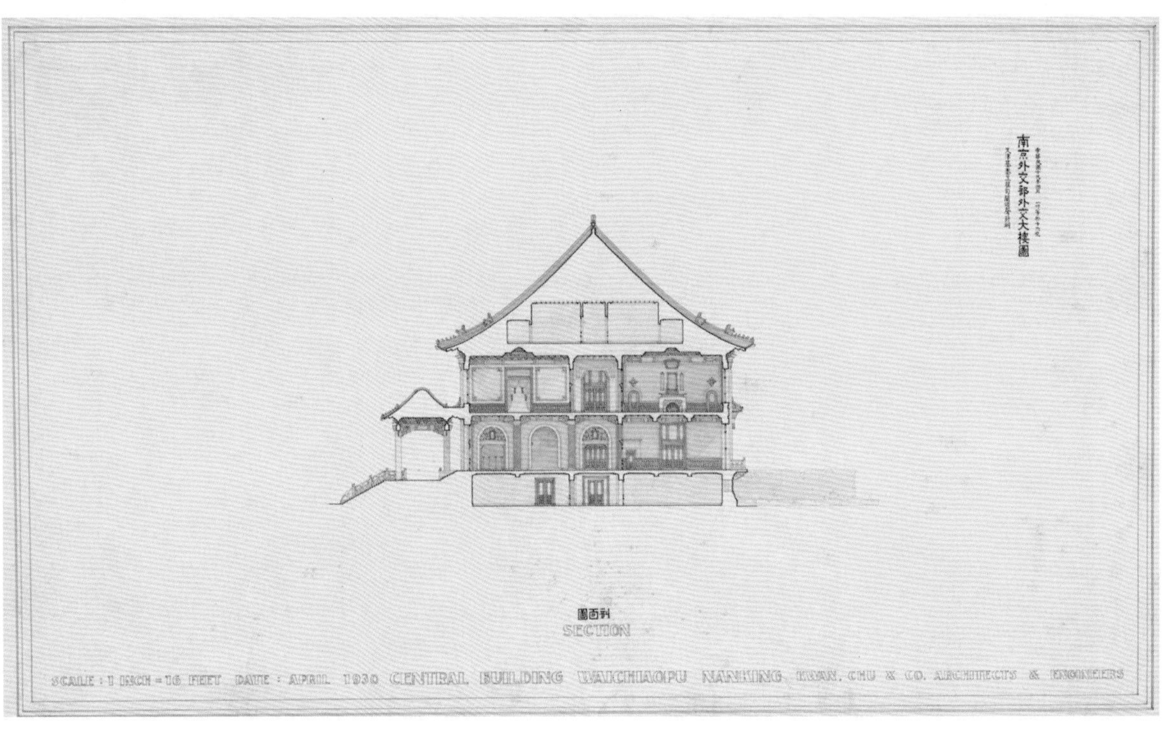
南京外交部外交大樓圖
剖面圖
SECTION
SCALE : 1 INCH = 16 FEET DATE : APRIL 1930 CENTRAL BUILDING WAICHIAOPU NANKING KWAN, CHU & CO. ARCHITECTS & ENGINEERS

剖面图

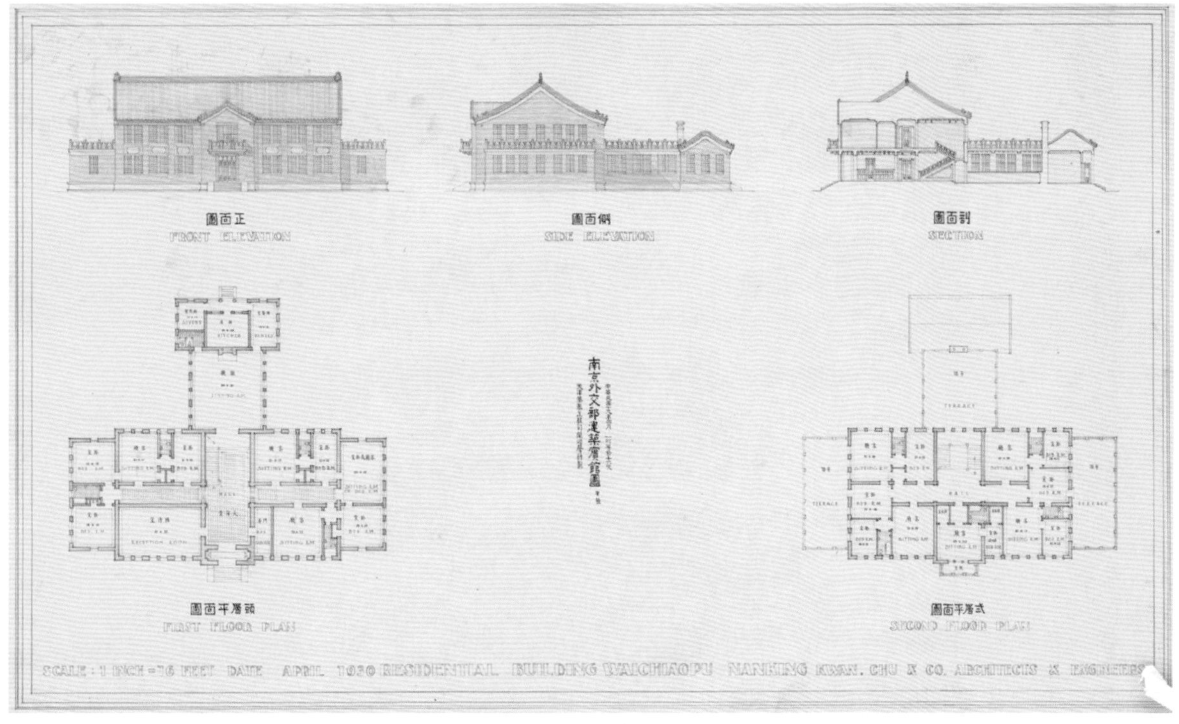
圖面正
FRONT ELEVATION
圖面側
SIDE ELEVATION
圖面剖
SECTION
圖面平層頭
FIRST FLOOR PLAN
圖面平層弍
SECOND FLOOR PLAN
SCALE: 1 INCH = 16 FEET DATE APRIL 1930 RESIDENTIAL BUILDING WAICHIAOPU NANKING KWAN, CHU & CO. ARCHITECTS & ENGINEERS

甲型方案图

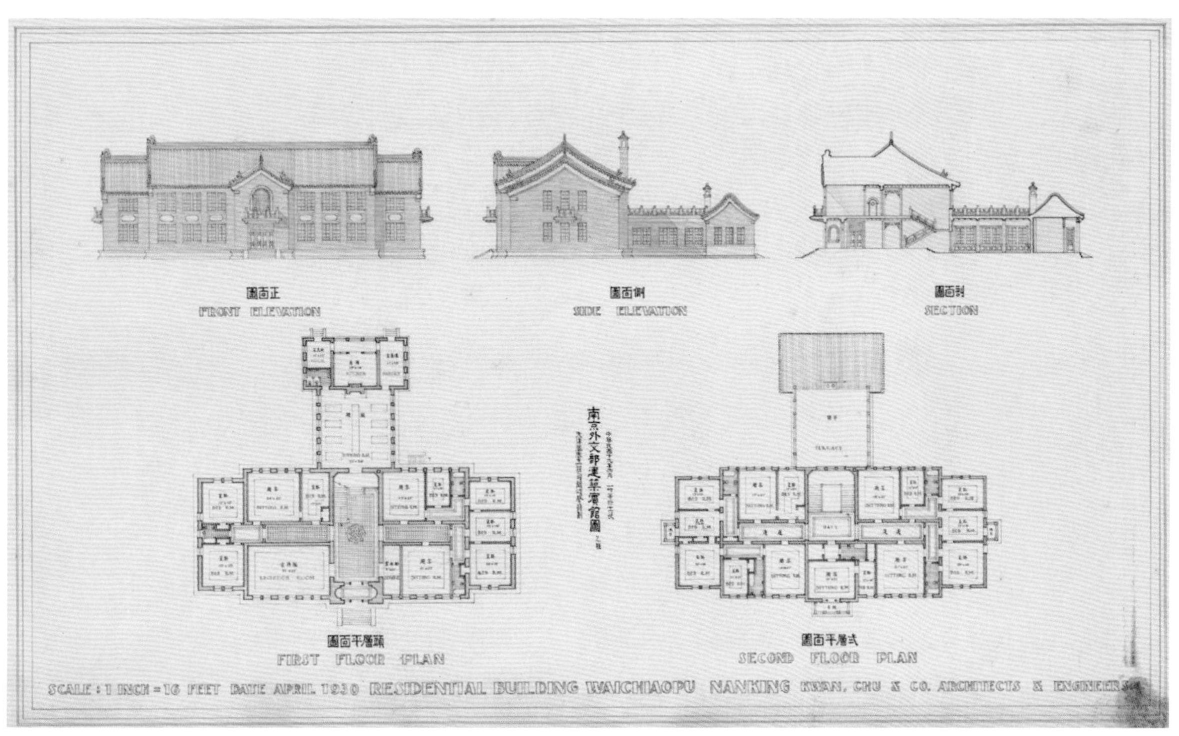
圖面正
FRONT ELEVATION
圖面側
SIDE ELEVATION
圖面剖
SECTION
圖面平層頭
FIRST FLOOR PLAN
圖面平層弍
SECOND FLOOR PLAN
SCALE: 1 INCH = 16 FEET DATE APRIL 1930 RESIDENTIAL BUILDING WAICHIAOPU NANKING KWAN, CHU & CO. ARCHITECTS & ENGINEERS

乙型方案图

(2) 国立中央博物院设计竞赛方案图（三等奖），1935 年

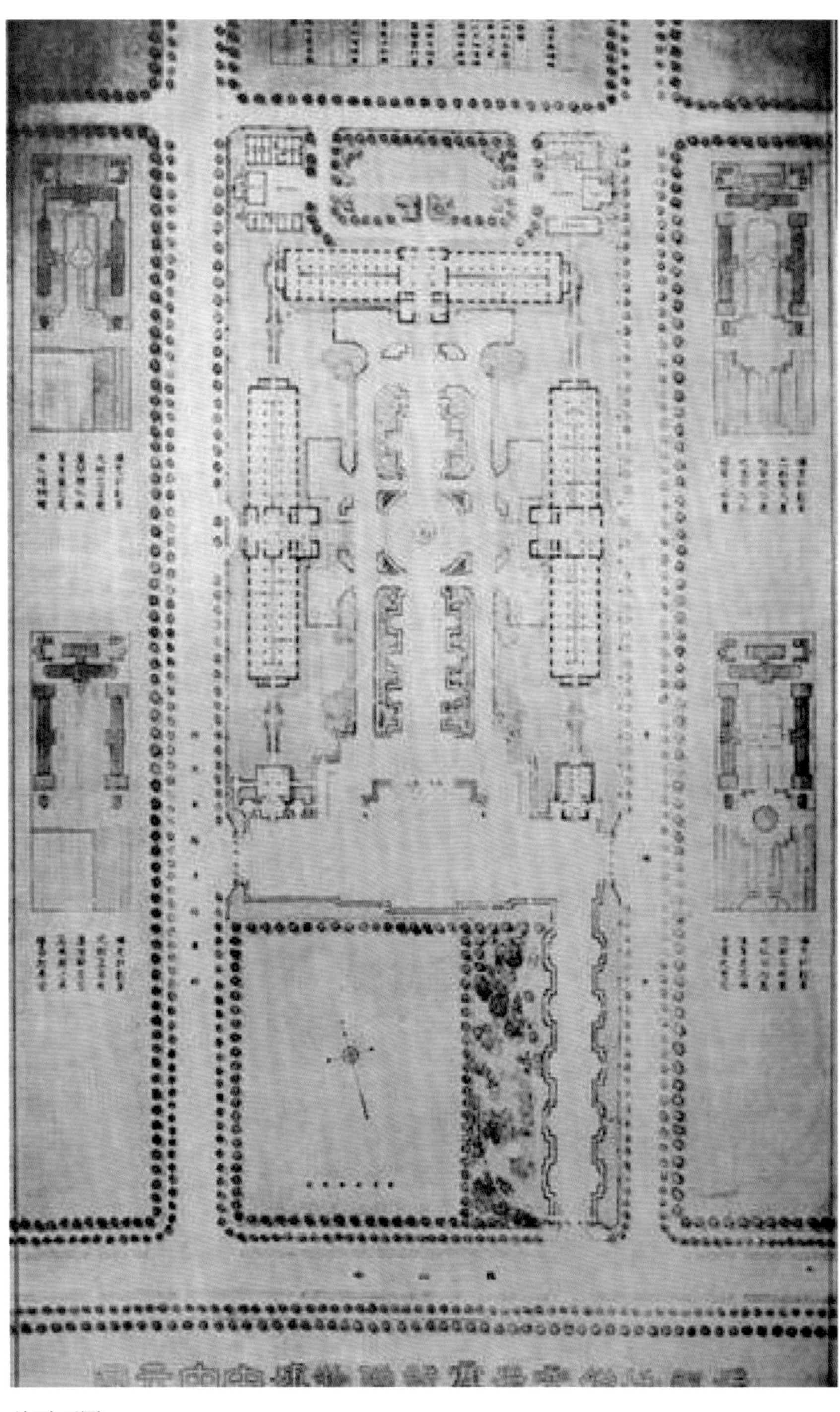

总平面图

立面图

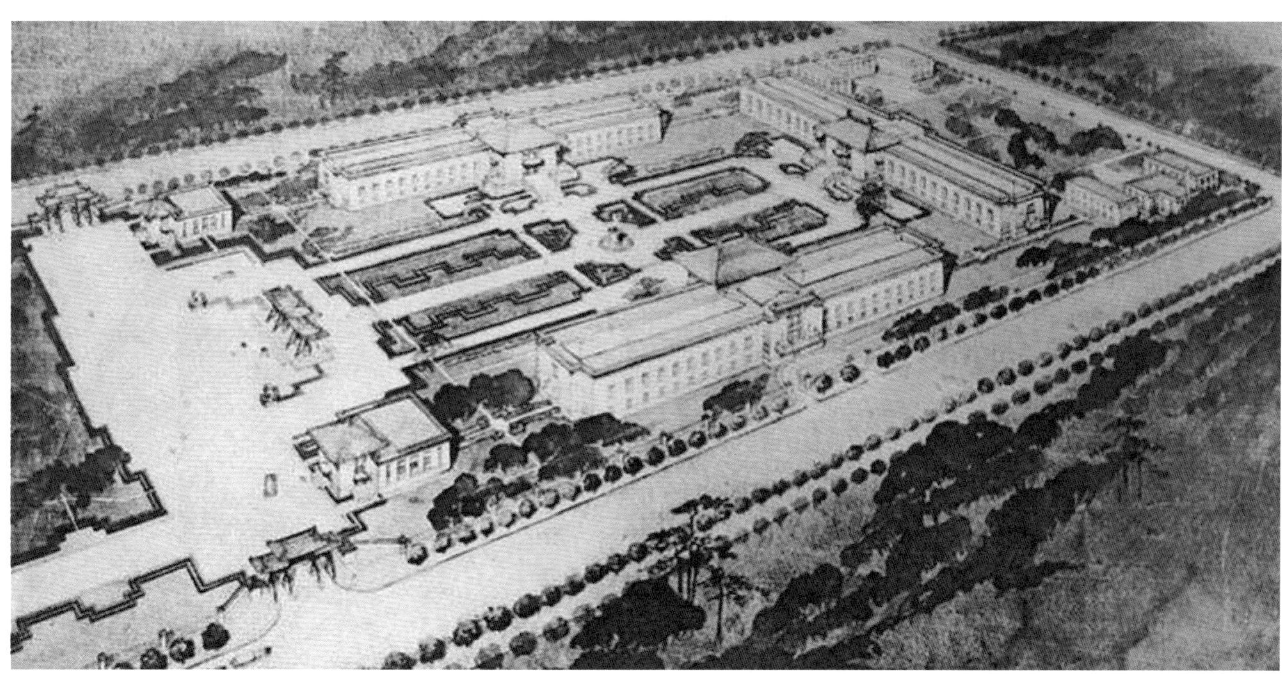

鸟瞰图

(3)“国立中央大学征选新校舍总地盘图案”设计竞赛（第一名），1936 年

鸟瞰图

设计说明与大礼堂立面图

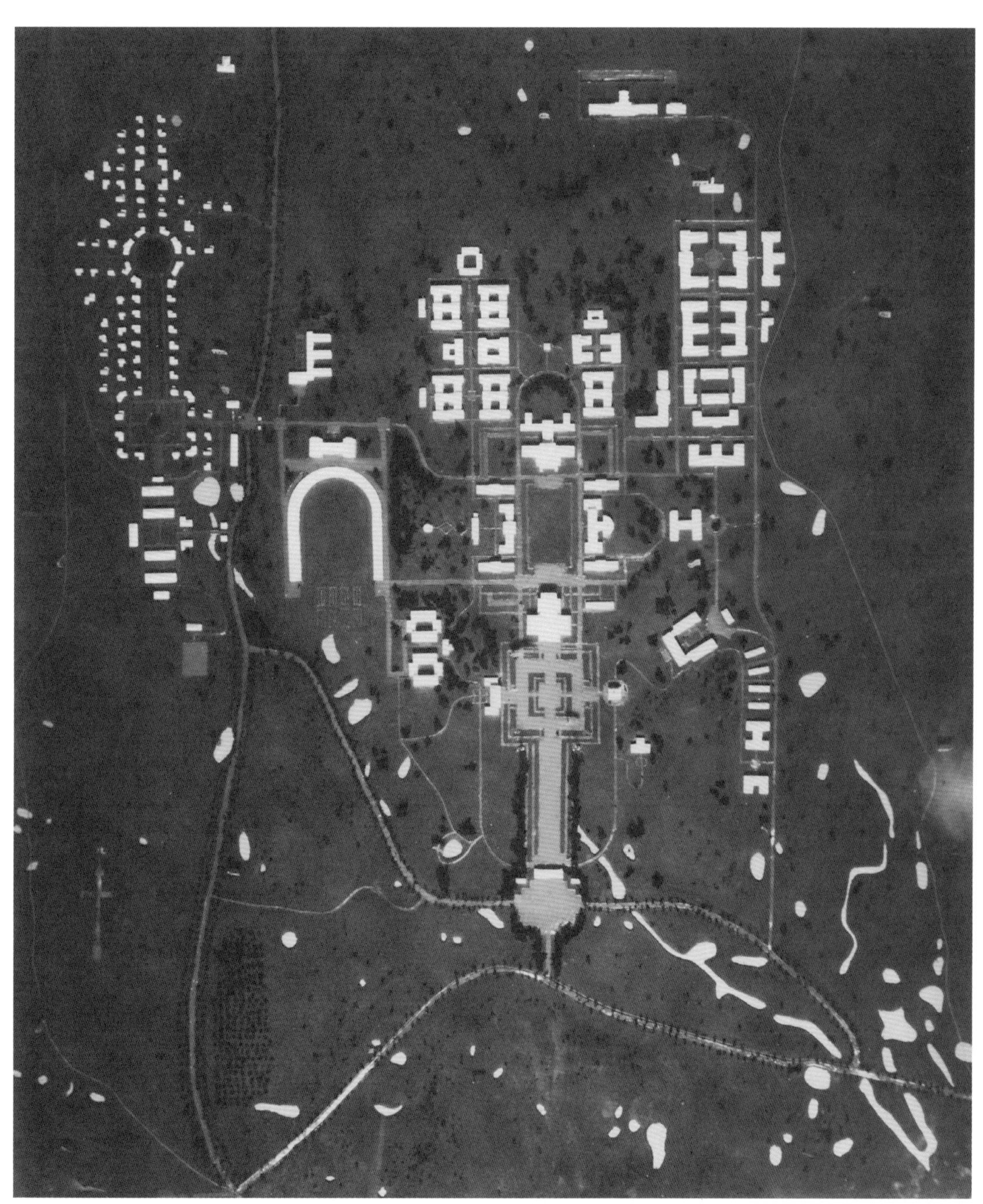

总平面图

(4) 南京下关车站扩建方案透视草图，1946 年

(5) 徐州淮海战役革命烈士纪念塔东大门方案草图，1959 年

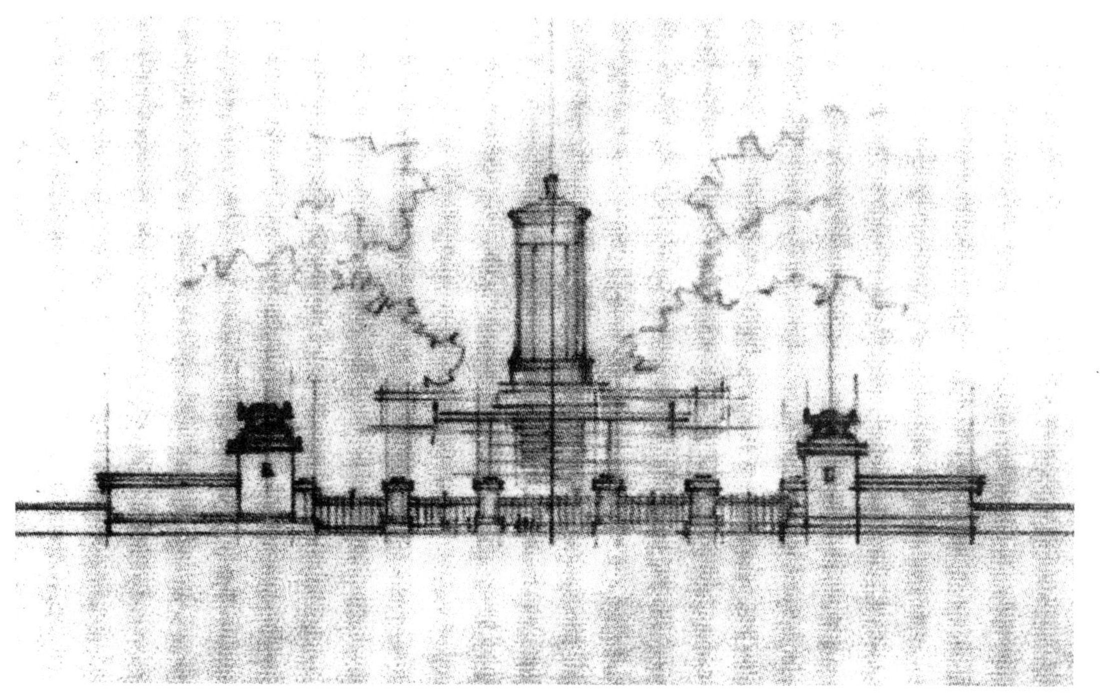

立面草图

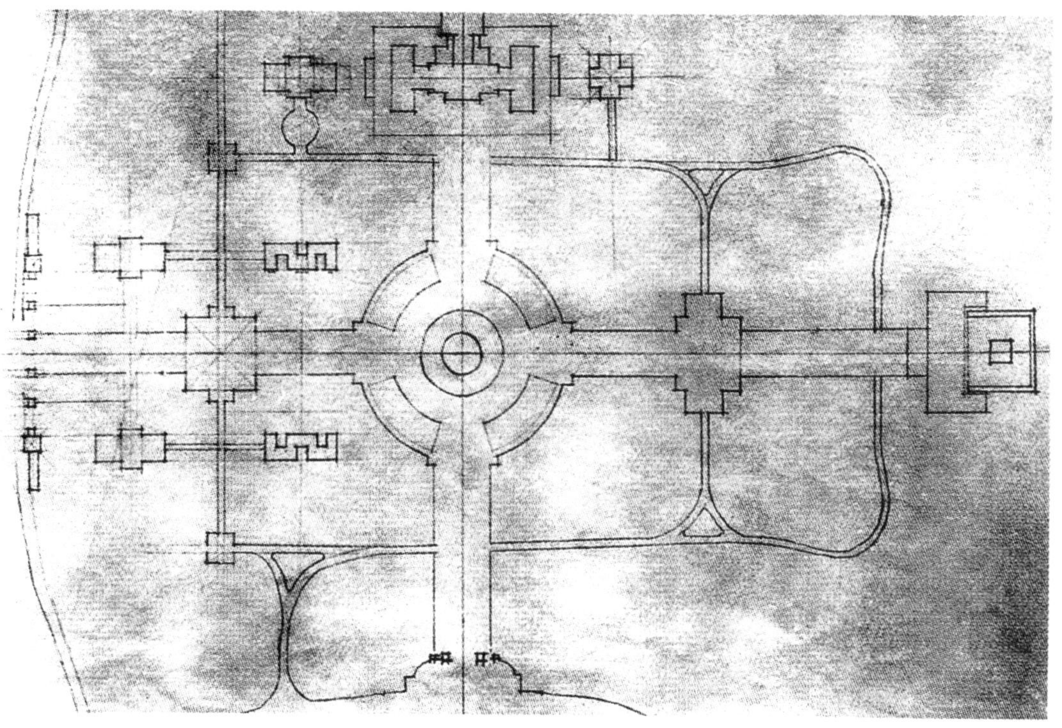

总平面草图

(6) 北京图书馆新馆设计方案构思草图，1975 年

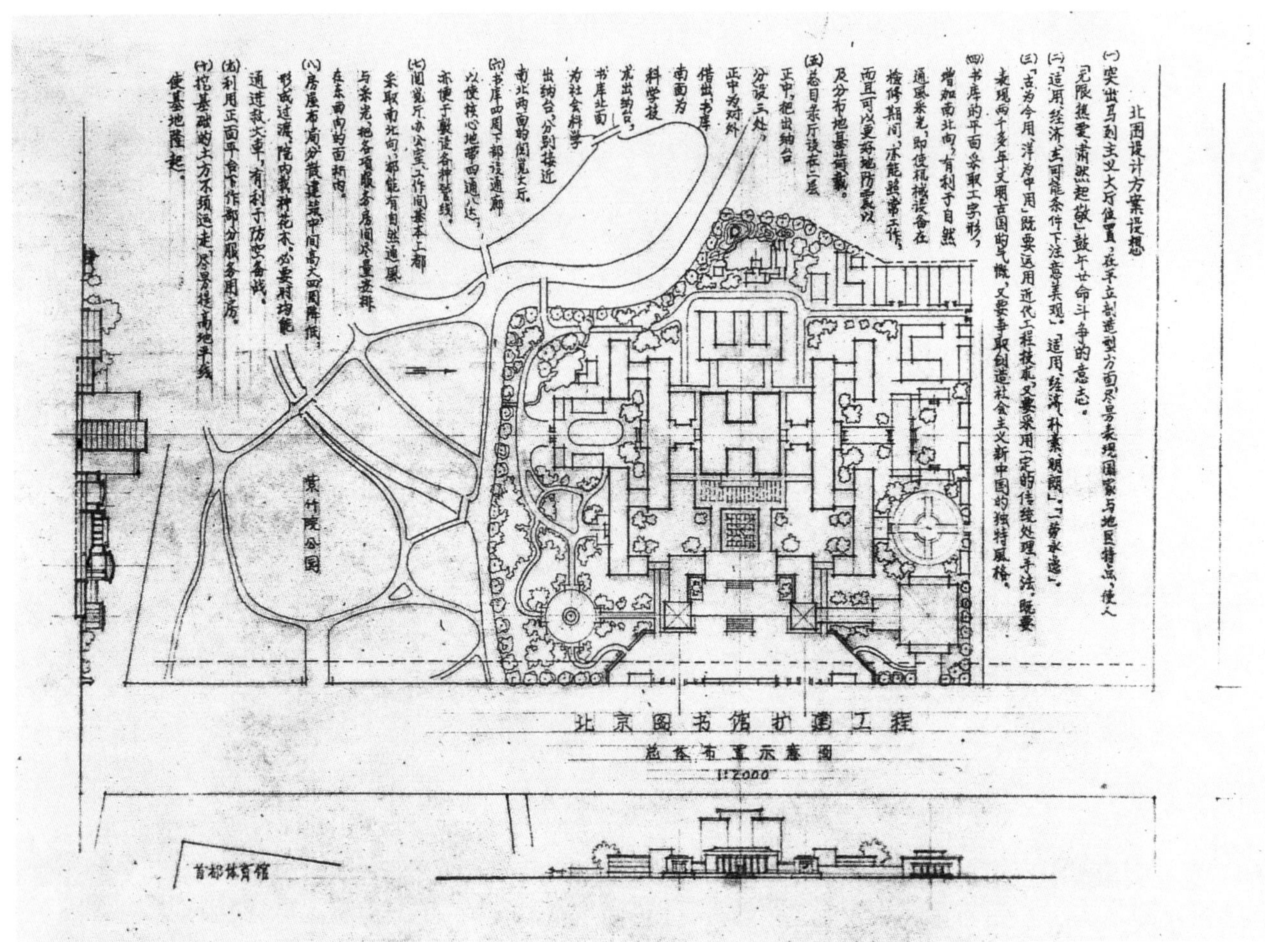

设计说明与总平面布局示意图

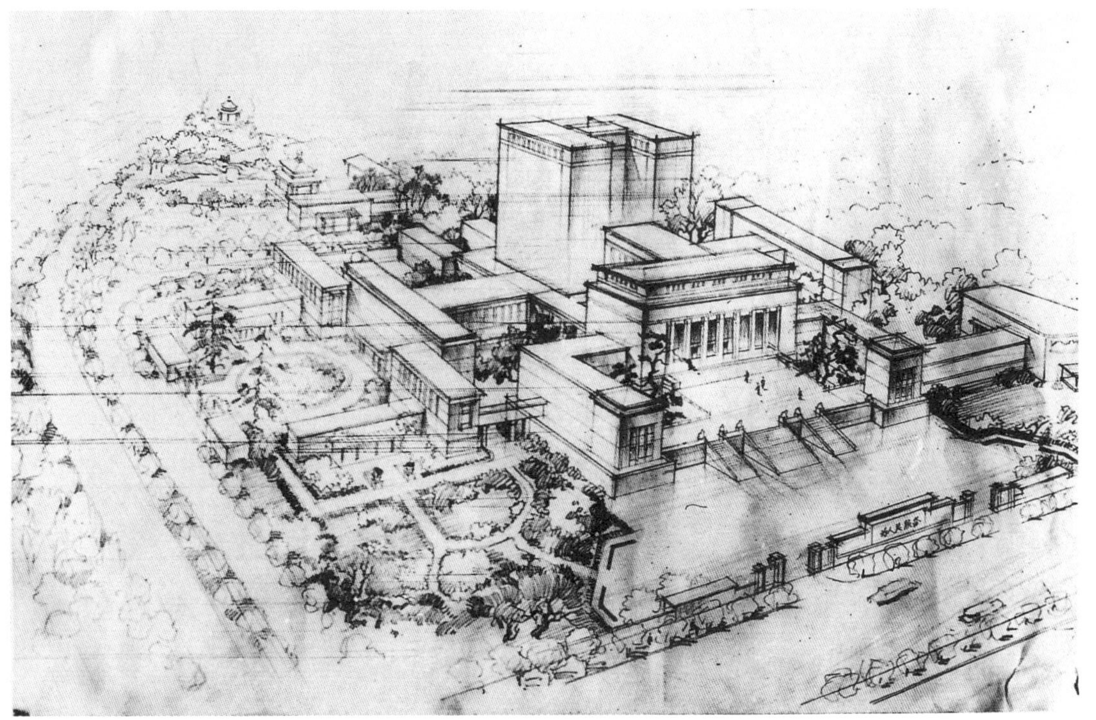

方案一鸟瞰图

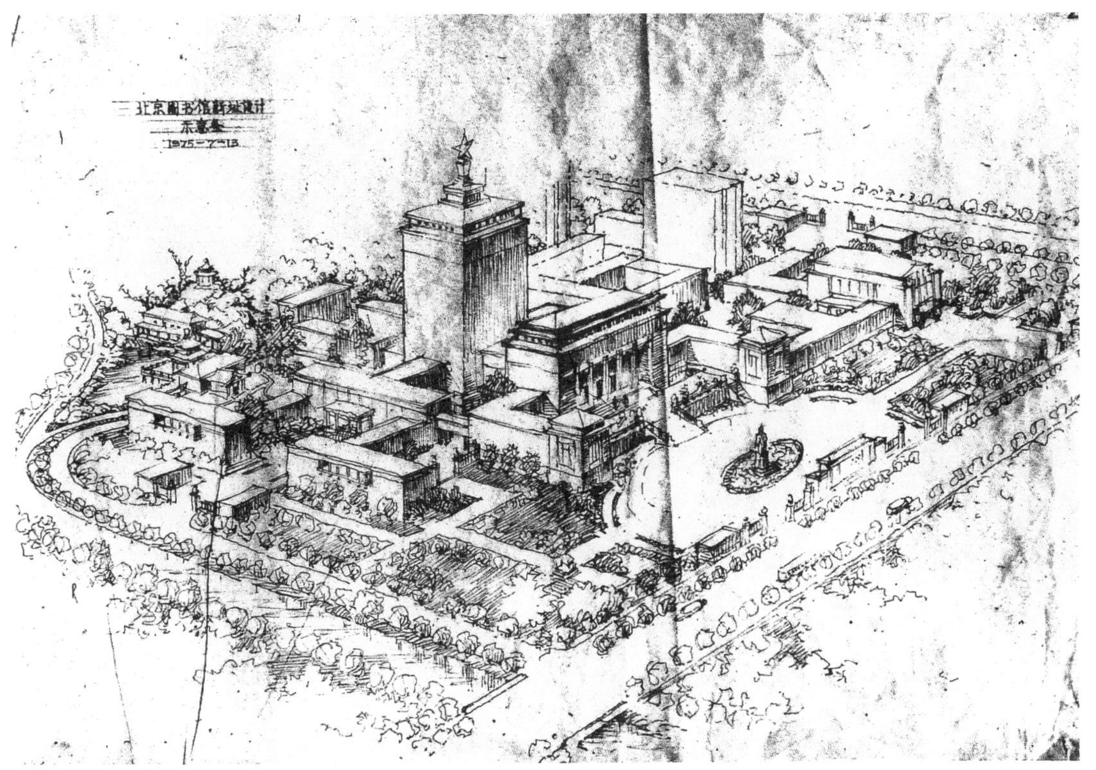

方案二鸟瞰图

(7) 毛主席纪念堂设计构思讨论草图，1976 年

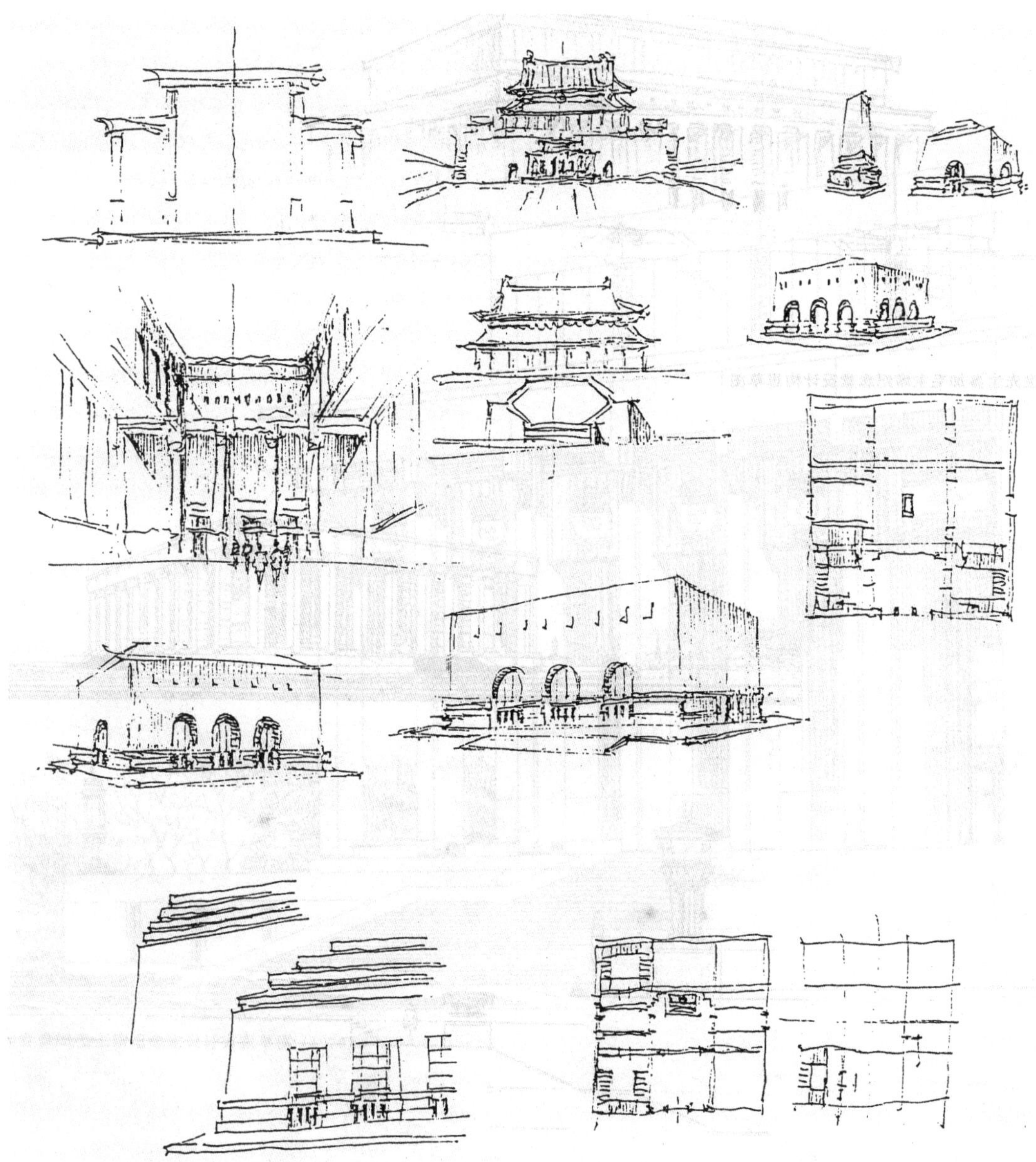

形体构思设想

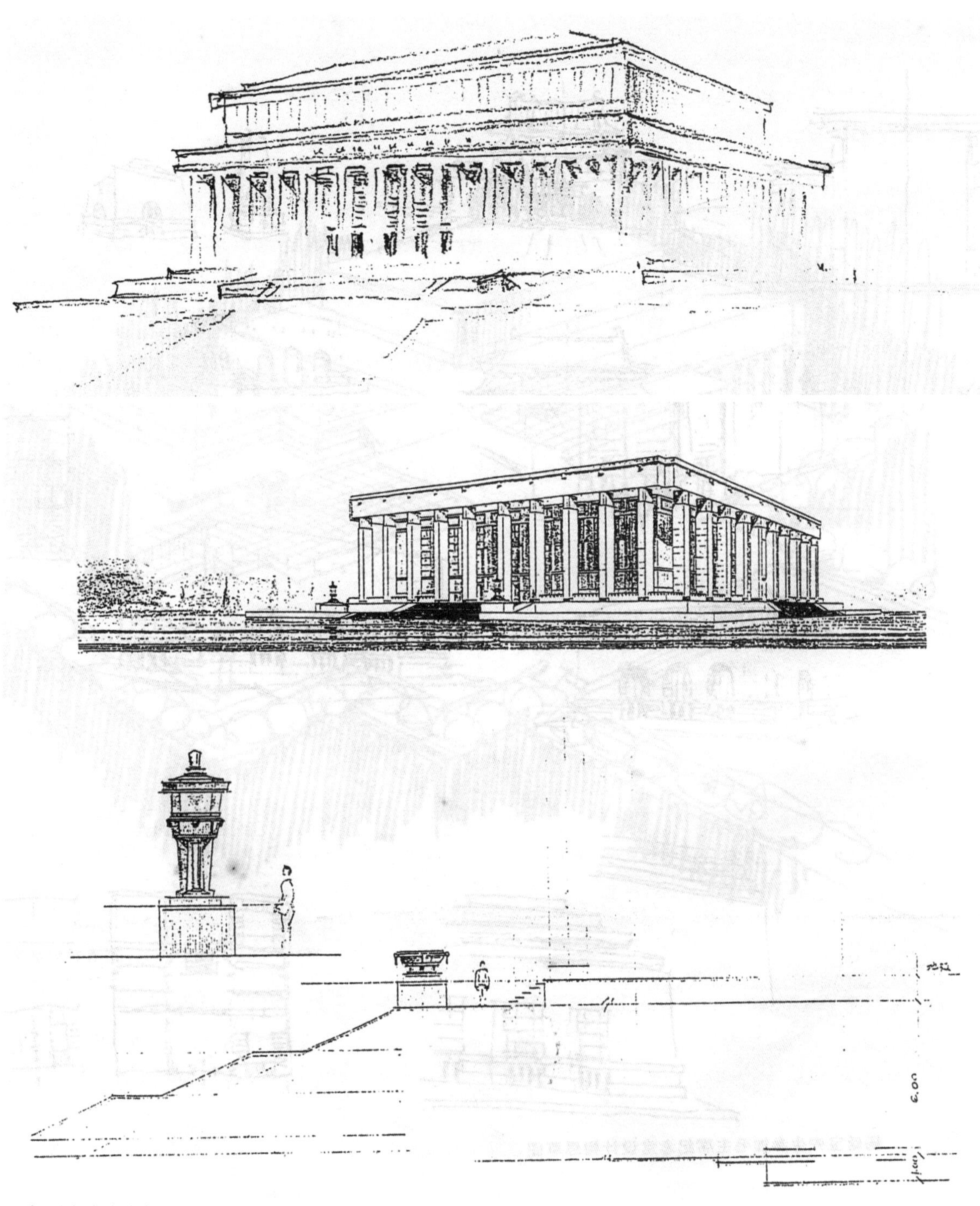

透视效果推敲

(8)1972 年 6 月 20 日在国家建委开会期间勾画某建筑立面草图

(9)1973 年 8 月唐南禅寺修缮计划示意图

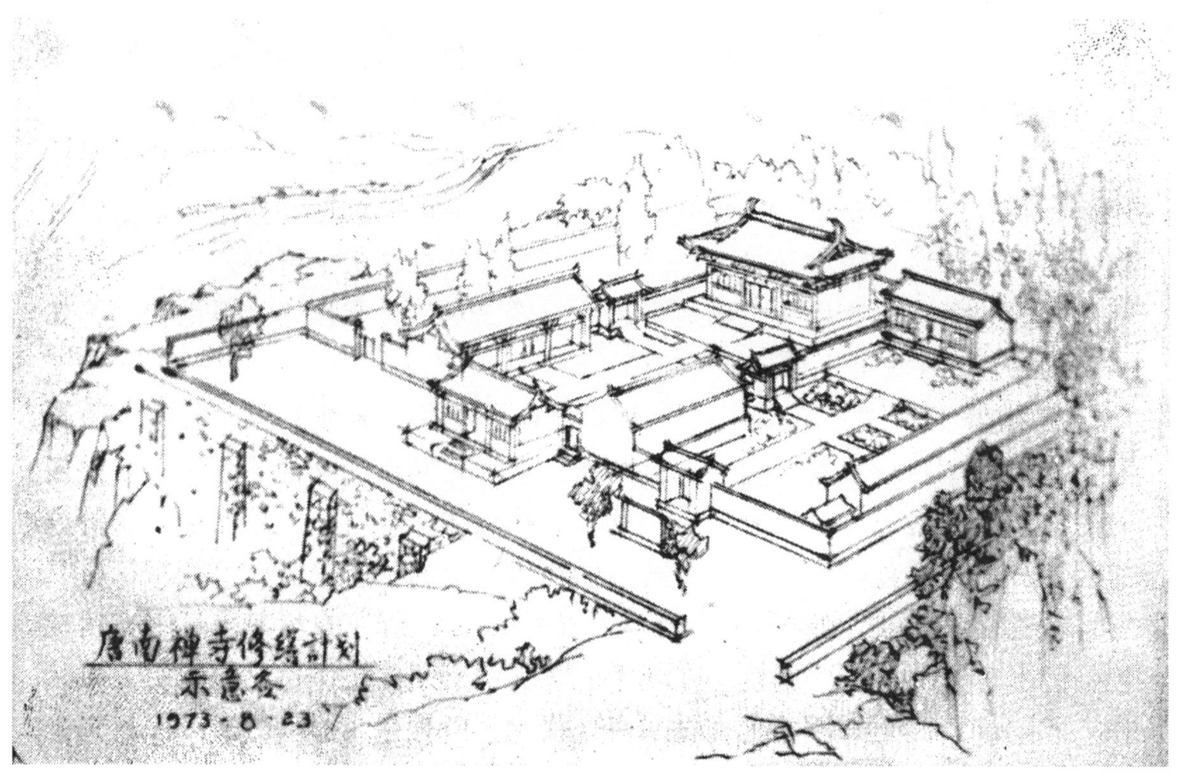

(10)1980 年南京雨花台烈士纪念馆立面构思草图

(11)1980 年武夷山九曲宾馆设计方案草图

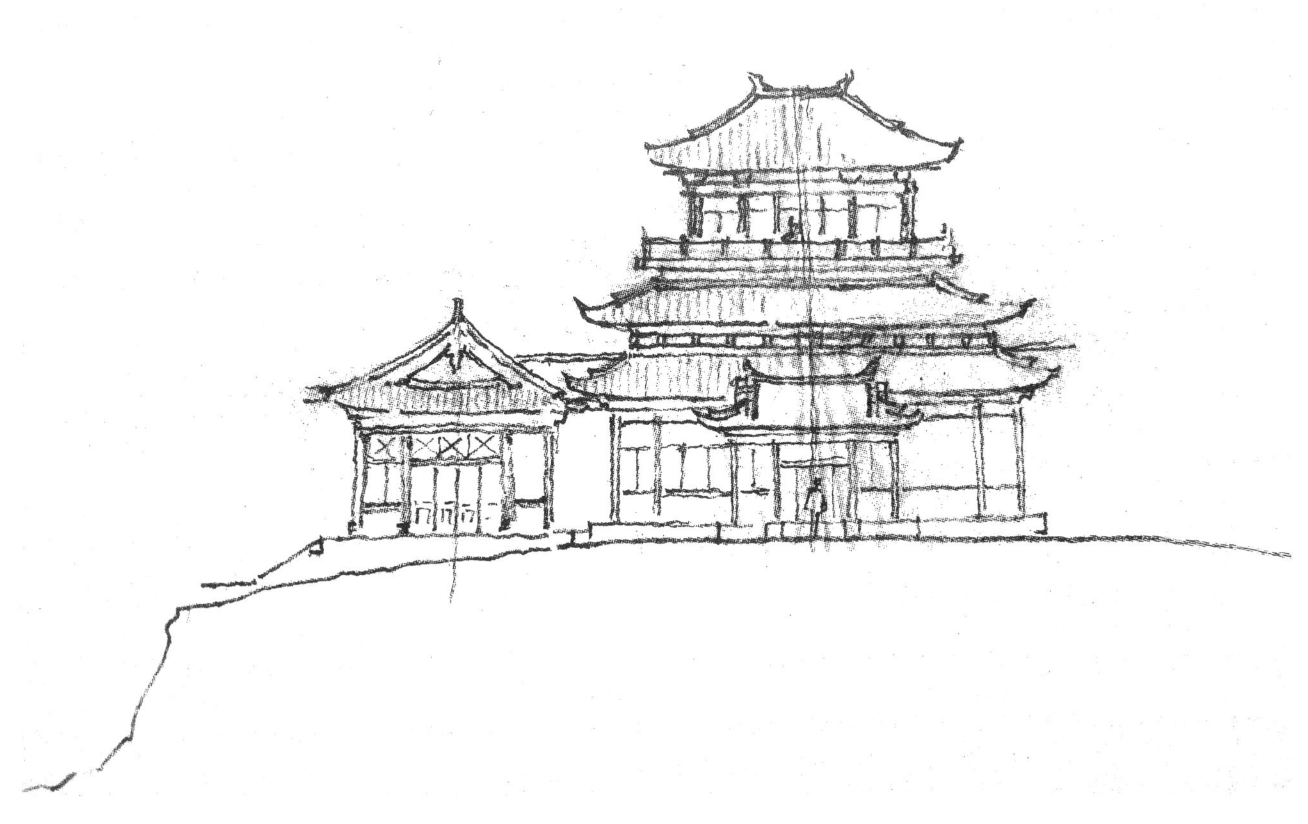

3. 渲染图

(1) 沈阳京奉铁路辽宁总站立面渲染图，1927 年

RAILWAY

(2) 天津中国银行货栈立面渲染图，1928 年

(3) 国立清华大学生物馆立面渲染图，1929 年

生物馆立面渲染图

(4) 国立清华大学图书馆扩建工程立面渲染图，1930 年

(5) 北平交通银行立面渲染图，1930 年

(6) 中央体育场全景鸟瞰图，1931 年

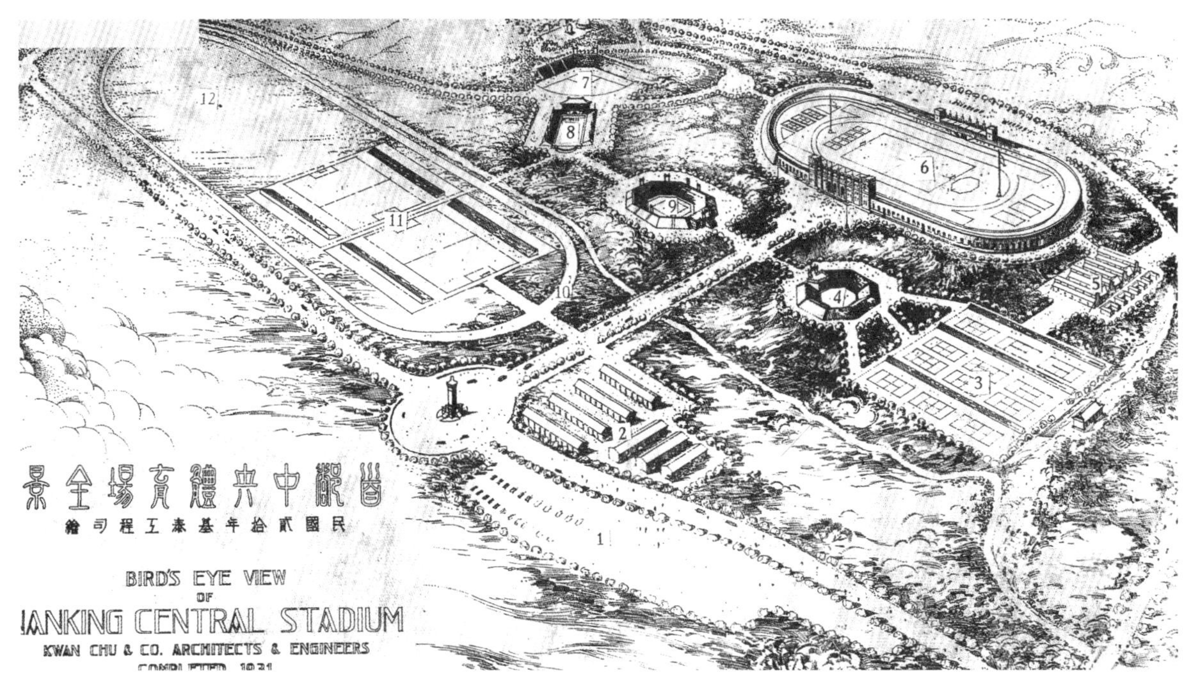

(7) 中央体育场田径赛场入口透视渲染图，1931 年

(8) 中央医院鸟瞰渲染图，1932 年

(9) 国民党中央党史史料陈列馆鸟瞰图，1934 年

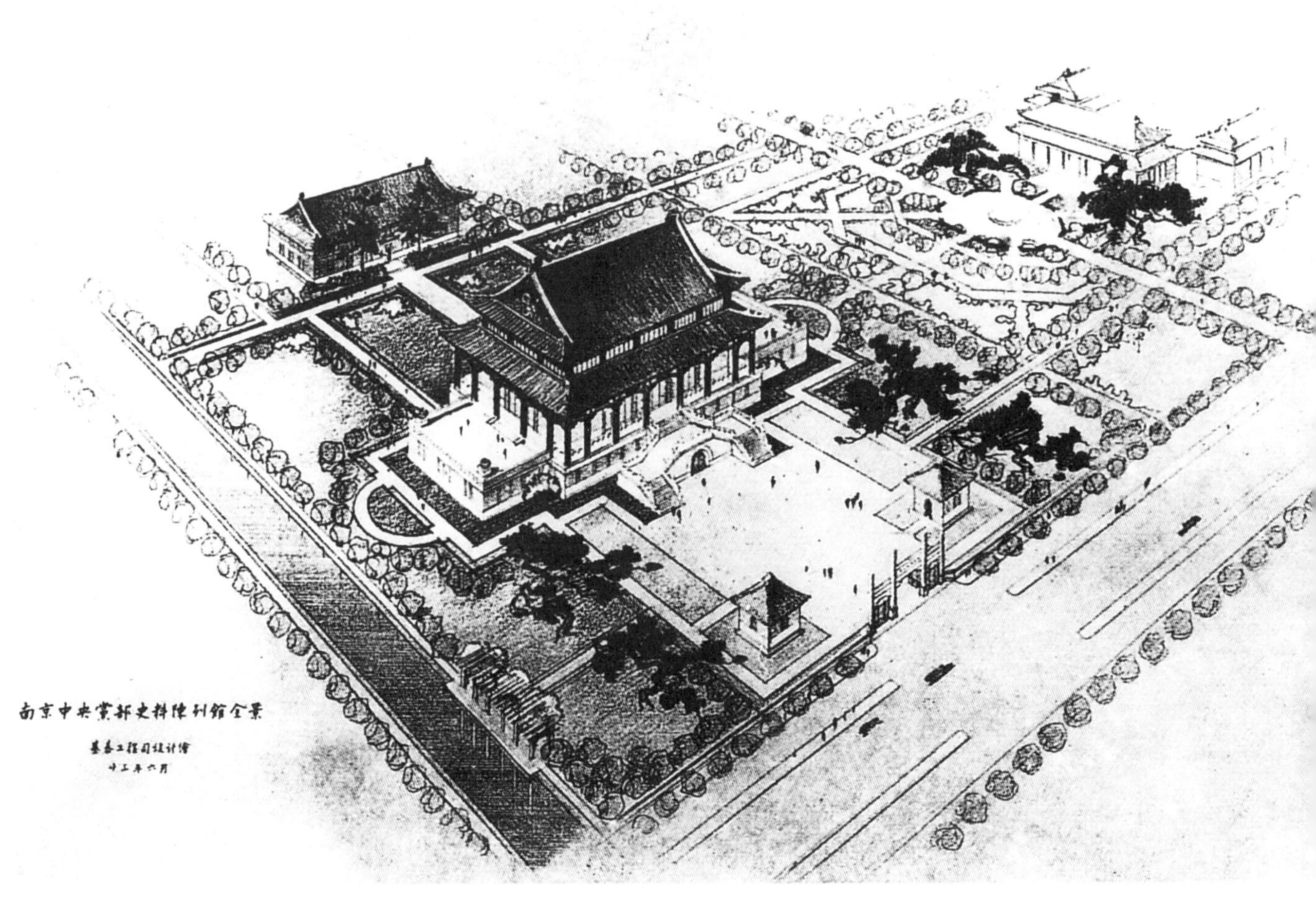

杨廷宝全集·六——手迹卷

(10) 国立四川大学校园规划图鸟瞰渲染图，1936 年

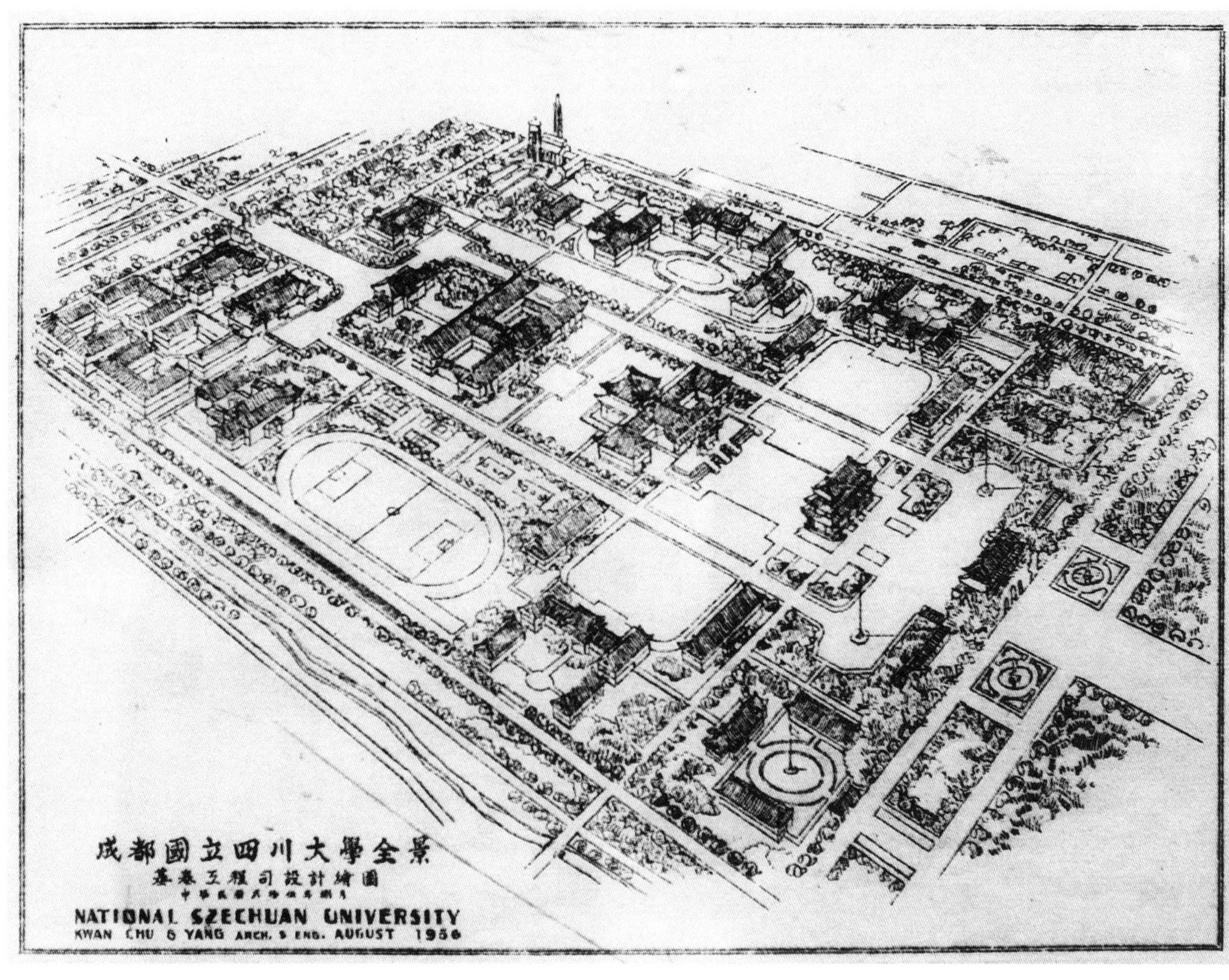

五、讲义选录

1. 建筑概论

建築概論　30003　全年　專科

建築設計初步原理　20002　全年　本科

建築技術概論　工業與民用建築專業

1.

(一)緒言

1. 政治思想教育

甲. 國民經濟發展速度及範圍（愛國主義教育）

乙. 基本建設任務

丙. 中國科學技術服務的方向（民族的，科學的，大眾的）

①服務於全體人民

②建設共產主義新社會

2. 本課內容介紹

(二)中國的建築

1. 新中國建築的要求（民族的，科學的，大眾的）

甲. 速度

乙. 經濟

丙. 堅固

丁. 舒適

戊. 美觀

2. 國家建築計劃

甲. 設立建築工程部與研究機構

乙. 建築的工業化

丙. 建築的機械化

丁. 社会主义内容和民族形式

戊. 學習蘇联先進經驗

3. 解放後一些建築工程計劃及成就

甲. 北京市都市計劃委员会

乙. 保證工人必要的勞動條件

丙. 中國建築技術在各種不同工程上的偉大表現

①治淮

②荆江分洪

③和平会場及和平賓館

④其他

建筑概论 01

2.

(三)建築學的一般概念

1. 基本情況

甲. 建築學的階級性

乙. 英美和西歐資產階級建築學的衰落

丙. 苏联和新民主主义國家建築的進展及各時代建築術的利用.

2. 中國建築術遺產

甲. 中國建築術的独特性

乙. 中國建築術的發展

①奴隸社会時期

(子) 上古

(丑) 殷

②封建社会時期

(子) 周

(丑) 秦漢

(寅) 六朝

(卯) 唐

(辰) 宋

(巳) 元明清

③半封建半殖民地時期(鸦片戰爭以後)

3. 外國各民族建築術遺產

甲. 埃及奴隸社会建築

乙. 小亞细亞奴隸社会建築

①巴比倫

②亞述

③波斯

丙. 希腊奴隸社会建築

丁. 羅馬奴隸社会建築

戊. 中世紀建築

	?(7)	
①早期基督教	4 - 9 世紀	4-12世紀.
②拜占庭	4 - 15 〃	
③回教	7 - 現在	
④似羅馬	9 - 12 〃	
⑤高矗式	12 - 16 〃	

己. 文藝復興時代 15 - 19 〃

建筑概论 02

3.

庚. 各時代建築術遺產在世界建築術中的应用

①根據勞動人民的需要 創造新技術 1.居住，公共，工業，市鎮

②使用新的技術 1.設計，試驗，施工組織，方法

人工

材料

工具

(四)建築材料

1. 基本原理

甲. 对於建築物的永久性 坚固性的要求(艺術性)
- 1.坚固性
- 2.永久性
- 3.艺術性
- 4.經濟性

乙. 实現這些要求的办法

2. 基本建築材料

甲. 木材 (种類，用途，加工，害蟲，木結構，裝修，傢俱

乙. 磚瓦 (手工，机製，缸磚，青磚，晒坯，陰坯，紅磚，面磚.

丙. 石料 (种類：砂，石灰石，花崗石，大理石，青石，漢白玉，艾葉青，螺絲轉.

丁. 鋼鉄 (工字鉄，槽鉄，三角鉄，鉄版，電焊，卵釘，施工注意屋架

戊. 鋼筋混凝土 (材料：水泥种類，灰白快乾，砂，石，碎国，国于供帶 扎鉄，綁鉄，壳子板，混凝土：重比，水灰比，彈性，塑性.

3. 一班建築材料

甲. 石灰 (磈灰，化灰，淋灰，灰土，紙筋灰，麻刀灰，水泥灰漿

乙. 玻璃 (种類，薄厚，製造，鑲玻璃，釘条，油灰.

丙. 五金 (门鎖，合連，撑鋪，鋼鉄

丁. 油漆 (油，漆，瓦泥水，泡里司，蠟克，砝

(五)建築结構

1. 基本原理 (就地取材，南方竹，北方土木，四川連石，山區乱石，石屋，義窟村挂竹瓦.

甲. 架構 (木，鋼筋混凝土，鋼架，其他. 取其輕質結作丙

乙. 載重牆 (磚，石，其他 ⑷五層以上則較困難，中国造了到13層

丙. 混合结構 丁. 其他 (如同拱式，圓券式

2. 單層结構.

3. 多層结構 (木，R.C. 鋼架，施工的条件，架子，起重工具 6/8(一)

(六)新中國建築生產的一班原則

1. 基本原理

甲. 建築生產準備及安裝施工

乙. 建築生產工業化

①机構集中

②加速建築速度

③預製结構及零件

建筑概论 03

4.

2. 建築过程

甲. 苏联建築生產先進方法的研究

①斯大漢諾夫工作者.

②合理化建议者.

③郭瓦廖夫工作法

④苏联在冬季施工的進步地位

⑤生產机械化的原则和方法

⑥安全施工

乙. 中國建築生產先進方法的研究

①东北人民政府工業部的成就

②苏長有砌砖法

③谢萬福流水作業法

④中央建築工程部对於建築標準的研究

丙. 施工的組織

①工地的组織

②施工计劃

③建築工業投資的國家計劃

④造價的規定及預算的意義 6/15(一)

(七)建築設計

1. 設計繪畫的準備

甲. 工具及使用方法

乙. 纸張.

丙. 參攷資料

2. 設計繪畫程序

甲. 初步要求的研究分析

①環境情况

②内部各室的関係

③内部交通的分配

④結構方式

⑤外表形式

⑥建築材料

⑦水暖電各项設備

⑧造價預算

建筑概论 04

5.

乙.草图阶段

①平面布置的选择
②立面的考虑
③剖面的试探
④逐步的改进

丙.正式图样

①总平面
②各层平面
③各种立面
④各种剖面
⑤透视图

6/19(2)

丁.施工图样

①总平面
②各层平面
③各种立面
④各种剖面
⑤各种详图大样
⑥各种模型

戊.工程作法

①人工
②材料
③各项工程的详细作法

己.造价预算

①人工
②材料
③设备
④管理
⑤捐税

6/22(一)

3.各种建筑物的设计

甲.居住建筑

①一层单宅式住宅
②两层单宅式住宅
③公寓式住宅
④高楼公寓式住宅
⑤职工学生宿舍
⑥工人临时住宅
⑦旅馆招待所

6/24(三)

建筑概论 05

6.

乙.公共建築物

①行政 (人民政府,辦公樓
②文化 (大礼堂,文化宫,科学院,科联,博物館
③教育 (学校,幼稚园,托儿所
④衛生 (医院,衛生站,療養院
⑤交通 (火車站,碼頭,航空站,灯塔
⑥纪念 (烈士墓,人民英雄纪念碑,
⑦体育 (体育館,游泳池,運動場
⑧軍事 (炮台,防空洞,軍港
⑨服務 (郵政局,電报局
⑩娱樂 (戲院,電影院,音樂厂
⑪商業 (百貨公司,合作社 6/29 (一)

丙.工業建築物

①重工業廠房

子.鋼鉄工廠.
丑.採礦工廠.
寅.化学工廠 (硫酸錏
卯.机械工廠.
辰.發電工廠.
1.火力發電.
2.水力發電.

②輕工業廠房

子.紡織工業 (紗廠,蔴紡廠.
丑.食品工業 (麵粉廠,製糖,罐頭,榨油.
寅.造纸工業 (製漿,造纸
卯.橡膠工業 (輪胎,膠鞋.
辰.陶瓷工業
巳.磚瓦工業
午.玻璃工業
未.五金工業
申.火柴工業
酉.製藥工業
戌.雜項工業.

建筑概论 06

7.

4. 建築設計關於健康安全問題的注意

甲. 與資本主义國家不同.

乙. 工業建築物之注意事项：

① 光線

② 通氣

③ 給水

④ 排水

⑤ 暖氣

⑥ 衛生

5. 建築物與環境的協調 7/6(一)

(八)市鎮計劃

1. 目的與任務（改造莫斯科總計劃的決定 1935-7/10 苏联人民委员会和联共(布)党

2. 城市的四大活動

甲. 工作 2.(工作地点

乙. 居住 1.(居民地區全部建築中地方自然特点之利用

丙. 交通 4.(住宅區與他區及區内交通的設計

丁. 遊息 3.(市鎮,集体農莊和各種企業之綠化

3. 有历史價值的城市北京

(九)結論

1. 物理,数学,藝術绘画,一班課目相互的依賴性,貫穿性。

2. 新中國建築專家的訓練是為建設共產主義社会 7/13(一)

參考書：建築技術概論教学大綱（1950）(為"工業與民用建築"

"工業與民用建築結構" "農業建築" "建築產品和零件的生產"專業用.)

建築工業先進工作方法（中華全國總工会建築業工会工作委员会编）

城市計劃大綱（1933-8 國際現代建築學会擬訂於雅典,清華大学營建学系譯注

房屋建築學（吳鍾偉

工廠建築（蔣孟厚 编著.

建築工程实施計劃（阿木斯基波维茨基,德列斯含著. 陈宗孝譯

建筑概论 07

2. 建筑概论温课提纲

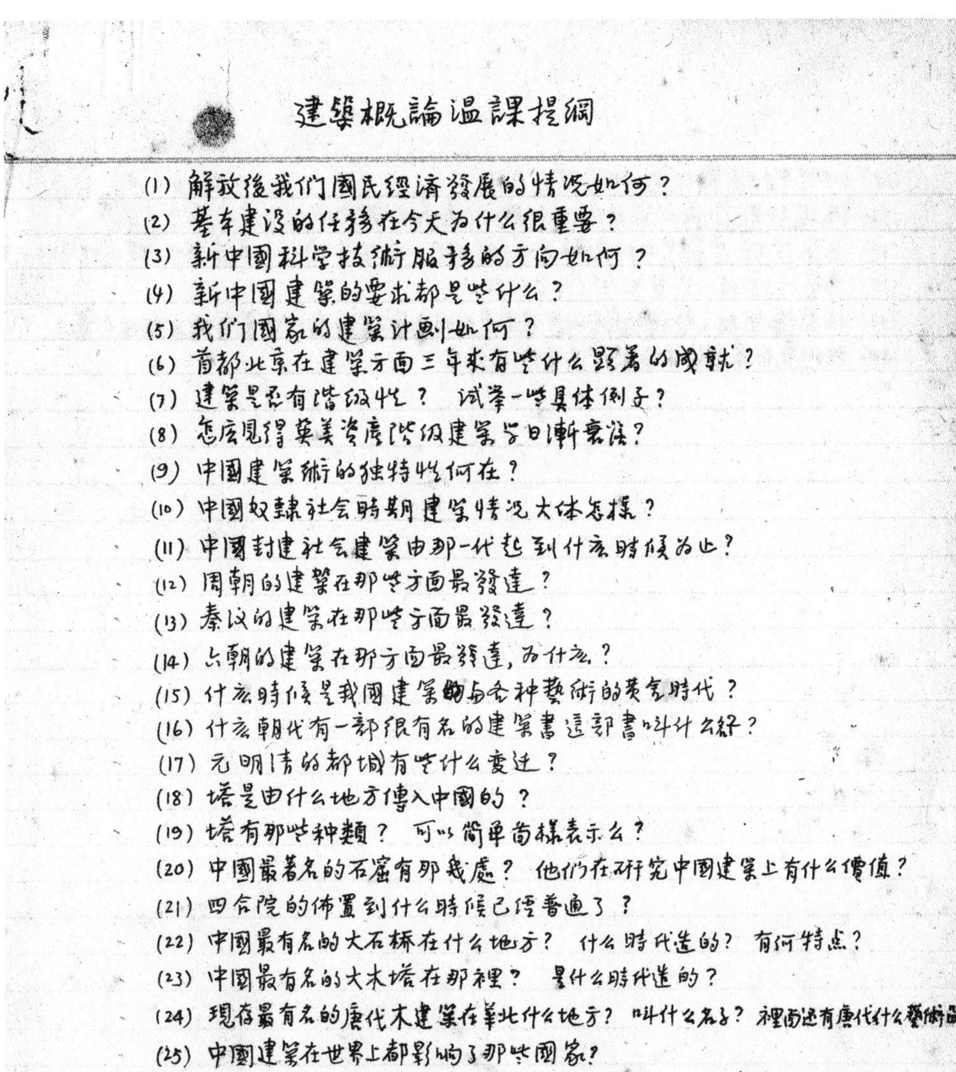

建築概論温課提綱

(1) 解放後我们國民經濟發展的情况如何？
(2) 基本建設的任務在今天為什么很重要？
(3) 新中國科学技術服務的方向如何？
(4) 新中國建築的要求都是些什么？
(5) 我们國家的建築計劃如何？
(6) 首都北京在建築方面三年来有些什么顯著的成就？
(7) 建築是否有階級性？ 試举一些具体例子？
(8) 怎麽見得英美資產階級建築日漸衰落？
(9) 中國建築術的独特性何在？
(10) 中國奴隸社会時期建築情况大体怎樣？
(11) 中國封建社会建築由那一代起到什么時候為止？
(12) 周朝的建築在那些方面最發達？
(13) 秦汉的建築在那些方面最發達？
(14) 六朝的建築在那方面最發達，為什么？
(15) 什么時候是我國建築與各种藝術的黄金時代？
(16) 什么朝代有一部很有名的建築書這部書叫什么名字？
(17) 元明清的都城有些什么变迁？
(18) 塔是由什么地方傳入中國的？
(19) 塔有那些种類？ 可以簡單圖樣表示么？
(20) 中國最著名的石窟有那幾處？ 他们在研究中國建築上有什么價值？
(21) 四合院的佈置到什么時候已經普遍了？
(22) 中國最有名的大石桥在什么地方？ 什么時代造的？ 有何特点？
(23) 中國最有名的大木塔在那裡？ 是什么時代造的？
(24) 現存最有名的唐代木建築在華北什么地方？ 叫什么名字？ 裡面還有唐代什么藝術品？
(25) 中國建築在世界上都影响了那些國家？
(26) 埃及的自然環境與社会情况如何？ 產生了什么樣的建築？ 有些什么特点？
(27) 巴比倫的自然環境如何影响了他的建築？
(28) 希臘的建築材料以什么為主？ 如何的影响了他們的建築？
(29) 希臘建築與羅馬建築有些什么主要的不同？
(30) 羅馬建築有些什么特点？ 有些什么特殊的作法？
(31) 羅馬的五種主要不同的柱子試以圖樣表示之。
(32) 拜占庭建築以什么地方為中心？ 他的特点是些什么？
(33) 回教建築有些什么特点？ 都影响了那些地區？
(34) 高矗式的建築是怎樣產生的？ 以什么地區為中心？ 有些什么特徵？

建筑概论温课提纲 01

(35) 仿罗马的建筑的特徵是些什么？

(36) 法國初期高矗式与英國及北歐的高矗式有些什麼主要不同？

(37) 文藝復興運動是由什麼地方開始的？首先是個什么建築物？（社會）環境情况如何？

(38) 文藝復興時代建築的特徵是什么？

(39) 法英德等國文藝復興時代建築与意大利文藝復興時代建築有何不相同之處？

(40) 我們為什麼要學習各時代建築術遺產？

建筑概论温课提纲 02

3. 建筑初则及建筑画

建築初則及建築画

一年级上学期必修

這是建築設計絵畫工作的最初步訓練大部份是絵畫房内的工作隨時由教授及助教修改講解其内容如下：

(一)建築設計絵畫工作的初步認識

(二)如何準備各項紙張文具及如何使用各種儀器

(三)鉛筆製畫法

(四)墨線用器画法

(五)門窗尺寸实測並絵畫練習

(六)平面配合法

(七)建築工程实用字体書法練習

(八)墨色渲染練習

(九)立体配合法

(十)簡單柱頭投影渲染訓練

(十一)建築畫案用樹木配景画法

(十二)石柱屋簷章法配合練習

4. 建筑制图

"建築製圖" 南师美術系 1953·4·13 (一) 5-6节
10:45 ～ 12:20

10:45 (1) 建築製圖的性質與要求

1. 應用美術與應用科學相結合
2. 準確明瞭而能表現建築物的精神與意義
   如博物館，紀念碑，人民英雄紀念碑
3. 與美術畫的區別
   如山水人物的比例 亭台樓閣的詳部 芥子園

11:00 (2) 用具及使用方法

1. 製圖板
2. 丁字尺 （活頭，膠邊
3. 三角板
4. 儀器
5. 比例尺 （平，三稜，竹，木，膠邊
6. 曲線版
7. 分度器
8. 鉛筆 （7B～B～HB～F～H～9H 共18级）
9. 顏色鉛筆
10. 鋼筆
11. 橡皮
12. 擦橡皮鋼板
13. 防水墨
14. 紙 （薄，厚，光面，粗面，裱紙法，描圖紙
15. 厚紙版
16. 描圖布
17. 圖釘釘

11:15 (3) 初稿

1. 題目的分析 （地勢環境，需要条件，工料情况
2. 選擇初稿
3. 放大比例尺 （1/200，1/100，1/50
4. 鉛筆，炭画，水彩的應用
5. 用紙 （薄，厚，透明

建筑制图 01

11:30 (4)設計圖

1. 平面總地盤圖 (地面的表示, 等高線
2. 平面 (地面的表示, 平顶天花的表示
3. 立面
4. 剖面
5. 透視 (鳥瞰, 仰視

11:45 (5)設色圖

1. 總地盤
   單色水彩, 水彩, 水墨
2. 平面
3. 立面 (配景, 路, 樹木花草, 人物
4. 剖面 (先作投影再加色
5. 透視 (配景

12:00
12:20 (6)施工圖

1. 總地盤
2. 各層平面
3. 各種立面
4. 剖面 (縱, 横, 其他
5. 詳细大樣 (圖纸上的佈置, 標題, 寫字
6. 寫真大樣 (各種彫刻细部
7. 帶色大樣 (琉璃磚, 花磁磚, 油漆, 粉刷, 彩画

建筑制图 02

各種绘图用具及其使用方法

(1) 画图板 台子 (楊木板，夾版画图板，固定画图版，描图玻璃

(2) 丁字尺 (木製丁字尺，膠边丁字尺，化学膠丁字尺，活動丁字尺

(3) 三角板 (木製三角板，化学膠三角版

(4) 儀器 (圓規，分線規两脚，鸭嘴筆，小园规，樑式园规，点線器

(5) 比例尺 (木尺，扁尺，三棱尺，化学透明尺，3

(6) 曲線板 (木片曲線板，化学透明曲線板，

(7) 分度器 (鉄製分度器，化学透明分度器，半园形，正园形.

(8) 鉛筆 (鸭羽筆尖，普通筆尖，绘图筆尖，大小宽窄粗细.

(9) 鋼筆 (軟硬18種，7B.— HB軟—F中軟—H中硬—9H.

(10) 橡皮 (白，红，绿，軟，硬，橡皮，粗膠橡皮，粘性橡皮，↗

(11) 擦橡皮鉄板 (小鉄板，化学鉄板

(12) 墨汁 (中国墨，绘图墨汁，防水墨汁，颜色墨汁 (粗面，光面

(13) 紙張 (稿纸，薄纸，描图纸，腊纸，颜色纸，描图布，厚纸，图画纸 23"×30"

(14) 图釘 (短釘，長釘，一片鉄，銅蓋鉄釘，

(15) 砂纸版 (细砂，最好有把柄.

建筑制图 03

5. 建筑事业

建築事業

(一)建築的一班概念

1. 建築是什么
2. 建築的起源与发展.
3. 建築的要求：实用，经济，美观.
4. 建築的性质：应用科学与应用美術

●.建築的階级性

① 英美和西欧资產階级建築的衰落.
② 苏联与新民主主义国家建築的進展)

(二)建築的种類

1. 居住　(住宅，宿舍，公寓，招待所，療養所　合作社，百货公司，体育馆，郵政局，戲院，
2. 公共　(学校，托兒所，医院，办公楼，礼堂，博物館，碼頭，火車站，紀念碑
3. 工業　(重工業，輕工業.
4. 城市计劃

(三)建築包括些什么工作？

1. 分工种類：

① 初步计劃(預算)
② 建築設计
③ 結構設计
④ 設備設计
⑤ 施工计劃
⑥ 現場施工 備料
⑦ 保養檢查及修繕

2. 設计程序

① 调查研究
② 初步設计
③ 技術設计.
④ 施工大樣.

(四)新中国的建築

1. 新中國建築的要求：

① 新民主主义的文化是民族的，科学的，大众的.
② 提高施工速度達到合用，经济，美观的目的.

1. 工業化 (先进作業法
2. 机械化 (

③ 民族形式，社会主义内容.　综体观念　社会主义現实主义 氣魄
④ 学习苏联先進經驗.

2. 新中國建築的偉大表現

① 居住.
2 工人宿舍.
職工住宅

② 公共
和平宾馆.
人民英雄紀念碑
医院，療養院，学校.

③ 工業
141 工廠.
已开始 50
改建 91

④ 城市计劃
北京
上海
天津.

6. 中国建筑术遗产

2.中國建築術遺產
(一)特點
1. 木架構,独立系统
2. 商(殷)中葉木架系统已成立(3200年前)
12/3 3. 傳佈範圍廣,七千萬人 佔全世界人口四分之一
(二)造因
1. 自然環境
甲. 地理. (东南二面有海,西面交通不便 日光 北京 昆明
乙. 地质. (黄土層. 版築. 土台 城
12/5 丙.材料. (土木竹磚)
丁. 氣候. (北方穴居,南方墙薄,
2. 经济制度体系
甲. 奴隸社会
乙. 封建社会(長:周末開始. 井田廢., 大地主産生.
兼併集权,(秦汉)
(隋唐)—少数为大地主.
宋手工藝
丙.半封建半殖民地 明 清—衰落.
(鸦片战争以后)
3. 文化影響
甲. 礼教.
乙. 佛教.
丙 回教.

3.各時代的建築.
(一)奴隸时代
1. 上古.
12/13 2. 商(安陽小屯村
3. 周(序. ①住宅 ②都城. ③陵墓. ④佛寺 ⑤七塔 ⑥佛塔.
(二)封建时代
1. 秦
2. 汉西(石墓,汉初已有陶釉.
3. 东汉
4. 六朝
5. 唐

中国建筑术遗产 01

3. 各時代的建築　　2.

(一)奴隸時代　史前墓葬（巢石 ⺇⺇

上古：史前：周口店龍骨山天然崖洞比平地低约五十萬年.

山頂洞约十萬年.　　竪穴

新石器时代（约一万年前穴居二种.安陽有石灰穴.到殷代還有.紀元前二千八九百年還有.

殷代：穴居在殷代改为長方形　深度减低为1.00－1.00+

東墙为火藏.　殷代已有 ⌖ 郭字　殷代墙已塗白垩

木架建築開始不詳　象形文字 舍 ⺊　空间擴大

三間是宗法社会的創举. 上古许多是两间.

殷墟發掘有柱礎，足证木架構已甚發達，有十幾排柱子。

深葬制度（殷—西漢）用木槨（内棺外椁）下及三泉.

安陽墓 7:6 近于正方形 墓道四面二面.木槨有彫刻塗朱漆,殉葬

(二)封建時代

西廂 堂 東廂 西階 東階

周：住宅：儀礼，门堂室，东階西階　　宮城十二门之制

都城与宮殿：面朝背市（根據周礼考工记）塾　都城"方九里旁三门"

戰國趙邯鄲城遗址在邯鄲西四公里[趙王城]周约4200公尺。城内

土台甚多即漢朝人称謂之『叢台』　林孔　魯　约二丈高.

易縣燕下都　刻亦有许多土台存留

曹故都曲阜　　（台榭建築）周礼云"國中九經九緯,經涂九軌"8×9=72尺　曲阜　三丈

宮殿的平面：左庙右社与三朝之制（周）宮城三里見方 门處有廟

四角有宮隅（角楼）　三朝（大朝，常朝，日朝）庙社 诣可能有衙署

以上據考工記及『殷人重屋,堂修七尋,堂崇三尺,四阿重屋』

墓葬：周時深葬制度仍存在。　周初廟當已裝飾。有豐宮

封墓開始。咸陽附近有 文王，武王，成王，康王. 墓　（可疑）

周末已有石象生.

秦：住宅：西汉初期紀載還有階.　秦改封建为郡縣之制　蒙恬築長城。

都城：咸陽. 阿房宮. 前殿後寢制度　阿房宮与咸陽隔渭水而相对

陵墓：驪山陵規模極大，　陵上有寢殿　墳前有花园有官衙

宮女，侍衛（事死如事生）　宮殿＋墳墓 遂称"陵寢"

其一边之長约千尺许。而度現在不足百尺。比埃及最大金字塔尤大。

地在西安城东约五十華里，即位初即開工徵發七十餘萬人。

阿房宮：據史傳，东西五百步，南北五十丈，上可坐萬人，下可建五丈之旗，周馳而为閣道，可由殿下直抵南山云。

石橋：始皇又架石橋於渭水之上，橋長三百六十步，寬六十尺，六十八拱。

中国建筑术遗产 02

3.

漢：住宅：汉時有明器，長沙洛陽都发現凹形小住宅，相当普遍。

後汉住宅漸複雜有前堂，閣，後寢（亦士大夫階級

都城与宮殿：西漢：不規則的都城．先有宮殿後有都城（城內次序乱的）未央宮大门向北面与传统办法不合。

東漢：背朝面市的萌芽．洛水穿过洛陽城。宮殿地址由中心少偏北。 鉄路

前殿後寢的制度（秦，汉）前殿狭而長约五：1 有东西廂

漢因秦制 秦汉宮殿均有台 西 東 办公用

漢高帝七年蕭何營未央宮因龍首山制前殿，建北闕，是利用土山砌成台。

陵墓：西漢末年（樂浪郡）墓在朝鲜平壤

汉墓材料已有進步．西漢已有磚 砖墓甚達使深墓改為浅墓

① 磚墓 门券．半圆 弧形 馬蹄形

汉券砖上大下小的楔形磚

② 空心磚墓 河南洛陽禹縣一帶 手工業的成品．藝術化，人物車馬及各种幾何花纹

③ 石墓：皇陵 东北高句麗 斗八藻井

平面近於方形，墓顶有拱券

起源可能来自西方

④ 崖墓 四川紅砂岩盆地 樂山白崖及宜賓黄花溪

外立面仿木建築 並有浮彫 西汉末開始．

1950 12/20

封墓藝術的發展及其最高潮（秦汉） 周朝開始（文，武，成，康）

西汉仍採秦陵寢之制 皇帝登位即營陵 1/3 收入来修陵

武帝茂陵 陵附近均有城市．"天下高資富豪"

遺跡：闕：現有二十餘座 包括六朝．

石象生："馬踏匈奴"霍去病墓 东汉石獅有翼

碑：1.圆首碑 2.圭首碑 下有贔屭（六朝以後最老的在南京附近）

墓祠：寢殿適用於帝王，他人用墓祠。石造，山东肥城孝堂山（东汉初）

墓祠 碑 石象生 闕

佛寺：起源东漢明帝永平间（公元一世紀中葉）在洛陽西门外建白馬寺，因白馬馱經．寺是衙署。現塔（金塔造）廟（明建）

塔藏舍利 繞塔念經。 印度寺

一班均木結構 1.捨宅為寺 2.新建．

塔：起源是保存釋迦的舍利而造的。印度 Sanchi 的塔。

漢明帝死後在他的顯節陵上造浮圖 乃第一個塔。

由健陀羅而傳入中國．（公元70年）

剎 宝匣 覆鉢 台階 圆形方台

中国建筑术遗产03

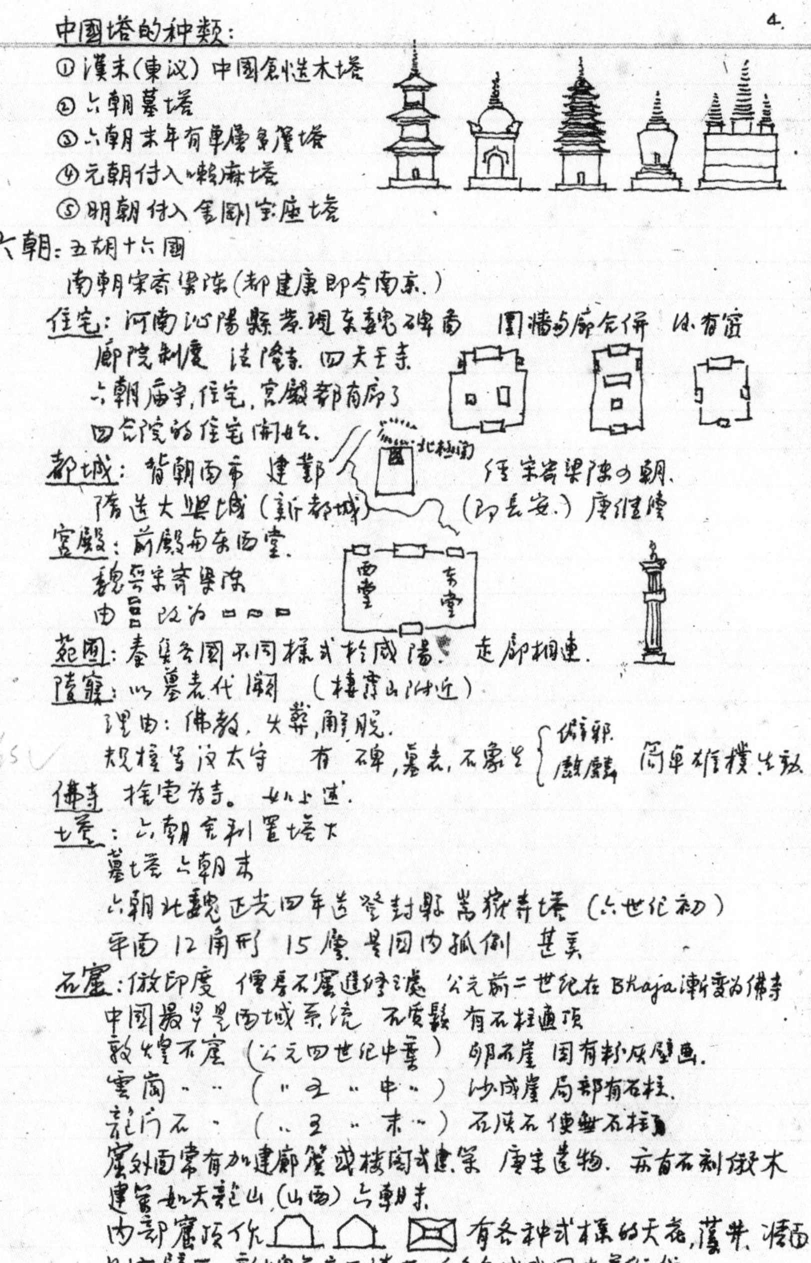

4.

中國塔的种類：

①漢末（東漢）中國創造木塔
②六朝墓塔
③六朝末年有單層多層塔
④元朝傳入喇嘛塔
⑤明朝傳入金剛寶座塔

六朝：五胡十六國

南朝宋齊梁陳（都建康即今南京。）

住宅：河南沁陽縣發現東魏碑像　圍牆與廊合併　小有窗
廊院制度　法隆寺　四天王寺
六朝廟宇，住宅，宮殿都有廊子
四合院的住宅開始。

都城：背朝面市　建鄴（北極閣）　經宋齊梁陳六朝。
隋造大興城（新都城）（即長安。）唐繼續

宮殿：前殿與東西堂。
魏晉宋齊梁陳
由晉改為 ▭▭▭
（西堂　東堂）

苑囿：秦集各國不同樣式於咸陽。走廊相連。

陵寢：以墓表代闕（棲霞山附近）
理由：佛教，火葬，解脫。
規模皆漢太守　有碑，墓表，石象生 {辟邪 麒麟} 簡單雄樸生動

佛寺　捨宅為寺。如上述。

塔：六朝舍利置塔下
墓塔　六朝末
六朝北魏正光四年造登封縣嵩嶽寺塔（六世紀初）
平面12角形　15層　是國內孤例　甚美

石窟：仿印度　僧房石窟造修之處　公元前二世紀在Bhaja漸變為佛寺
中國最早是西域系統　石質鬆　有石柱通頂
敦煌石窟（公元四世紀中葉）卵石崖　因有粉質壁畫。
雲岡 〃 〃（〃 五 〃 中 〃）砂岩崖　局部有石柱。
龍門石 〃（〃 五 〃 末 〃）石質石　便無石柱
窟外面常有加建廊屋或樓閣式建築　唐宋遺物。亦有石刻仿木建築如天龍山（山西）六朝末
內部窟頂作 [shapes] 有各種式樣的天花，藻井，牆面則有壁畫　敦煌前唐至後共一千多年成我國大美術館

中国建筑术遗产04

隋：统一中国，国家力量相当大，印度交通句通　5.

唐：住宅：四合院的布置渐普遍。

都城：隋造大兴城（新都城即長安前身）背朝面市　开始规划

唐继续完成比建都城進步

都城　皇城　宫城

西市　东市

宫殿：隋重建長安後三朝制（論到好處）

唐因之，结構建築制度渐成熟。

陵墓：隋唐虽已统一但封墓藝術則未達到秦漢程度。

唐亦有利用山势，如太宗昭陵利用九嵕山绝壁，修栈道。

佛寺：唐佛寺平面有二种：

(1) 伽藍七堂，塔與殿前後倒置，佛寺重心改為殿。

讲堂　四塔　佛殿

(2) 双塔之制，中国首創是偶然的。六朝末南齊要作九層大塔，因木材缺乏就改為二塔，此制到唐盛行普遍

回廊塔

唐中葉以後，塔地位更降低

不置中線上而興塔院之制

周刻的黄金時代
壁画　吴道子
壁画　楊惠之

塔：唐代起興建木塔系统的磚石塔　式樣渐多，分三階段

①唐初，西安大雁塔（出簷用疊澁）

②唐末，山东歷城縣神通寺龍虎塔（出簷開始用簡單的斗拱，只向外出跳而無横拱

×③北宋，每層構面，砌柱枋，门窗，斗拱等等，平座欄杆都仿木建築。惟出簷稍短。

墓塔：唐改為中国式屋顶，美化了

加至二層或三層。

單層多簷塔，唐代遺物十之七八屬於此類，嵩嶽寺塔为面唐代改为正方形断面。

經幢：唐末渐变成塔形（五台山佛光寺有例）

唐中葉传入中国

石窟：至唐末中原渐停止，而在敦煌四川仍有。

宋：斗拱至北宋末渐複雜，纖巧，结構机能不太健全。装饰化開始。

官式建築（營造法式　李誡著）北宋末。

南宋外患頻仍，社会不安。宋现青女性化。

都城：背朝面市　宫殿临從三朝之制仿洛陽規劃　宫前挖河

佛寺：宋禪宗，塔不在列入七堂之内。南宋加鐘鼓樓並列。

中国建筑术遗产 05

6.

砖木混合的塔：北宋全盛时期

①外木内砖（正定天宁寺塔，苏州瑞光寺塔）

②外砖内木（苏州双塔）

木塔系统的砖石塔：

唐代正方形

宋初六角形，八角形。五代渐用砖的穹窿代替木楼板。

梯设壁中（开封的繁塔）

南宋以后塔渐少。

宋代中原此种砖石塔渐多。西南仍唐作風。（宋景祐五年）

经幢：在宋初是黄金时代（河北赵县の丈多高的经幢）

12/27 七

石窟：宋代四川大足仍有新建。

(七) 元明清南宋：北方外患频仍，木建築比例日小，開始衰落。

元：都城：忽必烈找刘秉忠（和尚）規画都城。

宫殿：恢復前殿後寢 中部有廊。（北城比較空）

元葬沙漠，上面馬跑滅跡，成吉思汗例外。

佛寺：元明清均做南宋建鐘鼓楼

七層渐增至九，十一，十三，元明亦有少数塔。

* 喇嘛塔：元代传入喇嘛塔。其小型的代替墓塔

元世祖時传入中國。

经幢：元明均已少見

明．都城：先都南京称奉天府（刘伯温）朱元璋 明故宫．

明成祖遷北京 移元宫中線向东半里

明嘉靖時城南發達添建外城

宫殿：明初三大殿有廊相連不久即取消。

花園：北海團城 元代已有．

陵墓：明孝陵，昌平十三陵．

佛寺：元明清同．这风相做．

金刚宝座塔：由印度佛陀伽耶塔

明鄭和（三宝太监）下西洋

在北京西郊建五塔寺

石窟：明在四川大足建新石窟宝鼎寺

清．住宅：全國各處情况：

穴居仍存在 窑洞 山西河南仍甚多．

井幹式西南亦存在．

圆形居住．（蒙古包、热河）三合院四合院，四川民居．

邪门 風水．

7.

都城：清因明制，北京现状所见。
宫殿：结构情形，特点，斗拱装饰化，彩色，油饰，批麻、
苑囿：三海，圆明园，万寿山。　＊（工部营造则例）
陵墓：沈阳东陵西陵，关内东陵西陵。
佛寺：仝上，五台山文殊　哉房普宁？
道观：北京白云观
西安八仙庵。
半封建半殖民地建筑。　灌县青城山
中国建筑史小结：——→鸦片战争以后的一百年。
(一)奴隶时代　　西洋式　里弄式　模仿西方。
上古　　今后方向：民族的，科学的，大众的。
殷朝　木架构开始。
(二)封建时代
周：　都城，　台榭。（两朝皆有
秦汉：宫殿，　陵寝　（坛。皆两朝有
六朝：佛教。不扩建筑（佛寺。木结构正规化（初自田营造，六朝末，琉璃产生）
隋唐：隋统一全国，大兴城。巴比伦艺术　雕刻壁画。
木结构达到好处。　赵州大石桥。（安济桥，隋李春造）
雕刻：（黄金时代
壁画：吴道子。
壁塑：杨惠之。
宫殿住宅。（六朝廊院，唐已有四合院记载）
寺塔（木塔渐少，而，砖石塔渐兴）
北宋：结构机能不太健全。装饰化开始。
官式建筑有规律了（营造法式
观者看了动心。雕刻渐复杂。
南宋：木建筑比例日小，渐失结构作用。牌楼。
元｝明：……装饰化，规律化，
清：　圆明制，大木用拼攒，挥披麻挂灰，油漆
半封建半殖民地：新乱无章，
鸦片战争（　　）以后五口通商

中国建筑术遗产 07

7. 外国建筑术遗产

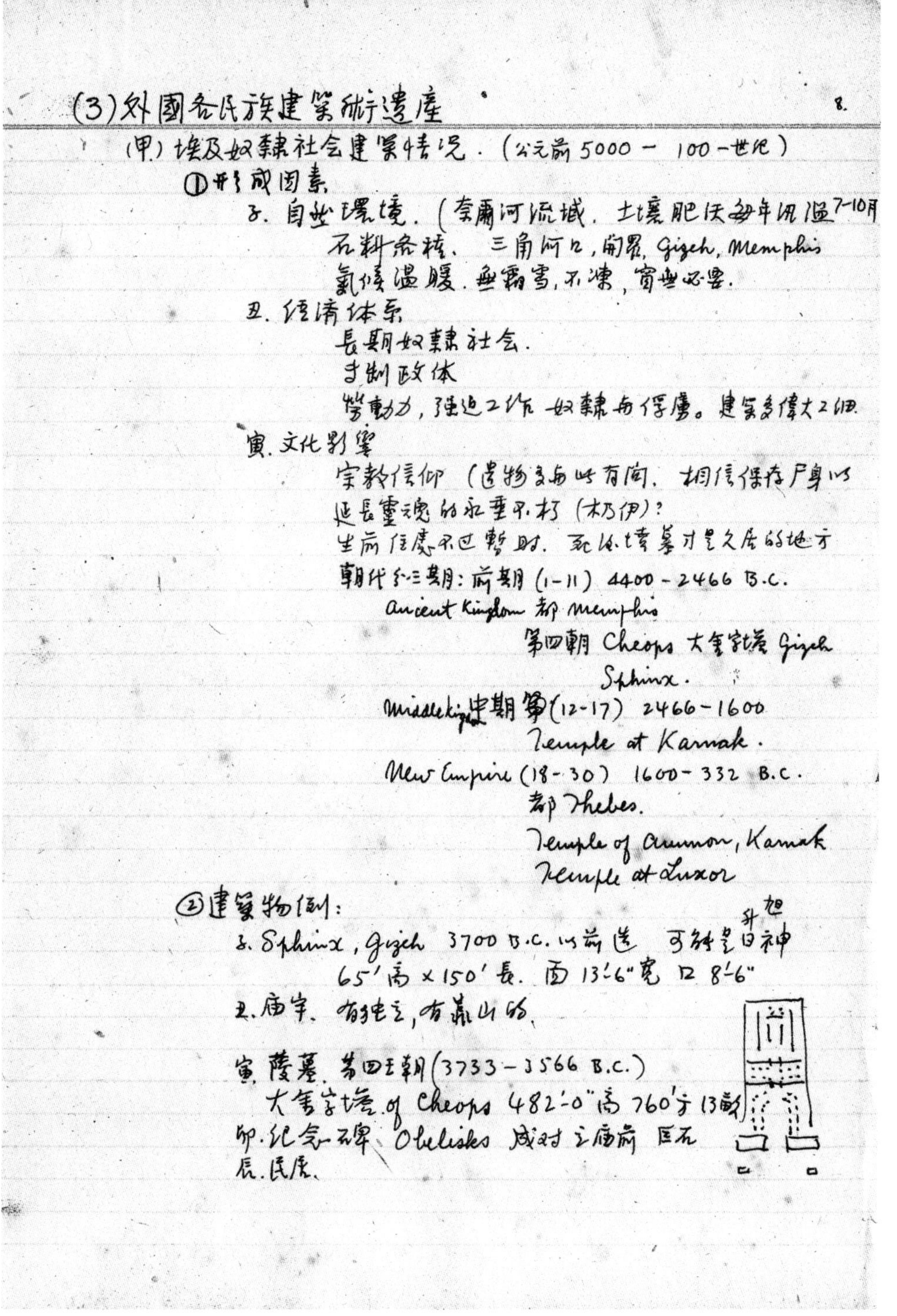

(3)外國各民族建築術遺產　8.

(甲)埃及奴隸社会建築情况.(公元前5000－100－世纪)

①形成因素

子.自然環境.(奈爾河流域.土壤肥沃每年汎溢7-10月
石料[illegible]、三角河口,開羅,Gizeh,Memphis
氣候溫暖.無霜雪,不凍,窗無必要.

丑.經濟体系
長期奴隸社会.
專制政体
勞動力,強迫工作 奴隸爲俘虜。建築多偉大工细.

寅.文化影響
宗教信仰(遺物多與此有關.相信保存尸身以
延長靈魂的永垂不朽(木乃伊)?
生前住處不過暫时.死後墳墓才是久居的地方
朝代分三期:前期(1-11) 4400-2466 B.C.
Ancient Kingdom 都 Memphis
第四朝 Cheops 大金字塔 Gizeh
Sphinx.
Middle Kingdom 中期(12-17) 2466-1600
Temple at Karnak.
New Empire (18-30) 1600-332 B.C.
都 Thebes.
Temple of Ammon, Karnak
Temple at Luxor

②建築物例:

子.Sphinx, Gizeh 3700 B.C.以前造 可能是旭升日神
65'高×150'長. 面13'-6"寬 口8'-6"

丑.廟宇.有獨立,有靠山的.

寅.陵墓.第四王朝(3733-3566 B.C.)
大金字塔 of Cheops 482'-0"高 760'方 13畝

卯.紀念碑 Obelisks 成对立廟前 巨石

辰.民居.

外国建筑术遗产 01

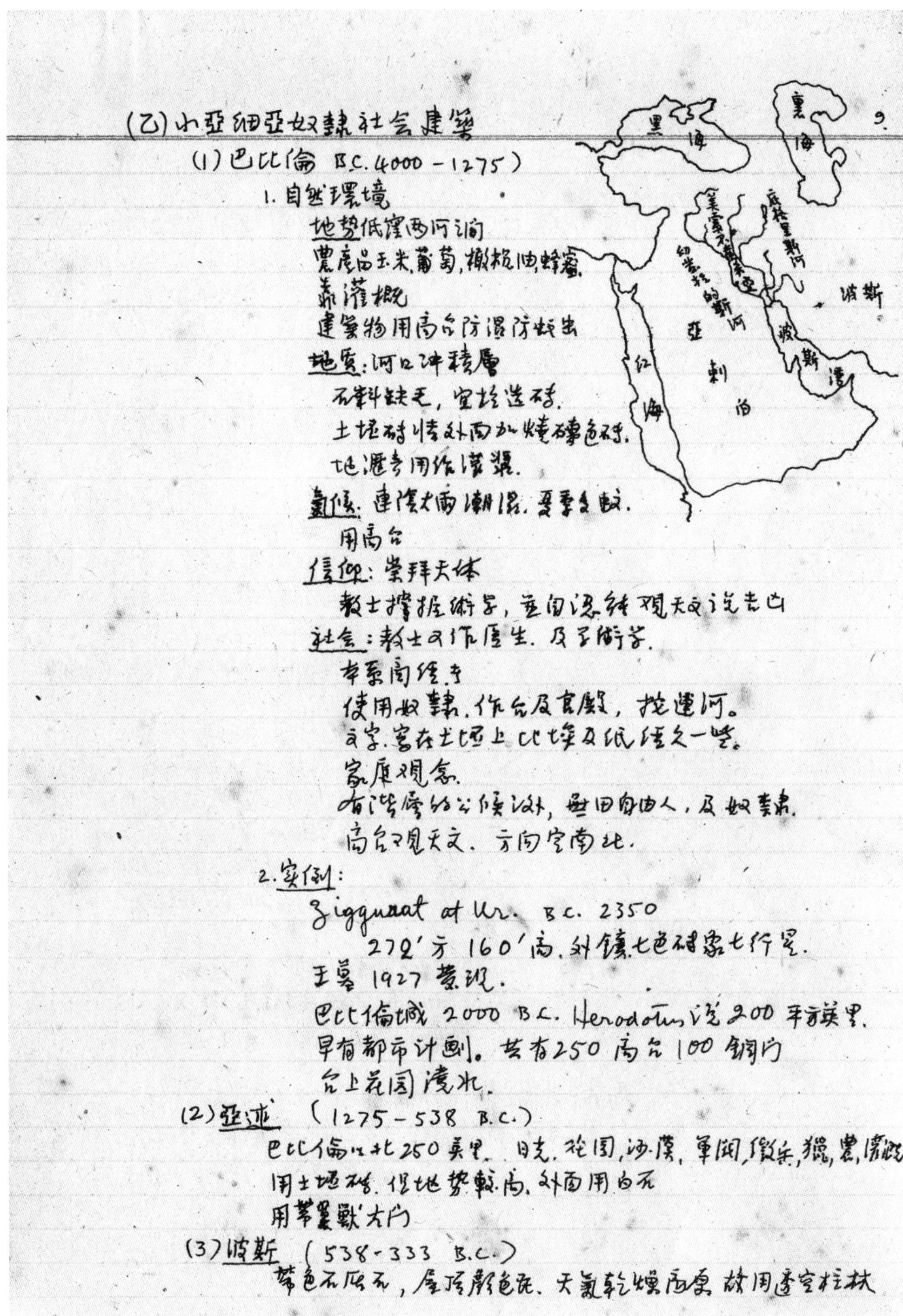

(乙)小亞細亞奴隸社会建築

(1)巴比倫 B.C. 4000－1275)

1. 自然環境

地勢低窪兩河之間
農產品玉米、葡萄、橄欖油、蜂蜜。
灌溉
建築物用高台防濕防蚊虫

地質：河口冲積層
石料缺乏，宜於造磚。
土坯磚牆外面加燒釉色磚。
地瀝青用作灰漿。

氣候：連陰大雨潮濕，夏季多蚊。
用高台

信仰：崇拜天体
教士掌握術学，並由迷信觀天文說吉凶

社会：教士又作医生，及学術者。
亦系商經手
使用奴隸，作台及宮殿，挖運河。
文字寫在土坯上比埃及紙經久一些。
家庭觀念。
有階層的公侯領袖，無田自由人，及奴隸。
高台觀天文，方向定南北。

2. 實例：

Ziggurat at Ur. B.C. 2350
272′方 160′高，外鑲七色磚象七行星。
王墓 1927 發現。
巴比倫城 2000 B.C. Herodotus 說 200 平方英里。
早有都市計劃。共有250 高台 100 銅門
台上花園澆水。

(2)亞述 (1275－538 B.C.)

巴比倫以北250英里。日光、花園、沙漠、單調、歡樂、獵、農、牧
用土坯磚，但地勢較高，外面用白石
用帶翼獸大門

(3)波斯 (538－333 B.C.)

帶色石砌石，屋頂彩色瓦，天氣乾燥而熱，故用透空柱林

外国建筑术遗产 02

10.

对埃及希腊作战．亦用砖，兼用石作窗门及柱子．

发券作法後影響东方

柱头当作装饰

(丙)希腊奴隶社会建筑

初期 3000—700 B.C.

极盛期 700—146 B.C.

1. 自然环境．

三面环海 经商．东 Ionic 西 Doric.

很好的白大理石．另有白石

气候：天气温和．

信仰：神与人的关系．各城有守神．

社会：斯巴达 D. 雅典 I. 宗教仪式．

战胜波斯后开始建大庙，约五十年．

2. 实例：Acropolis. Parthenon 巴德农 庙 447-432 B.C. 露天戏院

Doric Order. 可能的起源由木建筑

Ionic Order. Erechtheion

3. 装饰 对东方影響．

陵墓

运动场

Corinthian.

Theatre, Epidauros

186'6"

16"

2'-8"

209

Theatre, Orange

170'0"

324'

Halicarnassos

外国建筑术遗产 03

11.

平面：简单，对称。但住宅变换较多。
立面：视差，处理。字：上大下小
廊柱：向内倾（中国侧脚）
材：石，大理石，用铁活，不用浆。工作要细致，面如镜打光磨，
涂上石膏。减轻重量
门窗：方形多，窗上宽下，
木架顶：上面覆石瓦板。

(丁)罗马奴隶社会建筑

B.C. 146 —— A.D. 365 （前期 Etruscan B.C. 750 – B.C. 100）

环境情况

地理：意大利半岛中部山　与希腊及小亚细亚海湾
靠战争扩疆土，在地中海中 { 东 小亚细亚 / 南 北非洲
地质：大理石，砖石，石，(浮)travertine 北欧洲，沙石均丰富
一种石灰性土质与石灰混合，可成混凝土。利于建筑圆
拱顶及券拱，外面镶大理石。奴隶工。
气候：温和，日光，中部
南部甚热
信仰：仿希腊 为帝王所利用
庙次要，政府建筑及公共建筑较重要。
家神，祖祖。
社会：多种族的
市场联合
500 B.C. 罗马成为共和
"Augustus" 时代 像希腊的 Pericleanage"
建筑由国家控制 (B.C. 27)
渐需要力控制
大浴馆，院，游戏运动
？可林西姆 竞技场　Amphitheatres 人斗斗，兽
戏园
法院
Forum 公共生活及商业中心 { Patricians / Plebeians / slaves
绝对服从，封建制度，子服从父
尊女权。

外国建筑术遗产 04

12.

Constantine (A.D. 306－337) 遷都 Byzantium 324 A.D.

A.D. 365 罗马帝国分东西.

A.D. 475 西罗马亡. Odoacer 推举为意大利王.

2. 建筑特点.

? Etruscan B.C. 750 － B.C. 100. 伊特拉斯康

用圆拱券

墙用乱石砌. (無漿)

罗马

1. 用柱 及 圆券门
2. 梁 圆拱廊
3. 拱 圆拱顶

} 混合用为特点. Columnar & trabeated style

Colosseum

輪水樓

梁柱開始裝飾化.

柱型.

1. Doric	陶立克	8	
2. Ionic	愛奥尼克	9	
3. Corinthian	克林特式	10	
4. Tuscan	特司康	7	無凹槽
5. Composite.	混合式	10	

多層建筑的叠層.

柱子上下接放. 少層

種類

1. 大浴廳
2. 廟.
3. 半圓露天戲園.
4. 輪水樓.
5. 橋.
6. 墓.
7. 凱旋門.

作法:

初期用大石塊無漿.

漸用混凝土 白灰. P. 139 ✓

鑲大理石法. 用銅鉤

羅馬樓 石面混凝土. 全國用.

顏色大理石及抹灰 就與希腊不同。

13.

3.实例

市中心

"Forum Romanum"，王城七山之间，周围公共建筑，及商店。

長方庙：混合 Etruscan 与希腊，用平碳
最高柱 Corinthian 58' T. of Augustus, Mars.

圆及多角形庙：例 Temple of Vesta, Rome.
Pantheon, Rome 現最完整。
最大圆庙。廊柱白大理石 46'-5"高
下径 4'-11½" 整塊。
内部径寬 142'-6" 顶高相同。
大顶系砖拱券。有灰漿。
顶口天窗 27'-0" 直径。

Basilicas：法院，商務会堂：古典与耶苏教堂建筑之媒介。
木顶

Basilica of Constantine, Rome 中部 265'x83'
120'高拱券顶 Groined Vault. 十字拱
高趨式之先声

Thermae：大浴厂：罗马人生活上之嗜好。
为社交之所，谈天交换新闻。
用数百奴隸。

Thermae of Caracalla, Rome.
可容 1,600 浴者。
台子 20'高 ⅕英里每方長。

Thermae of Diocletian, Rome.
容 3,000 浴者
中厂 200'x80'x90'高。

Theatres 戲园：

Theatre, Orange 容 7,000人 340'直径。
戲台 203'x45'深。

Amphitheatres 競技場：

可林西姆競技場：平面大椭圆形 620'x513'
每層 80 向外圆券
場心椭圆 287'x180' 周围墙 15尺高
可同时容 50,000人。
下層圍獸。外立面高 157'-6" 分四層。

Corinthian Pilaster.
Corinthian order
Ionic "
Doric. "

外国建筑术遗产 06

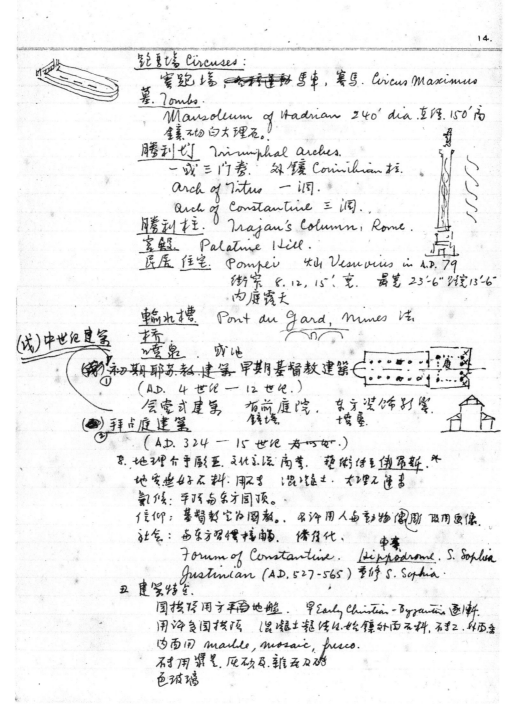

14.

跑马场 Circuses:

赛跑场，马车，赛马. Circus Maximus

墓. Tombs.

Mausoleum of Hadrian 240' dia. 直径. 150' 高

金镶砌白大理石。

胜利门 Triumphal arches.

一或三门券. 外镶 Corinthian 柱.

Arch of Titus 一洞.

Arch of Constantine 三洞.

胜利柱. Trajan's Column, Rome.

宫殿. Palatine Hill.

民居 住宅. Pompei 火山 Vesuvius in A.D. 79

街宽 8. 12, 15'宽. 最宽 23'-6" 路宽 13'-6"

内庭露天

输水槽 Pont du Gard, Nimes 法

桥

浴泉 . 或池

(戊) 中世纪建筑

① ~~初期耶苏教建筑~~ 早期基督教建筑

(A.D. 4 世纪—12 世纪.)

会堂式建筑 有前庭院. 东方装饰影響.
镶嵌 墙壁.

② 拜占庭建筑

(A.D. 324—15 世纪.)

一. 地理介乎欧亚. 文化交流甚繁. 艺术传至俄罗斯.

地质无好石料. 用石灰 混凝土. 大理石运来

气候: 平行与东方圆顶。

信仰: 基督教定为国教。. 不许用人与动物雕像 改用画像.

社会: 与东方习惯接触. 东方化.

Forum of Constantine. Hippodrome(赛车). S. Sophia

Justinian (A.D. 527-565) 重修 S. Sophia.

五 建筑特点.

圆拱顶用于平面地盤. 早 Early Christian - Byzantine 过渡.

用许多圆拱顶 混凝土凝结法. 始镶外面石料. 不耐久. 外面多

内面用 marble, mosaic, fresco.

石材用彩色. 瓦砖及.杂石及砖

色玻璃

外国建筑术遗产 07

15.

贰. 实例.

S. Sophia (A.D. 532－537)

圆拱顶 107' 径 180' 高.

比例简单.

S. Mark. Venice. (1042·1085)

圆拱顶 42' 直径.

③回教 (7世纪—现在)

地理：亚剌伯.

宗教：信默罕默德 ·不用人与动物装饰.

例：亚剌伯. 埃及. 西班牙. 波斯. 土耳其. 印度.

④仿罗马 (9－12 世纪)

地理：受拜占庭影響 地中海區.

氣候：南北不同.

社会：中古封建社会情况. 奴隶制存在. 耕田为主.

城市渐兴.

教堂为中学术研究的屋落. 黑暗时期.

新兴国家：法德西班牙。

特点：仿东罗马拜占庭而建於西欧者。

用 Roman 十字拱. 開始用 ribs 力学平衡(均) equilibrium

用庭院 cloister, twisted columns.

始用 buttresses.

丛柱.

屋顶 side aisle 用拱 亦所为防火.

装饰很複雜.

实例：Pisa Cathedral

⑤高斯式 (A.D. 12－16 世纪)

英,法,比,德,意,西班牙.

地理：各國地区很廣.

地質：北德與北意用砖他處用石

氣候：北方日斜直線多.

南方日高留橫線.

宗教：教堂势力很大

社会：德国 Hanseatic League, 城市兴起, 商業.

義大利亦然. 惟英法仍封建势力甚厚. 进步慢.

外国建筑术遗产 08

希腊（Trabeated）　伊特鲁斯坎（Arcuated）　16.

罗马（Trabeated & arcuated）

似罗马（圆拱券）= A.D. 8－12 世纪

高直式（尖拱券）= A.D. 12－16 世纪.

特征：

高直式名称别于古典，首先为 Vasari（1511-74）及 Chris Wren 用

用尖拱券（先用于小亚细亚）亚述，Syria.

用飞扶及高尖顶

象征宗教理想。

雕刻精细.

力重集于数点。与罗马时之集中于墙别不同。墙不重要了

六部拱. ribs

实例：

礼拜堂，君王的学校，美术馆与音乐厂，雕刻，色玻璃窗.

平面：拉丁十字形

英法礼拜堂之分别，英长的回廊等.

英国：Norman Conquest 带来了封建制度，造堡垒

新兴城市围墙，礼拜堂与堡垒寨子，開始建学校，牛津，

Magna Charta（A.D. 1215）

建筑特征：

Pre-Roman

Roman（B.C. 55－A.D. 410）

Anglo-Saxon（A.D. 449－1066）木构.

Norman（A.D. 1066－1189）圆拱

Early English（A.D. 1189－1307）高窄窗.

Decorated（A.D. 1307－1377）纹饰花纹.

Perpendicular（A.D. 1377－1485）窗直线条

Tudor（A.D. 1485－1558）

实例：礼拜堂：常附天井院　平面较长 6:1

（小礼拜堂）中部拱顶低。常有双 transepts.

飞扶较少

寺院：Monastery 天井，饭厅，寝室，小礼拜堂

West Minster Abbey

外国建筑术遗产 09

17.

保疊，寨子：The Towel of London
Windsor Castle.
地主住宅 Manor house. 大壁炉
大學：Oxford：University College 1249.
Cambridge：Peterhouse 1284.
医院：
商会：Guild halls
橋：London Bridge

法國：（12-16 世紀）.
礼拜堂，教堂．当时为主要集会场所
Notre Dame, Paris 巴黎聖母寺．（1163-1235）
Chartres Cathedral（重修 1194-1260）
Rheims Cathedral（1212-1300）
寨子：
Carcassonne
Avignon
Mount S. michel
堡壘：（Castles）
市政廳：Hotels de Ville
法院：Palais de Justice
医院：

比國：12-16 世紀.
市政厅
屋顶，steep．高
雕刻．石木．均佳.

德國：北部用砖．南部有石（13-16 世紀.）
信教．1517 路德革新．Wittenberg．北新 南旧天主.
Cologne Cathedral.

意大利：（12-16 世紀）
社会：不统一 各城自治．
罗马影响太深 横线强
Milan Cathedral 1385-1485.
Venice Doges Palace.

西班牙：12-16 世紀.

外国建筑术遗产 10

18.

(己) 文藝復興時代建築 (A.D. 15-19 世纪)

(1) 環境情况

子. 地理

东方君士旦丁渐入土耳其势力 未受影响.

其他各国 意, 法, 德, 比, 荷, 西, 英

丑. 地质氣候同前

寅. 宗教. 受印刷術之影响. 發展自由思想 传播知识.

路德 (1483-1546) 在德國.

開始文藝復興運動。

卯. 社会

新文化運動先從文字起始。引起建築的古典復興.

土耳其侵领 君士旦丁 (1453) 许多希腊文人逃往意大利.

"Treatise on Architecture" — by Vitruvius (Augustus) written in the time of Augustus, first issued in Latin at Rome (A.D. 1486) translated into Italian 1521

三种新發明: {火药. 指南針 (發現好望角 by Diaz 1486; 印刷 1442 (" " 美洲哥倫布 1492, 1498

小亚细亚商務中断, 土耳其侵埃及

Vasco da Gama 航海绕好望角至印度 1497 開始歐洲的殖民地

銅版發明 15 世纪末 帮助传播建築式樣。

Galileo (1564-1642)

(2) 建築特徵.

重用五种古典柱子 但用法则新颖 Palladio, Vignola. Brunelleschi, Ghiberti.

高直式以结構为主. 文藝復興則以美观为主. 重在藝術

重用罗马圆拱券.

廊子用带棱圆拱 {Cloister Vault. Groined Vault.

The Baroque. = Rococo Style. 17 世纪.

花园别墅.

(3) 比較.

高直式	文藝復興
平面依用途方便	平面对称

外国建筑术遗产 11

19.

(3) 比較表：

	高直式	文藝復興式
平面：	自由方便	对称，两边相仿.
内部：	長方形，尖券拱頂	圆筒顶及中部圆拱顶.
正厅：	多数间，印象長.	少间，宽敞.
塔尖：	两端一，二，或中部	对称，中部大圆顶.
墙身：	碎石，多窗，墙垛	整石，少窗.
墙角：	方石	加粗 rustication.
房山：	尖，有窗及装饰	較平，古典式，有雕刻
屋頂輪廓：	参差一些尖塔	平檐及欄杆.
廊子.	尖拱	圆拱.
门窗口：	八字形，不一定对称	用古典贴脸，对称.
窗：	横直竖棂，花玻璃大.	無棂，小.
顶子：	用尖拱券架加装饰	圆顶帶壁画.
屋架：	木屋架露明装饰	不露明
柱子：	比例長成簇.	古典比例.
線角：	凹入墙身. 挑	凸出 突.
腰線：	加装饰	古典式.
飛撐：	—— 高直印像.	横線—横線强调.
装饰：	中世纪神话	古典神话.
雕刻：	繁琐依结構.	古典味 藝術家個性表现
人像：	為建築物比例	與建築物比例無關.
颜色玻璃窗：	—	壁画.

(4) 意大利文藝復興建築 （15－19 世纪）

1. Florence 弗羅恩斯（弗羅倫薩）

地址適中　　Naples（那波里斯）

Medici 家族. 1424 Giovanni de Medici

Brunelleschi, Donatello

"Athens of the Renaissance" 文藝復興的雅典首都. under

Pietro & Lorenzo de Medici

各种手工藝發達.

Uffizi Palace, Florence.
Villa Medici, Rome } patronage of art.

佔勝 Pisa 成為歐洲文藝中心。

羅馬一度居奧居法.

外国建筑术遗产 12

20.

新興一种宫室建築

用大塊粗面石料 使房屋格外粗壮

一班围绕天井院 Cortile 似中世纪僧院，有連續圆拱圈

上面两三層

外面無倚柱，甚嚴肅。很少细部装饰.

檐口挑出很多. 街面以窗 更觉神氣.(按整个房高度比例)

例如 Palazzo Riccardi

圆拱下带柱 用於街面亦用於院内.

初期文藝復興式礼拜堂.

2细. 与宫室作風不同.

雕刻与绘作亦興[illegible]至.

画亦然:

Luca della Robbia (1400-82) 色釉磁砖装饰

Lorenzo Ghiberti (1378-1455) 洗礼堂大门铜 1403-24

Donatello. (1386-1466)

Mino da Fiesolé (1431-84)

建築,雕刻,绘画均成为藝術家自由表現個性的结果.

三藝一体: Leonardo da Vinci

Michelangelo

Raphael

花园: Boboli

实例:

文藝復興開始於 洗礼堂铜门競選 Ghiberti 当選.

Brunelleschi: 落選赴羅馬 研究古典建築

Dome of Florence Cathedral (1420-34)

Brunelleschi 当選負责

圆拱顶子 八角平面 直径 138'-6"

提起置一鼓上. 柱子. 圆窗透光.

双層 起尖 高鼓式结構方式. 八个主要16次要

骨架. 承砖 可能未用架木 (centering)

San. Lorenzo. Florence.

The Pazzi Chapel, Florence. 前面有6柱. dome on pendentives

Palazzo Pitti. 规模很大只次於 Vatican.

119'高 660'長.

外国建筑术遗产13

21.

Alberti:(1404-72) 著書論建築.
Palazzo Rucellai 初用柱上柱
Michelozzo:(1397-1473)
Palazzo Riccardi

五. Rome 羅馬.

Baroque 產生之地. 多用於花园.
教皇势力.
此地無政爭. 不需要防御建築.
建築师: Peruzzi Bramante
Raphael
Michelangelo.
Bramante(1444-1514)影響外國.
细部装饰特長.
Palazzo della Cancelleria, Rome.
The Vatican Palace, Rome. 梵諦岡
The Tempietto in S. Pietro in Montoria.
Palazzo Massimi, Rome
* S. Peter, Rome 1506 設2. 希腊十字. Bramante
Raphael 建议 Latin Cross. 1520 died.
Perruzzi. 希腊十字.
Michaelangelo. 72歲. 最後地盤.
452′高於地平 圆顶直径 137′-6″内部.
共约 700′長.

六. Venice 威尼斯

Pietro Lombardo(1435-1515)
Doge's Palace
水上宫室.
The Basilica, Vicenza — by Palladio.

比較.

	Florence	Rome	Venice
平面.	对称,楼梯有情.	Varied 梯 [illegible] 园栏.	picturesque. 梯 arcade.
墙:	庄严,每層不同.	依柱,可能通两层	每層分層
门窗:	Arcade on Col. 柱	Arcade on Piers 墙墩	Arcade 墩外有柱.
屋顶:	平屋顶,圆拱顶.	屋顶不甚显.圆顶有衬	屋顶有 balustrade.
柱子:	柱不多用 support arch.	单或双柱 上下用 通两層	圆柱多層.

外国建筑术遗产 14

7. 12. 1. 22.

檐角：少，简单。 古典式 受拜占庭与高直影响。

装饰：色釉磁砖 " 彩色。

(5) 法国文艺复兴建筑

巴黎作风 Francis I.

意大利艺术家 da Vinci.

Haussman's designs. 巴黎，道路系统。

错落，直，高直，分了开阔

屋顶特殊。

实例：

宫室：Chateau de Blois.

Palais de Fontainebleau

Palais du Louvre, Paris.

Palais de Versailles.

礼拜堂：

Dome of the Invalides

Pantheon

The Opera House.

特点：平面：错落不整齐

墙身：粉刷。

门窗：Arcades 不多 因天气阴冷。

屋顶：高，有老虎窗及烟囱。

柱子：

檐角：高直式与古典混合。

(6) 德国文艺复兴建筑

晚于法国约五十年。

初期：高直建筑的增加部分

中"：比较古典之深。

晚"：Baroque.

屋顶高，分几层。

Brandenburg Gate, Berlin.

(7) 比、荷：

Palais de Justice, Brussels. 1866-83. designed by Polaert

(8) 西班牙。

(9) 英国。 S. Paul, London 鸦片战争 1840

外国建筑术遗产 15

六、日记摘编

1. 办公工作日记

办公会议　　1972-12-12(二)上

(燕壮烈) 校办工厂，以小型为主结合教学.

√停办两厂：可控硅及射流厂

工厂改归院领导.

二系设切削试验厂　70多台

三系电机排调整.

√四系设无线电厂　刘工厂尚未调整.

六电子管厂　今后如何结合教学

√八系计算机厂　到无房无人　体制要院统一

《纪要》"校办工厂应把培养人放在第一位，结合教学、科研、以小型为主、既有一定批量的生产、又要搞科研试制"

领导关系：院机械工厂，单独成立党支部，直属院革委会领导. 机械、铸工、金工等教研组的教师，定期下厂劳动，参加工厂的新产品试制和技术指导、

院系工厂的供、产、销：供销组负责统一组织管理.

(医院汇报) 计划生育：林治成要.

"人类要控制自己　要作到有计划地生育. 人类在生育上完全无政府状态是不行的 要有计划生育." 男28 女24

"晚、稀、少" 好两个为宜.

不生的要给治疗、

73～75生产率7/1000　城4/1000 乡8/1000 10/1000

块条结合、条条要服从块块.

32/41

(卫生会汇报) 国.

1.洋12国 1200人 介绍前南京外国人 到建邺804

2. 污染

3. 怎么办　浮夸不行　搞好工作安全问题

01

1972-12-13(三)上

先到图书馆　由韦方　戴和林　领看楼上下及书库

- 堆书待处理的情形
- 房间为外单位借用很大面积待清理调整
- 书库漏水情形甚严重.
- 丢失书籍问题.

又到五系与金贯奎师付(省建一公司)及張寿祥

负责人还有林省三、刘军

专业：房屋建筑(刘忠德、杨为华、童启明.

建筑材料及制品(孫伟、姚琎

公路工程(庄海涛、方福森、方左英、赖国麟

结构力学(单炳梓、何达、

基礎课(王宏祖、唐念慈、

建筑设计院(史维祺、

就中以公路工程专业知明确人员团专问题最少.

但还有学员程度不齐和生活上一些困难、

房建专业、到正在开会讨论调整教学计划

建材专业尚在考虑专业方向未招生.

建筑设计院出去研究防水作法昨返校.

系里存在问题：结构人手奇缺. 中年教师无人

内部团结问题协作问题

15系问题.

设计院与一五系的关系.

对外协作工作日益繁重.

02

03

04

沿街建筑出售问题（杨德安）

设计院由高教部批的。（高教部基建处）

叠章已系院（文化大革命中由史绍铿系撤掉，

对今后设想：

①设计院分两组。1.一系 2.三系 }（齐）

②三结合管理，接任务承担工作。

③干脆散伙。（一系研究室

• 经费问题未来解决（当年批满足高校，

头一年6万分算 二年3.5万 专款剩L元。

当时标准查帐全。

• 任务：1.高校任务

2.教学实习基地

3.可适当作一些地方其它任务。

• 要编制 36人 单拨经费。

人员：建筑6人 电2人 水暖通3人

结构4人 行政2人（资料员小林

绘图员（建）1人

基建科干部：陆希仁 吴君秀 方坚华 陈钱广

（校产科） 杨小毛

★优选法：（折纸法）

1000 1618 2000

（刘平）

• 1.设计院体制问题

五系教设计院不要拆（挑选一系教拆）

或设计院分两个组，分属两系。

可先开一个座谈会研究一下。

设计院对外接受任务应有所选择

05

学生实习毕业工作可由设计院负责

系教学计划可提出要求

过去设计院没有事先好接工程

• 道路：编写教材 方法理论联系实际

• 房建：总结讨论 带问题调查

过去小分队学什么干什么

典型工程学什么时候学、过去会现场学

• 基础课：进行总结 制图、测量、地基、

结构人员

设备

房建试验室 由六系

？• 教师进修 各系去大学参观、日文学习、英文、

系 1972-12-18（一）下

齐康7/17开始负责建筑学专业的教学工作

• 华南工学院（刚改为广州工学院

教学面向全国业务注意专业技术带建筑

搞了个精美的歌剧院

建筑学 50多人

也要结合生产

广州32层公寓，参

参加好大厅改建工作

• 清华大学

今年招收35名 训练班 25人

面向全国

要讲作混合结构计算

工业会建筑计算了

建筑学 大型公共 2-3典型工程，

要求绘画基础打好。

06

对新材料要知道名字，材料特点。
重庆想搞构造实验室。
外文不学不行。
历史：八亿人口国家对自己历史不了解不行
对待学术讨论应怎么批判、例如
山东古坛也有用。
总结：不然中国人不知中国是从那
儿来的，科技是怎么回事。
建工局：八个局，构造会不一定抄，变化大
"深挖洞 广积粮 不称霸"
不侵良田（上海）准备要搞高层。

办公会议 1972-12-19（二）
① 工厂条整问题 王锡馆。
如搞院系两级
下马两厂、可控硅及射流两厂

上马两厂：四系，半厂仪表厂
七系，绘图计算机
（每年生产七台
转移：原二系机械厂 转
电机排 转与三系
二系 切削实验室
今天要分决人员设备问题。
② 军宣队工宣队 逐步调回。
③ 工厂汇报 二、四、八系人员调配。
三系人员一个也不动。
（杨德和）调整中人员以基本不动为原则
到院体制尚未定下来
房子问题这个会上不能解决
工厂明年电子管厂五千搬校西，机械工厂五千，
宿舍一万m² 以上报请两万。

07

（张宇福）1. 院系厂名义怎样分别
2. 规模问题
3. 房屋问题 文化大革命中借用的房全部让出来
应请各系提出教学科研用房面积要求交出分析。
（杨德和）目前院规模体制尚未定下来，厂规模亦尚难定
电机排三系表示可要可不要。加工任务不担任。
原则上首先分别搞一点加工任务，这是为了培养人
（二）军宣队分批撤退问题。欢送会问题。
本人不作错定
（ ）希望军宣队走之前要
1. 体制明确健全后 2. 人员责任明确。
机关三人 三系

（刘忠德）
10～11初学习演查，学阶段总结实践
摆问题 查流毒 进行学习文章 批判路线。

考虑长远设想。
集中于理论与实践。
● 现状（设计院）一定要改变 不适应现状不满意
不管从体制及现状
到与教学都无关系 有两条
现觉设计院是个包袱，工程不结合教学
• 现在还有工人来那里帮忙 上月有三人
● 首先要从体制改进 以适应当前要求
当前一五系分设。
● 主张保留设计院（不可散掉）
行政可改属于院
党尚可五系代管。
组织一个领导班子，下设办事机构，
下设2设计室 ①配合一系 ②配合五系
每室按学员人数比例 推广作战。
专业与室密切结合，教学及实习，有利

08

文化大革命中，一名干部两名技术员被审查。

办公会议　　1973-1-5（五）

(一)去农场提前于20号以前去

领导决定150人 不回的约10人 去的140人

一系（包8人　7
二〃　20　19
三〃　13人　14
四〃　18
五〃　8
六〃　15
七〃　17　13
八〃　9
机〃　11
后〃　21
142

(二)提前去 35　(一) 2
提前回　(二) 5
(三) 3
(四) 5
(五) 2
(六) 5
(七) 5
(八) 2
(机) 2　厨师
(后) 5　医生　共计36人

一系提交一次休息、不提前回、
各系13号以前统计未能去的人数、
到农场300七八十人
去150人实际种田只有100人不到、请假要严
下星期一公布名单。
[illegible]）1.思想问题乱　2.人少地多不好办　各系为

09

派有些干下去参加劳动、　3.希望及早明确
干部共同克服困难。
(二)教习坊劳动还要一个月
运输小工指挥问题、十五个人一班、排到28

各系工作碰头会
(一)以路线斗争为纲　认真读书学习　搞好四防
总结检查　结合毛选[illegible]批判　19下
(二)元旦社论的认真学习　认清大好形势　全国工农兵学员进大学就是走上了正确路线、为进一步批林整风
(三)四防工作　思想不能麻痹、火烛小心　斗争更尖锐　保卫工作要发挥作用、注意五类分子动态、四五六系、消防队、
(四)作好复习考试工作　冬季锻炼　复习考试注意
为了"复习巩固、检查总结"　避免偏废　不要人为紧张、七系向教师讲一讲、体育锻炼要能坚持。
(五)关心群众生活　搞好环境卫生、
防寒防冻　食堂保证吃热饭
春节前慰问病号、
学员家属探亲问题、1.尽量动员少来、2.来了以后要热情招待、各系也要有人处理、房子、床、
开展拥军优属工作、　慰问病号、
节育工作
欢迎五七战士回校、
[illegible]）主要抓德智体全面发展、考试目的性要明确、本身就是个路线问题、
第二就是四防工作
六系一个班七个肝炎

10

私　　1973-1-15(一)上

达县　437万元投资

铁路已通到

洲河，多种公几十分流劳

当前工作布置　　1973-1-16(二)

(一)教职党员　17下–26上

其中　17下–20上　批修

群众大会　19下～26上　结束

传达　1天，6天讨论

学生　28～30

米同志汇报：

1. 慰问军属

2. 春节活动　除夕晚会

3. 电影问题，片子选择。

(二)各负责单位20号

文娱工作：以青年为主人武、保卫。(社保组、宣传组

拥军优属：人武部为主。(组织部参加、大会及其它、

清洁卫生：以后勤为主负责

节育工作：校医院负责，开会宣传统计、领导小组

慰问病号：组织组　医院家。

四防　：水电（防冻）以保卫组为主火、盗、特务，

预防疾病。

体育锻炼：冬季锻炼

关心生活：食堂(后勤管。

国家基本建设革命委员会

(72)建革施字573号

1972-12-26

(一)批林整风："首先是批林，其次才是整风"

(二)加强设计单位领导班子的建设。

11

院办公会议　　1973-1-17(四)

原则是学校以学为主。

教师不要作为劳动力

71年做了1万多

教师1100（1140人）

教师　200　教材

张政委意见：1. 首先学习纪要

2. 考虑是否符合路线。

院办公会议　　1973-1-22(一)下

(燕壮烈)

四五规划会议（省文教局

五个内容：

(一)教学。1. 教师培养补充教材、

2. 科学研究

3. 生产

4. 试验室

五年规划

1. 师资培养

现有教师　1144人

其中能开课的　595人　不能开课的 549人

其中年老多病　79人

因政治问题　33人　不

青年未上过堂　355人

原有三个研究室　66人　搞科研的

教教师配助手者　11人

中年教师　半年参加劳动　接受再教

助教　850人三年内外语一门

〃〃　358人三年后能上课

补充　今年　11

明年　80

后年　160

75年共计　251人

12

毕业生可发展 10%。

2、教材建设。

编写教材 去年 32 门 编完

今年编完 59 〃

明〃 33 〃 } 130 门

75年〃 6 〃

尚未定下来 11 〃

拟借用别校 5 〃

共计 146 〃

上课前半年该编好 去印 上课前要到手

三年院编：制图

物理。

3、科学研究：

列比较室。 去年 13 项

今年 20 〃 已报上

尚有九项未

基础会 16 大项（六系。

自动控制机床

电子管生产自动控制线（四系

准备四个方面：争取

1. 电子器件：显示器件

固体线路

超高频器件

2. 整机：① 计算机

专用卡

② 通讯机

③ 无线电仪表。 四系

3、自动化：（国家方向、

① 机 ｜ ② 1万/台

② 线路 ｜ 下关县 10万

③ 全厂自动化（望亭 30万瓩

④ 土建类：1、历史 2、公共建筑

3、桥梁结构 4、建材

13

75年要搞出一个小厂发电、

人员的问题 比例：应 20%

（200～300人）

4、工厂：三结合基地

① 体制：二四六 院三

规模：到 300～500～550 75年2人

院厂：到 160

六系

八系 10～50

产值，160 万

460 万 75年能达到

六系厂 550 万

三 30 万

80～90 万

八系 100 万

产品：搞一点新产品，

5、实验室：三步

74年 64个实验室基本能满足要求

75年 搞 1. 建立几个标准化试验室

2、搞个计算中心

超赶

两个问题：

（1）外校或单位来培训

要组织介绍手续

1973-1-22（一）上

院办公会议：

（一）学生工作：（杜俊仪，邹季萍，赵少玲）

1. 传达省委扩大会议精神

2. 为了贯彻毛主席教育革命计划，要能高度自觉地严格执行

3. 贰月二日至六日以外不准假，要有组织有

14

纪律地过一个革命化的春节

4. 在不影响教学情况下，路途较近的，家里确有特殊情况的，可以适当请假，但必须按时返校、回家旅费自理，教职工回家要不影响2/7的教学，可提前走一两天，超过七天的要院批

5. 慰问烈军属伤病员（组织、武装）拥军优属 29下午 白毛女（杨德和 2:00

6. 打扫卫生（后勤）1号检查

7. 文娱（农场宣传队）1/27晚

8. 四防（武装部）煤气、火、电炉

9. 对学生形势报告 1/30

钱："贯彻省委扩大会议精神" 发扬革命精神，要主动地去搞工作、要认真读红旗上的文章，作任何事不可忘掉阶级斗争，一切工作要从党和人民利益出发，要从做思想工作做起，要把道理讲清楚"

（学生家属来了住七舍，那里有七间）

青年工作组传达院决定：1973-1-23（二）上

学生请假问题：省委规定，

假期是期一次放完 寒假一律不放

要求坚决执行中央省委决定及指示

对农副待候习惯 两种情况

1. 交通方便 距离较近、少数人可以回家

2. 家庭确有特殊情况.

回家旅费一律自理、

30日前：1. 考试

2. 传达文件

27下 传达省委.打予防 上午考完

27晚 农场文艺汇报演出

28+29 慰问

15

30+31 打扫卫生

31 检查

30下午 形势报告.好人好事.

（三）总结.

（四）可能下学期 减至周委.

★请假：

（一系）陈泰岩 25

1973-1-24（三）上

系（一）（五）（二）（八）（三）（六） 下午去（四）通知之事：

1. 抓紧学习

2. 学生请假 31日及1号由系决定

★请假：（三）下

（三系）王正银 江西 28

马玲（女）北京 30

解晋（女）69级学生 兰州 29

俞添安 苏北 29

刘炜（半导体）北京 30

？（唐宗祥）山东五莲县旅费无着.

1973-1-25（四

审查核发制. 齐康汇报：北京之行

建委. 建工局 市设计院 规划局

清华 建研院

—建委教育处

1. 培养目标：当时大型工程及援外、表镜身

2. 招生

3. 教材

4. 普通方针

教育部：国家规定培养目标 基本理论.

按地区而全国.（张云祥？）

16

杨廷宝全集·六 —— 六、日记摘编

文件已发出
专业年限 清华五年，我3年。建筑杂志
美术方面要好，备注可写上。
可多加工名学院留作教师。
招生：73 40名 汇报 10 建筑 10 中级 20
房 30 其他中 2,3,5,6,7
今年工民建教学计划
全国八个新设恢复建筑学。
(二)建筑学科学研究、 杨（林志群？）
1. 项目太杂，不多。
2. 要搞高层 节约用地 16亿农 1亿城用
北京 6层以下不用电梯 供水 供暖
新问题
3. 沿海建一批石油化工企业
三废 污染 多层构筑 高层
72—80 规划 三实现 三化 三废。

三新 墙体 板材 砌块
三化 装（提过两次
三废 废渣 废水。
以建筑技术改造为主。
模 型多少 劳动力 成本低。
装配化 高层 利用工业废料。
高层方案研究 经济技术分析
建筑史 及 技术发展史 高层（朝鲜
考查团
历史研究不要断气。
建研院先设 设计所 戴、陈
一季度开全国会议。
工业：灵活车间 大跨度厂房
物理：技术为主。
设计 及 理论 加强经济分析。
高层全世界都是这条路 建筑实例

17

学术：外文 数学 制图
艺术：适可而止。
结构：R.C. 予应力 高层框架
住宅：今明年 大량兴建住宅。
建研院科研项目：38 项
核电站 屋面防水 地震 隔声
空调 热工
北京饭店 打造 大型壁板
声响问题
照明 新中国建筑画册
建设设计局（汪子瑜）
1. 苏州园林（出版）方送审 联系
2. 规划：西大学专业工、去杭州 城市规划
3. 设计方针：住宅标准 秋季开座谈会
大型则开展览会 适用 经济 材美 明朗
技术先进

香港建筑考查团 传达 陈登鳌
小五金把锁、两洞
设计院编机厂
住宅面积标准方面提高 21—34—36
搞楼房 十层朝鲜留电梯
北京五层以下不准建
建材 设备 小五金
空调 10万～15万（国外）
对外
对内 開放
4. 城市规划局 纳入规划 大中等城市建要批
城市一般不建平房 北京五层
规划 法律无人
桂林 杭州 规划 上下水无人
三废 住宅 100元 80—90 70—80
园林 绿化 建设 环境保护等。

18

北京规划　　人口410
"靠山 近水 扎大营"　130万自行车
燃料 10000吨 简 1/3运输量.
出版社：
社长：杨俊？ 对苏州园林要出.
印刷厂要选择.
✓ 审稿，苏州市人何秀水、写前言
设计资料第三集，要编辑.
色标科普小册子，有需要.
情报局：
展览馆要盖.
毕业分学座谈会：
彭铁梅：路线标准.
清华：能分析小结 参加九层记篇.
李启元：作题要作完 保养施工、工人教师.
先进技术 木门窗，钢门窗.

（　）善于工作 善于学习 清华善于学习.
基础重要，与设计院工作有批评
构造要加强
①方针政策 ②专业知识
西方出查稍了.
素描，重点工程.
头像 有条件画个画
民用开始，罗马广 比较法.
知识面要广，市政知识
罗马广，法，表达能力.
设计 规划 可以开
万里：不要追求人家屋顶的东西.
清华建筑系：
刘小石：朱畅宣.
抓基础课 建筑画公共教研组.
设计初步去掉了 补比例尺

19

坛碳水墨训练方用.
水彩渲染交替，黑墨练习一两张.
设计九民用 二工业
题目：实际题目 空表 便于交流经验
多作调查研究.
问题：
二气
数学复查
大型民用建筑 历史与理论. 工业厂房的技术
与韩、剧院
江苏省 体育馆
① 苏州园林 编写小组.
② 师资进修 抽派两位
③ 去杭州参加 相互进修 有来有往_交流
④ 教学计划
⑤ 工业 要抓新技术

⑥ 城市规划
1973-1-25（四）下
候机楼工程会议
部局长主持.
要求能不能保证质量下争取五一用房
材料问题.
（　）三公司 8/9开工 10/ 外形告一段落
大厅顶加天窗.
左门窗内部装修不能进行
锅炉房已完 其它能作的尽量作
大雨篷R.C.已浇完
问题：① 钢窗 剥控到2/10交货.
② 大檐铝包门（500m² 20工人
③ 水曲柳 木材60m³加工 三季度
④ 硬质纤维板 鼓的问题
[illegible]）钢窗 屋面牛毛毡等 铝门 硬木

20

2. 工程讨论日记

1972-6-17（六）上建委

介绍广州交易会方案：

60年开始造 头层61年打完基础

64年提出要求 31000 m² 现在要五万多 m²

71-4 搞1时期方案 另一个时期方案。

72-4 来北京审查 5月作出方案。

1.

2. 面积要综合

3. 平面布置收紧调整

4. 适当注意美观。

72-4/5 组织北京专家提出修改意见。

意见：立体不突出 表现出体形之大

市场要过来侧面薄。

大厅3000/层 通风采光如何

上下交叉 通过反复。

中间50m 两边各50m. 到中间加到60m

面宽长182m 高度不能超过30m

01

三楼四楼 三个楼共四千多.

客 264500

贵宾室

大厅@3000m²/层 折叠 光线与通风问题

立面方案已定

造 @土建120元/m² 水暖50%

土建造价@120元/m² 安全至大不

钢窗外墙水刷石 地面

刷柱子铺加固面

• 头层之高 6m

自动电梯@125,000 m²

要设计 31,000 m²

讨论

（陈登鳌）1. 还是打桩柱。

2. 面积指标 3.3 m²/人 北京3.36

一般 2.5～3.0 m²/人

到候车 8千m²/人 平均1.1 m²/人

3. 体型：流线上下

4. 立面问题：110m×20m

北京站造价 1.4万～1.6"

广州局代表：

1. 打与不打桩柱问题.

广州地方无定见

2. 人流问题

3. 立面已作过三十几个方案 22提高到28m

4. 自动扶梯. 为好事4m宽.

1. 提的意见省委致意决定 意见比较统一

二层为主所以不打 但是首先印象是一层 打走时

一层改善不提二层使用 设计院内部意见亦不一致

同意打掉较好.

2. 立面高度降低不合适 要考虑空中看下来的印象

02

3. 打楼板 梯自动较好，大家倾向于搞自动楼梯
4. 外宾休息室 要争求外事方面意见。
5. 质量"精心设计"精心施工，一定要保证质量

李云洁局长
展馆发展为三个方案：
① 原第一方案
② 第二方案基础上
③ 第三方案大门改向西。
旅馆：
要研究标准间的尺度
大体上面积要进一步压缩。
原展馆造价 @160元/m²
原旅馆造价 @1,000元/床 嫌多了。

汇报第二方案 (1) 重点面积向北移，以新搞来
(余总工程师) 改造旧馆 尽求不大改原建筑
原距路边60公尺不够突出。
但对将来发展考虑不多
精神馆的地位及表达方式各異
从长方形进入六角形为圆形探
索好 小吃放在中部 改建18,000
增建8,000 m²
② 精神馆方形 布置比较方便
③ 集中建四层（电影馆在四层）
以上三方案均把前面统一，遮盖原来立面
② 精神馆下六角上圆要层 主像及大庭大宴
向西三面多米加一层及遮阳板，总高21米
北面有九大字，形成一个新的立体外观
精神馆面积约3,000 M²

03

汇报第三方案：
在原第一方案的基础上的发展。
七大公司说一般国家都有30~50千m²的展馆
离老羊城 190m 人大会堂距红楼 180 m
根据发展的可能 搞一个运动场会新老结合
西门距路边30m 再退20m
从规划看，道路比较可能发展成干道。
原一方案就有两个门 西门可继续发展。
主体90m 两端外为 向南3大厅 向北3大餐
北院设伞形结构展览大型机械。
大厅上来半层 先上个2.70m 下部三米作仓库
及办公，门内三部楼梯。
使用单位
目前西门都没有 向南开门 街道可以封闭
原方案向南，中国人喜欢面向南。

广州带队：林
介绍了冷冷清清与热热闹闹。移一部分面积
西个门 这个好。向西门将来可进一步装潢
当前不退 广州不作户外商品陈列。
每天早有两三百人在那里等。
多派几个看门的。
对六角有意见 圆形看不见 怎样分隔安排陈列
陈部长：
东西最好也搞个小边门

余畯南介绍 东方添建旅舍：（新羊城）
造形与老羊城呼应，分南北两大排 中间向后退
广州最热西晒 但服务员建议西北欧人喜太阳设想
但向西房间不宜太多。
通风问题 若8层@3.2=28m±
西门 8单位搞二十多个方案。

04

餐厅 增加后基本上合并酒会用，
南楼搞一些小餐厅。
净高 3.00m 层高 3.2m
新爱群 20 m²/间
大房间 17.1 m² 小房间 开间 7.5m {4.00 3.50
共计 950 1425 床
单间 475 间 双间
东方 新爱群 43210 m² 总面积 45.4 m²/间 30 m²/床
300 元/m² 包括傢俱
13630 元/间 结构用框架。
9200 元/床

吴威亮介绍黄花岗旅馆：
长板荷重不作柱，原 8 米开间分两间
划段为 4.0m 及 3.5m = 7.5m 开间，
下部 42～45 公分 顶层 15 公分

• 浴缸 1.68
单间 13.9～14.5 m² 双间 16～16.6～17 m²
• 层高 3.2m 净高 3.00
房门 900
1350 人床位 单双一半
高度 33 层
总面积 48,000 m²
东方 300 黄花 280 元/m² 1300 万
餐厅地位：前面、后部、及屋顶
(法锋)
和平宾馆 11.52 6.6 ÷ 2 = 3.3
都认为可压缩到 12 m²
新侨房间双床 16 m² 可加床。
东广管道面积太直接碳法 无吊顶，
• 浴缸 1.37m = 4'-6"

05

陈登鳌
按京苏刻东方及 32 层黄花构已够床数
新侨 270 元/m² 根据 53 年决算
可以按 7000 元/床，人防及市政分摊拆迁
座谈馆 @ 160 元/m² 作为下束
两处共 3100 床 500 床另算
(　　)广州
挂圆蚊帐免得开裤，外商带许多东西，打
字机录音机，皮箱几件，
新侨 双 16
和平 双 15.39 单 11.52
民族 〃 18.86 〃
前门 〃 18.86 〃

旅馆参考资料：

	建筑面积	房间	床	层高	造价	间	床
北京	28097	249	446		291.7 元/m²	3.3 万/间	1.84 万/床
民族	34049	597	1200	3.6	347.73 元/m²	2.01	1.00 万/床
前门	23800	444	808	3.6	137.20	.73 万	.40 万
新侨	21760	395	718	3.4	227.20	1.25 万	.685 万
和平	10642	169	308	3.2			
27 层	31316	400	800	3.1	270	1.64 万	.886 万
羊城	41560		800		259.86		1.500 万/床
人民	12200	210	420	3.3	258.64	1.64 万	
东方	43210	950	1425	3.2	300	1.36 万	.900 万/床
高层	48000	900	1350	3.2	270	1.44 万	.960 万/床

座谈馆再次集中 谐长补短
"经济、适用、大方、美观"
长江大桥，民用例子。
两个门总要分主次 对客房子尽量用 新的要协调
造价可稍增加一些

06

张永安"经济适用"适合外商，
造价可比新侨少高些，@8,000/床总投资，
广州宾馆造价@9,000元/床。
3,000床×8,000元=24,000,000元
建筑材料相应提起来。
西方面都注意：
① 楼堂馆所的批评要考虑
② 太低标准也不行
"经济适用"的原则必须注意。
③ 时间

清华：
进修班教学计划（短训班）
建筑画 340
1. 专业认识课 42 参观、专业劳、讲座
2. 数学 196 中学数学
3. 物理 140 〃物理
4. 力学与结构 192 力学基础及结构计算
5. 制图 108 投影几何阴影透视
施工图画法
6. 建筑画 464 素描、水彩（全普通班
7. 房屋与构造 186 房屋施工及材料
8. 建筑物理 136 声光热（吸音
9. 建筑设备 56 （普通班有，这里只讲座
10. 测量 50 （水平仪、经纬仪使用 抄平放线
11. 建筑设计 1394
12. 学工 282. （专业劳动
总计 3116

07

两年中 106 周：
其中 劳动、拉练、国庆活动 7 周
节假日 8 〃
总结、放假、入学教育 3 〃
学文、学工、排课（真正上课 82 〃
机动（集中 6 〃

1972-6-19（一）上

李局长
（一）展馆进一步综合
（二）旅馆
讨论展馆综合：
（梁 ）大厅大赛除剧场高不超过9.00
分为三厅共计 28,000 m²
精神馆不一定要太高 可作6.00
不穿走剧馆。

（任国允）问题：精神馆究竟如何处理要明确。
分场馆作恐怕面积不够多。
（张镈）可作南门
几个方案都有两个门

1972-6-19（一）下

综合旅馆：
车站华侨饭店500床要算在3,000床之内。
防空设备储秋绿化路面庭园500万米等
（张镈）
总面积 43,0000 m² 其中
13,0000 m² 为增建展馆8万m²
30,0000 m² 造东方及黄花两旅馆
造价按@290元/m² 7.2×16.=115.2 27m²
7.5×16=120 28m²

08

华侨 500床 13,000 m^2 厨房餐厅太小
可增加每床到 28 m^2 = 14,000 m^2
黄华可作到 34层
7.5 开间
两头电梯服务，可改作套间。
75 m 宽 每
每边十米
单间 18 双间 12间 套间 4套（1套2间
每层 50 床 × 30层 1500 床
共34层 下一二三及屋顶另用。
每床按 30 m^2 = 7500 m^2.
共计有 1080 房间
东方按 1,005 床 约 650 间
总共仍按 3,000 床。
建设东方作九层

(吴国亮)
30 标准层 分为 40床位。每层 29 房间
26房号 合 35 m^2/床 共计。
1200 床 开间 7.50 分为 4.0 m + 3.5 m
(任) 杭州 净面积 16.40 华侨饭店
杭州华侨饭店皆淋浴 无澡盆。

外事服务局
浴盆使用率不高 一般使用淋浴。
外宾喜欢淋浴。

任同志介绍杭州候机大楼：
规模和北京机场一样大
11/12 进场 两三千人 要求一月十号完成
上海锦江 50天完成
周总理直接抓

09

11/14 高同志 18号方案作好。
1. 杭州无浴室
2. 安全第一经济、朴素大方。
批评杭州饭店。
上海 3
杭州 400
北京 400 } 造价
共 6000 m^2 —
28 m × 84 m —@4 m 开间
候机 机务 宾馆
招待所 3层 4.5 板～板。
大厅 8.5 3.5 板～板。
共58天完成包括综合楼
设计人员熬夜
下面有流沙 11,000 + m^3
基础从 11/25 挖土 先挖掉三土堤

第二基础 第三上面框架
到结顶一个月 装修一个月。
砖基础 2700方 共 4321 m^3
砼 2265 m^3 钢筋 209 吨
有冷热汽
主体框架结构，预制吊装
28 m 钢屋架
共 21 × 4 m 6间
贵宾 10 × 16 m = 160 m^2
走道 4 m
小会 12 × 8 m 后面有备餐。
大厨房中西餐。
头层地面 ±0 取平 二层标高要比大
二层大厅 +3.60 夹层 +7.0
28 m 钢屋架，屋面挑出 3.50
720 m^2 二层平面、全部白水泥

10

白石子白墙 屋顶灰色
贵宾用杭州 残雪
上海50×50 稻草吸音板、上白无光漆
挂西湖风景，下部用漆胶漆.
十天锅炉把房子烘干
平台上有栏杆.
地面水磨石. 大厅（史层温州马赛克
窗台大理石.
门全部腊克
贵宾宴会厅 墙面贴丝锦缎、浅艳
砖墙下木砖，油毡 钉企口板，外作胶合板
钉把锦缎钉上 下面腊克
席纹地板. 用胶粘
大部用吸顶灯（园日光灯，彩色灯.
铝隔、一条一条联起来
平顶放大样

全部窗.
空气奶油白 铝空腹门 宏光机械厂
八号灯
全部粉刷，胶漆
会厅小

1972-6-20（二）上
单双床房间应有差别 3
东方与黄花床应有差别
东方单14 双床17 m^2
黄花 " 13 " " 16 "
13 m^2 必要时可加一床 4.1 m 两床 空
2小沙发、茶几、小办公桌、2把椅.
床头柜 13.6
开间可作 7.5～7.4.
（…）建议单房不超过15 m^2 双房间不超过18 m^2

11

浴缸 132 = 4'-6"
北京设备厂（北京市红星）
2些设
目前生产5'-0" 1.52
异型能生产
.60 1.00 1.75 .60
广州宾馆 27层
原预算1000万元 后砍掉100万元
4.10 + 3.20 + 2×.10 = 7.50 中～中 东方
4.00 + 3.3 + .20 = 7.50
27层 4.30 北面
（余）东方 单间14～15 m^2 双间17～18 m^2
小房 4.7 m × 3 m = 14.1 m^2
（张开济）进深 7 1
单间 14～15 m^2 双间 17～18 （东方）
" " 13～14 " " 16～17 （黄花）
尽可能增加进深 不超上限 力争下限

（李云洁）民族标准高于和平
•矿泉 200 床位 •车站 500
•东方 1,200床
高层（33层 1200床） 31层 1,100 28层标准层
8.50 + 8.00 + 28 × 3.20 = 89
•110 m 32层 床位 1,140 （黄花）
•东方 " " 1,200
总计 3,040 床
28 / 320 / 560 / 84 / 896.5 / 16.5 / 8976.5 @3.20
200元/m^2 车站 14,000
200床 5,200
300元/m^2 东方 36,000 36,000
200元/m^2 高层 43,000
1764万 99,200
建工椅 54年建.
广州宾馆27层 167元/m^2 华侨 155元/m^2
新爱群 162/m^2 北京东郊 220元/m^2

12

.77 1.5

5部电梯 900美万

爱群侨供对策.

黄花需要拆迁费.

广州宾馆造价 282元/m² 包括设备及开办费

5部电梯 95.9万 19.2万/一部电梯.

汇报

东方 14～15 双 17～18

黄花 13～14 16-17 42,000

车 14,000

矿 5,200

100,200

高层加40间 40

居住面积

东方 80.5% 公用 19.5%（非居住面积）

黄花 82.2% " " 17.8% 管理.

燕门 71 % 三百床以下不合理.

新侨 57 "

64 "

和平 45 "

造价 开办+21元/m²

新东方 300元/m²（包括土建水电设备.

黄花 280元/m²

车站 200 "

矿泉 200 "

2764万元/总投资

展览馆 160元/m² 可能不够一些.

13

(张镈)

开间 7.00m 进深 7.20m

净4.35 每+.10m 添加.20m

• 小间 3.3m 深4.6 13.7m² 14.02m² 14.34m²

• 大间 3.9 " 4.6 16.3m² 16.69m² 17.06m²

房宽 7+2+7＝16m

9层 27,900m² 大楼 2,100 公共 ＝30,000

每床位 28m² 可以作下来.

每层之会议室@4.8 服务间 52.4m²

(佘)

十层 38,000m² 标准层 3,200m²

十层标准层＋天台 1000m² 餐厅 1,500m²

服务员宿舍等

谢杜一付主任 指示要结

① 4,300万元 全包在内 加强基本建设控制

分块 8万m² 展馆在内 3000床位在内

② 同意大家方案. 以南门为主 西门留

为参展者进出方便. 把原有建筑

适当组织在内. 至于具体门面再

作几个模型.

③ 旅馆

一、华侨 可赶上秋季应用. 按设计

二、矿泉

三、东方及黄花

单间减到 40%

标准按民族及华侨.

东方 双 17-18 单 14-15

黄花 双 单 13-14

每层标准每间有电视机.

四、今年先投资 2,000万元保证工作

华侨急需的建筑材料.

"经济,适用,在可能条件下注意美观".

14

经济、适用、注意安全、保证质量。
87m无问题 而110m行不行。
商量好的写个报告批一下子。
陈部长：
4300万元投资都有了。今年先付2000万
李局长：
结构问题 还未谈

请贤参观介绍，
去年开始兴建的
学生刚来 建筑学的需要。
要能设计一般的建筑物
结构较一般
一般建筑也需要建筑 否则是为不适用，
建筑特色要保持。
一度曾与工民建合 实际困难

70年毕业生（建筑）辅导能力差
教学计划定为三年 去年底加半年预科 补上物理
微积分学不了。通不通不了。（200学时增为三百）
这样就成为3年半
今春上报 改为3年半加半年预科＝4年制。
招生条件：要有一定绘画的爱好。
过去招生已提到
制备课本编写专不是原教课本
制备课8～9人 制备投影物理测量
公共课教研组 时间集中
另半年搞构造。
历史教师到参加建筑工程
（米

专业3½年＋半年补习＝4年。
学员15门：初60 高80
物理151 大70 化学98

15

（庄则栋） 1972-6-21（三）晚
我们招待好但旅馆差一点。
在Toronto一个八角旅馆 房间明朗 全屋子铺
满 地毯是毛的 全套的 浴厕全套有
有冷气也有暖气 全是电的。冷暖由自己操纵
窗户比较大
隔音比较好，也有的是双层的
电门有夜光亮 每间均有收音机 电视 遥控
被子垫是用电控制
洗澡间折叠化装镜
电扭烧开水 自动化
喷头粗细可以调节
刮胡子电插头 110、220V 洗衣机 电炉
桌子上信纸信封地图介绍都有
墙上有精细壁灯 上面无灯光
冷热只一个水龙头

马桶直接冲。
（ ）斜旁 Inn on the Park
古款旅 $30/天
motel 十几层 下层停车
咖啡馆
无人管理自动电梯
墙壁用塑料板。
玻璃比较好。楼的玻璃多大
手巾自动消毒烘乾
走廊灯自动开关。
窗玻璃有色 从外往里看不见。
旅馆停车场大 便于调度。
楼上有空中花园 室内游泳池、健身房。
人造地毯纤维 减少静电。
机场通道直接通飞机
每天500起降

16

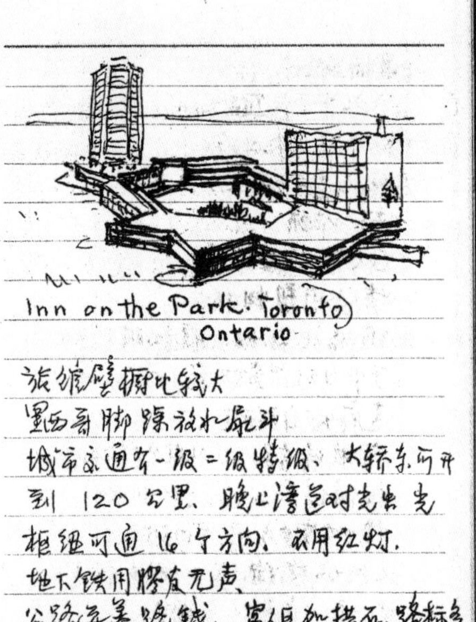

Inn on the Park. Toronto
Ontario

旅馆餐厨比较大
墨西哥脚踩放水龙头
城市交通分一级二级特级、大轿车可开
到 120 公里、晚上清道时光出光
枢纽可通 16 个方向，不用红灯。
地下铁用橡皮无声、
公路每美路钱，富人自加措石，路标多。
混凝土在路上搅拌

色彩大玻璃，
钢梁代替混凝土
塑料作的窗，百叶窗。
房子大来不到许多工人 一天一层。
最小 20 多 m² 双人间比新侨的大。
我们床铺，床两头无挡板，厚海棉垫，
灯分几处开关。
剧场都高级，我们剧场差，
体育馆场用塑料板，休息室适用，
墨西哥体育馆装索
照明不注意。
楼梯往往是一块钢梁上面有几块板。
充气体育馆，冬天能保暖 夏天去掉
瑞典许多充气仓库
展览馆利用地形 减少土方
1~60 层用 45 秒

17

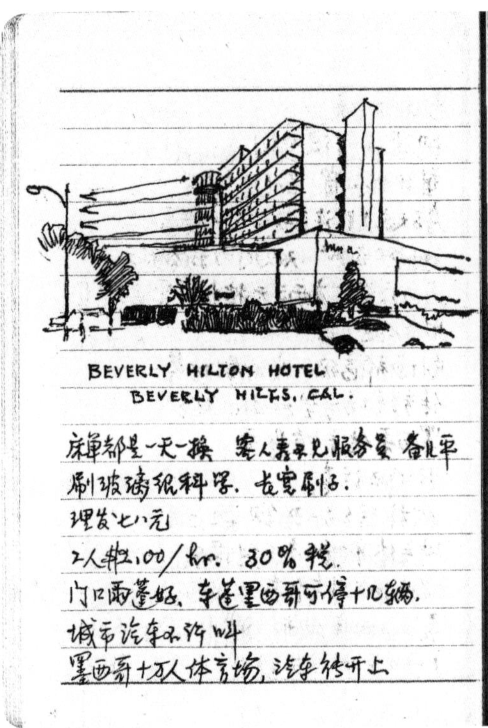

BEVERLY HILTON HOTEL
BEVERLY HILLS, CAL.

床单都是一天一换 客人看不见服务员 备几本
刷玻璃很科学，长窗刷子。
理发七八元
2人$2.00/hr. 30%税。
门口雨篷好，车道墨西哥可停十几辆。
城市汽车不许叫
墨西哥十万人体育场，汽车能开上

1. 冷热风：
原来水汀片拆除，
客房室等处改为 散热片不要，用冷热风
大厅用热风不用散热片
墙上另加水箱，中L型冷热风机
2. 机房现地位层高
净空 4.20
小卖部移，
3. 茶水服务，
向外移
厨房酒吧移，
4. 两个小天井加屋顶及气窗。

18

油 4160 m²
玻璃 186 "
塑料 284 "
硫酸 468 "
外墙粉刷 5356 " 白水泥
特点：
层高 3.50 m
踏步高 4.00

水部墙 高2.40 宽1.50 ……
建筑图 要 1:100 平面剖面。

吴政治 姚华璞 浙江工业设计院

1972-5-5（三）上
早7:30 搭设计院车赴新站
8:27 搭福州列车赴杭州

1972-5-6（四）上
介绍杭州候机室情况
七个月到今
跑道 45 天
材料工人到处支援。
工人最高峰 3000 多人 全杭州三个处王个连
大楼分包干
搭装也分工。
白铁屋面，全省白铁
玻璃卅吨九时又到。
石子（一年的产量。
民工 6个团。（三工区搭大楼）
除设（土建、安装、油漆、轻工共。

19

家具，（大部分上海。）
设计，浙江设计院（省）现场设计。
先参观，边设计边施工。
组织健全，政工、后勤，
问题：每一分为二
钢筋用的多，
春天是梅雨季
大理石（沪）
照明：
墙面用"水粉漆"(紫) 2.90元/公斤

厕所：塑料隔板 1.40×1.05
蹲坑 及 马桶
立式面盆 立式小便池
马赛克地面
塑料

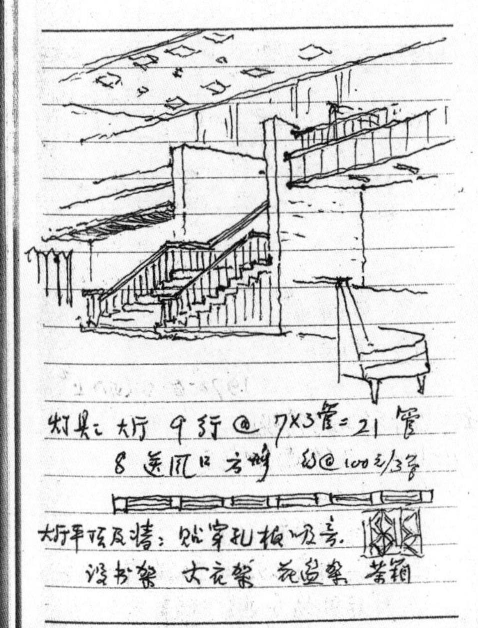
灯具：大厅 9行@7×3管=21管
8 送风口 方形 约@100元/3管
大厅平顶及墙：贴穿孔板吸音。
设书架 大衣架 花盆架 茶箱

20

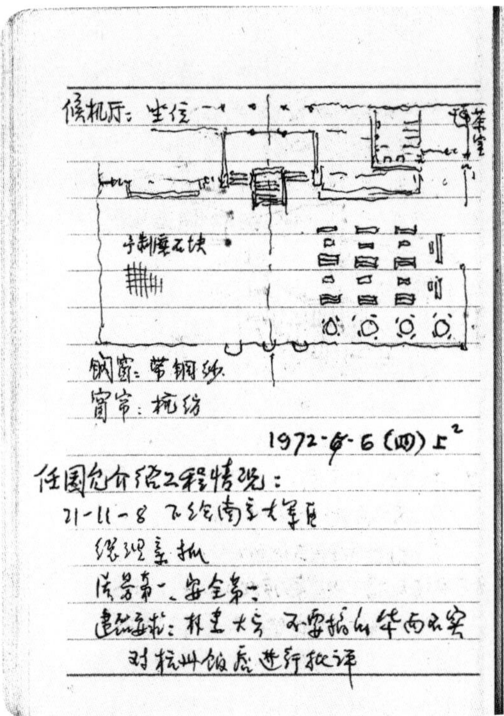

候机厅：坐位

茶室

钢窗：带钢纱

窗帘：梳纺

1972-6-6（四）上²

任国允介绍工程情况：

71-11-8 下达南宁大厦

总理亲抓

质量第一、安全第二

建筑要求：朴素大方 不要搞成华而不实

对杭州饭店进行批评

安去工程，共化2月

设计人员进行参观

14 号拉方案　18 到北京总理审阅

北京机场二号楼 贵宾厅过去的

公安 外交 邮电。

总理说：5～6千 m²

造价先控制

118 ①场道 ②跑道、③公路 ④大楼 电讯

三大区：候机大楼

1/10 全国支援，各省开绿灯

场地分散军支援。

2/9 全部离开

12/ 先清理机场

总理派汪付司来验收 1/27 号验收。

表快好省。

21

候机楼：6000（5800 ± m²）

大厅，南：贵宾　北：招待厅

最少要 30 席（为机组用

（北京候机厅=720 m²　15m×9间。

不作为国际机场，无签证

北部三层　南三层　中

贵宾室地面 ±0

大厅　3.60　一般外宾候机

平台　7.00

下去　1.20

候机厅　跨度 28m（4×7）空间净高 8.50m

夹层挑出 4.00m　16

各种工作在大厅解决

到内外宾合用。

贵宾（在南端）上 +.36 两层 7.00 + 7.00

大贵宾室 9×16m = 160m² 4m 开间

一层有小宴会厅　8×12 = 96 m²

有一套房 首长休息　单间机组人员

附厨房和厕

机组休息。

电话间　服务间

大厅开辟餐招待

二楼：（南）

2 小贵宾室：@ 64 m² + 专用厕所

内西小　64 m²（十间接待+专用厕

东西头各一套房

三个单间。

二楼服务间。

（北）

一层西北厨房　厨房 4 房间

二层：7 单间，走廊南边 8×12 活动室（吃饭）

西头有个套房 及服务台

22

三层：驻式层用，两头第十一顺序层.
一共地位的五十九
3.60以下机房（空调房，出一室合出去.
材料：
当时结合到铝都合到了.C
大理石（宜兴 上海加工）
磨石：上海
墙壁：半穿孔.
夹层：纤维板.（浸
塑料板（仿作厂加工.
栏杆：chrome.
屋面：水粉漆.
大梯：现场磨的.
木料：浅色油漆.
外门：铝包门
马赛克：温州加工

厕所隔板：塑料
卫生洁具：唐山
五金：全部铜
灯具：除小会议厅及套间 全部吸顶
铝格栅 铝制品
全部日光灯
全部暗线

乌鲁木齐全套 安装公司试验室. 儿娘
（四队）
王师傅（水、冷冻）
下午参观机器房 冷冻房 配电间
223寝室
2.30 净 5.10
下部铜纱
门净高2.25
宽.89
4.00
3.75
厕门宽.78
平顶高1.30
2.25
3.55
吸顶灯20×50
4.00
瓷砖 4¼×4¼
护墙高 1.45

23

1972-8-7（五）上
电扭 .075×.075 [IV] 白色
压把碰撞锁，镀铬罗米，门有小宝贴脸
设计院同志介绍设计情况：
去年参观一两天即回 接待所要扩建.
时间紧要求高. 楼盘也大肉超出来的. 大部分格栅
上海虹桥 另作过一个大方块玻璃内天井
中间四米高 14.50 厅内净高 8.50.
感到接待所应多开窗透
• 林业、大宁、要有浙江特点的表现.
墙面挂丝锦缎.
平板柏材.
• 外面通风间是后来特别加的. 钢不锈吸水.
服务房间紧缺. 一间作多用.
冬季施工潮气出不去
两层三层夜晚动类不够好.

介绍结构：
地下水位高，下去20+即出水.
R.C.片伐基础 地下层作箱式层 后来渗漏
框架结构 楼层28 地梁28
35 层架. 3.50
混合框架结构.
进门处出现裂缝
• 前后均为作整体式片伐基础
全楼沉降.01公分
现浇与预制相结合.
地下层地面低于自然地面 2.40
作防水混凝土. 柱子部
白铁皮 30年无问题
风雨隔音
白水泥打底子补
.05
250灯泡@60公分
（杭州西宾）
24号白铁皮
两油一毡
.02木板（1/4）
预应力R.C.桁条
钢屋架.

24

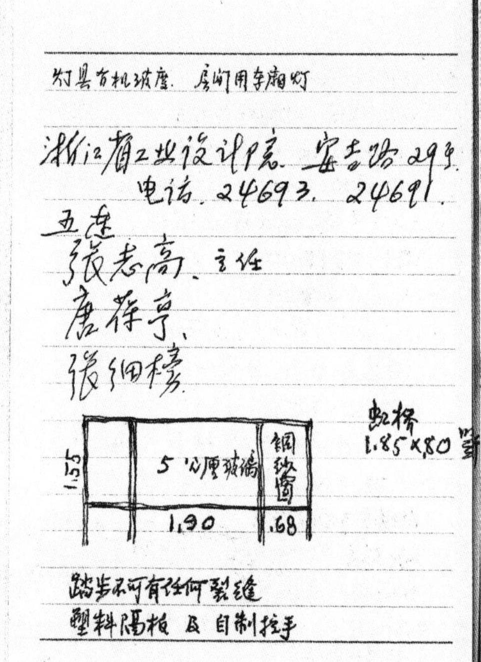

灯具有机玻璃座. 房间用条扇灯

浙江省工业设计院. 安吉路29号.
电话. 24693. 24691.

五座
張志高、主任
唐荐亭、
張细楼.

踏步不可有任何裂缝
塑料隔板 及 自制拉手

1972-7-8（六）上
由莫干山赴杭州准备搭火车. 灵隐. 岳庙.

1972-7-9（日）
上海观光.

参观上海虹桥机场候机楼 7/10（一）上
大厅窗 1.85×80 ——(×)——
大理石窗台 宽.50
Boeing 148座

虹桥机场服务员介绍使用情况：
楼层玻璃
厨房楼上
厕所 16个 不通风.
地漏不下水.
共 8,000 m² 杭州 5,800
电话 1.02×1.20×2.30 隔音
行李台 .70×.68

25

3:00 回到省设计院 1972-7-10（一）下
列表定货：
1. 钢窗.
2. 马赛克
3. 瓷砖
4. 铝大门
5. 内部装修饰面材料
6. 吸音板.
7.

1972-7-

结构：14张（基础、打桩、预制构件
建筑：7″（1/200 平立剖

主要材料（概算）申请表 大楼 土建部份
钢材（另附规格）259吨（大楼）222 地下12 附属25 广场
镀锌板 2.5″ 2.5
电介铜 3″ 3
木材（原木 550.5 m³ 410 25 82.5 33
其中（杉元木 200 m³ 200
毛竹（支 3200 3200
硬木（水曲柳 120 120
普通水泥#500 1624吨 1204 40 160 220
白水泥 50吨 50
电焊条φ4 m/m 2.5″ 2.5
元钉 3.5吨 2.5 0.5 0.5
铅丝 3″ 2.5 0.5
注：电解铜用于磨石子地坪：铜条1吨，铜门窗另件2吨

26

1972-7-13（四）上

请外面协作：

通讯　广播局事业局。

霓虹灯　美术公司。

（mm）　（英制吋）

软质纤维板 1220×2440×13　4′×8′×½″

〃　〃　×16　〃〃×5/8

〃　〃　×20　〃〃×3/4

〃　〃　×25　〃〃×1″

—（上海市杨树浦路1471号。

#201　500×500×13

#301　305×305×13

向徐部长汇报。　1972-7-14（五）下

（徐怀藻）抓设计。定方案。

定案后设计跟不上。

不超过4,000 m²　200万投资。

道路走向。

现场　要求要备用电源。

（自来水）水要一百多万（中华、光华，无热供水）

要有小厂水源污染，天旱不能开　170万投资

电负荷　光华内500管径。

（张部长）电、水、路都网在200万之内

道路再由省领导

总领导由空军负责

200万元批准。不用硬木及大理石。

钢窗可用

自来水

（江　）建筑6人　结构4。

27

1972-7-16（一）上

原预算：

建筑面积　3800 m²

土建　165元/m²　627,000

暖气　14元/〃　53,200

水卫　7元/〃　26,600

电照　10元/〃　38,000

冷气　70,000

总计　814,800

1.再次预算

2.明确工程范围 及标准 用料

3.说明面积增加原委。机器间　塔台打[illegible]

01.　5500 m²　土建　2,400,000

1972-7-16（一）下

设计：给院通知

领导：以空军为主

施工：条件要由公司自己想办法

材料：探求 向省委汇报

（施工）领导负责人要明确

管材料要有专人

施工力量还是基建局保证。

临时设施正在搭。

安装水电只有八九十个人　拟请四公司担任

辅助工　扬州50人　南京协未落实　江浦100人

要有一个办事机构。指挥部

地方材料省负责

特种材料　钢窗。

工款要通过甲方

运输：部队无装卸工　4000吨

28

(　　)

1. 统一领导问题
现场也要有个统一领导
设计哪个审查

2. 分工问题：有些材料要空货

3. 作好一切施工准备，要有预算，吊装五公司

4. 包耗用空额 材料及人力

5. 搞好组织施工设计
$600+人/m^2$

6. 概算要留有余地（设计）

(省设计院)
南工核心小组.
总面积
道路

(安装.)
1. 施工局子负责 四方局三公司

2. 物资渠道

3. 探矿空货 冷气对缓 管道安装上去

4. 空货时间.

5. 时间紧 什么时间出图 设备资料

(徐承蔭)
1. 候机楼批准（国家计委批准）
这个会稍晚一点.

2. 面积要写个东西，纪要

3. 具体问题：

(一) 现场统一指挥，施工由局负责.

(二) 地方材料

(三) 特种材料 大理石 硬木(空军) 安徽

(四) 粉刷赶在冬季前

(五) 卡接头再改意.

(六) 主要手法是否出大来

29

1972-7-29(六)上

间建设单位：

1. 塔台楼梯通至地层

2. 塔台三层各空其西都要腰台片

3. 头层男女厕所窗台提高作磨砂玻璃

4. 候机厅离开机坪5公尺

1972·7·30(日)-31(一)

修改布样：

省设计院 黄慕贞(结構)

候机大楼概算(72-7-29)

基础部分	147554
上层 〃	474901
总计	622455

@M^2 39.26+126.37=165.83元
(基础)(上层)

主材及特种建材：

钢材	170-吨
其中：钢筋及型钢	132-吨
钢窗	38- 〃
水泥	810.-吨
其中：普通水泥	770.- 〃
白水泥	40.- 〃
木材(成材)	253.-米^3
其中：模板(成材)	143.- 〃

30

装修（钢材）模板 143.—米^3
硬木 〃 〃 76.— 〃
34.— 〃
白磁砖 306.— M^2
马赛克 120.— 〃
大理石 84.— 〃
装饰吸音板 1643.— 〃
彩磨地铜条 0.30 吨

大楼建筑面积 3758 M^2
技术经济指标 126.37 元/M^2

三公司等代表：开工 1972-8-1（二）上
1. 劳动力（木工合油，
2. 电
3. 水泥库.
4. 宿舍上星期开工.

31

讨论体育馆地址问题（一系） 1972-11-11（六）上

（江 ）1. 外环龙桥南向西通路修缮.
✓2. 人防设内外
3. 卫生
4. 焊接原另先问题.
5. 打桩可以考虑.
6. 填土及排水管.
✓7. 菜园地约 2 公顷 75m×250m 停车场
8. 120×(50)×230
9. 场地面积 42m×23m
10. 杭州 6,000人 造价285万元

（徐伯川）两种结构：悬索 钢架 钢屋顶，干体6m 45公斤/m^2
地脚必要时打桩.

讨论体育馆地址问题（一系） 1972-11-21（二）
）指定的中山东路 东西110m 南北160m 太小
停车有困难，没有能摆百辆汽车以上
散场只有一面出，万人就显拥挤
散会人流基本向西.
路北都是民族形式大屋顶 搞个体育馆不合适.
玉台山：缺点 1.高 2.补偿要研究.
高可以改造 只是由上海路来要爬高坡.
优点：管理方便.
观众方便 接近市中心
环境
广州路上新造几个旅馆.
地皮便宜的
）中山东路地皮平整.
保卫工作好.
接近中道路影响市容

32

面积太小，参观不便。南面有煤、北面是工厂
西面来者不到（中山东路东门路接60米宽较窄）
附属建筑物，
地基不够理想，
与特军事单位管理。
五台山形成一个体育城。体育山（剧员15人
管理节约，调度使用。（北京学部150人
改体育场的主席到西面，利用体育馆休息，
四面可进，疏散便利
停车条件好。
练习馆还要造。
地址土质好，也好搞人防。
环境好。
（齐康）五台山，稍嫌高些（基辅）
中山东路规划时候，
护坡搞好，种好草皮，绿化

可结合地形，部分设地下，出入口分散
侧立面看，体形更灵活。
（江一麟）五台山管理方便为体育公园，使用效率高
地质好，可结合人防 15～20 米坑
缺点：爬 18m 肚子要有水。
土石方量大
空地也不多，约2公顷
教练场：缺点，出路差。
停车场困难。
地基差，要化10-15万搞基
）五台山：地质好些，大小场要打洞，
四面退场。
）五台山最好
中山路东，下关太远

33

南京候机厅　1972-11-25（六）下
钢窗 1363 m^2
@ 20.95元/m^2
总价 28554.85元
合计 37659.12元　1973-1月底交货
大理石 约一万多元

1972-12-8（五）下
江三林 和 航空公司：

地毯	52,000
家俱	150,000
绿化	10,000
管道	300,000
土建	1,030,000

=1,542,000元
总楼建筑面积 3758 m^2
则合 410元/m^2 总造价

1972-12-11（一）上
章炳文，徐毅　市美术公司　41765.
（国画）（易居福南艺）
今日在丁山宾馆把地毯家俱窗帘样式色彩共同讨论决定除上面美术公司补运到有家具公司代表由航空公司金同志主持
窗帘　草绿的确凉淡色
贵宾室地毯　土黄本色剪绒　只要长江大桥
前厅室，草绿
卧室　淡黄。
大厅中国画《长江大桥》横幅。
南京市家俱公司：樊金祥（生产指挥组）
南京航空公司：定制地毯 经手人
金仁、周银，总机 4111 3/4/5 转 39

34

杨廷宝全集・六 —— 手迹卷

坛碳水墨训练之用。
水彩渲染交替。黑墨练习一两张。
设计九民用 工业
题目：实际题目 要素 便于交流经验
主作调查研究。
问题：
二气
数学要要
大型民用建筑 历史与理论。工业厂房的技术
马鞍、剧院
江苏省 体育馆
① 苏州园林 编写小组。
② 师资进修 拟派两位
③ 去杭州参加 相互进修 有来有往、交流
④ 教学计划
⑤ 工业 要抓新技术

⑥ 城市规划

1973-1-25（四）下

候机楼工程会议
部局长主持。
要求能不能保证质量下争取五一用房
材料问题。
（ ）三公司 8/9 开工 10/ 外形告一段落
大厅拉加天窗。
在门窗内部装修不能进行
锅炉房已完 其它能作的尽量作
大雨篷 R.C. 已浇完
问题：① 钢窗 到货到 2/10 交货。
② 上檔铝包门（500 m² 20 人
③ 水曲柳 原材 60 m³ 加工 三季度
④ 硬质纤维板 鼓的问题
装 ）钢窗 屋面牛毛毡等 铝门 硬木

35

门窗樘、窗帘箱 五金 大理石、
无缝钢管
灯具会要求按装四公司。
（ ）门铝拉手 玻璃门
（安装公司）
暖汽片尚未分决
灯具加工
卫生用具的铜器 马桶盖塑料无处生产
（ ）水库
（美术公司）“南京”二字
室内布置设计 已送彭冲书记看 代定。
接见大厅等处书画，由省美术家画
（刘文绕木材厂书记）60 m³ 已在烘 明天开始锯
硬纸纤维板 30°C、滴水泡 20 锯
（省建委局）、
① 进度谈研究后再确定、

② 钢窗：争取 2/10 交货 去人加强催货
③ 铝包门：请部局长报告长汇报，
卫生、暖汽、要组织协作共同研究分决
④ 材料型号 与设计施工共同分决。
多开会由指挥组召开
⑤ “南京” 四公司五队来干 搭架子。
（赵主任
人字墙板用泛口钉牢

1973-1-26（五）上

请假：
（六系）房承祥 山东五莲 29
（五系）马礼年 北京治病 26

1973-1-28（日）下

22～26 全省基建工作会 取经。

36

3. 建筑考察日记

01

02

吊车梁用预应力、

钢丝索用于后张法 12φ 24m车间、

• 用R.C.（空腹断面）门窗框 木砖作在R.C.框中 来搞门窗

框一用砖工在地冷拼法好、

外地支固地制宜当地取材、

钢筋网浇孔尺度太大、F形板、

• 江西水泥制品研究所

平屋面：多数仍用卷材 一般作法、漏水

泡沫R.C.、未用过.

R.C.屋面上刷水泥：一般仍欢迎斜屋面.

• 保温层：煤渣混凝土、泡沫混凝土.

• 万岁馆 R.C.上煤渣三种土二毡三油刷石砂铺小瓦

邮电楼 58年建65年完工、20 乾铺 温度缝、

3m方铺乾毡 60m要加伸缩缝.

设计施工都要有经验、

楼板用预应力比较好.

• 气候 江西欢迎台风 带来雨

6mm十年未刮烂到4mm　　空心板少害

空心版高14mm　利用槽型板（快）但用钢多施工难

★江西省医院 在建中 拟造 11mm厚 现浇法

• 地下室：不合要求 1200号 达防水要求 欢迎防水涂料

20~30m 水头 不漏，用槽形板，防水200号混土

• 预应力网格屋盖（1961 王锦海（报） 环湖路一号 省建一团设计室）

江西省委＋工程团.

1971-12-6（一）下

省建一团设计室（南昌环湖

58年成立设计院 原偏重民用建筑 现工业民用都作

分配后一年左右实习 教一个月课（去年七月份招来几十人）

现有几个人工作能力强 过去学的多用不到

小型规划我们 建筑人员兼做

资料 模腹式屋架 联网屋面 砖吊车梁柱

空间效果

03

老人36人 建工结 1:7

水2人 电3 暖2（58年新训练班、

现50多人 不到60人 去年2千多万投资

施工去非洲、中小型项目.

以前综合设计院

当时250多人（旧社会+民工

66年每人年20万工程完成任务

当时民用建筑多.

大革命中60名下放，剩30多人

革命后人员少，2千

去年64万任务每人年完成.

以前施工程，砖墙加吊车包括屋面（结构）

去年由施工团选来复员军人17人有13人对一般工程都能上手

• 办法：大胆培养使用（我）要鼓励少批评.

创出砖墙吊车梁.

今年总共58+3=61人（从去年下半年.

真正需要（大学同济）小学毕业什么都搞、

胡伯英（60多岁了不能设计.

设备奇缺.

别一般

戚伯英 60+ 是工程师、已不能画图、现在

脱离实际

下楼出院、搞现场设（万岁馆）只几个小青年 改造世界观能力.

每人带一到二人 成长很快.

◎情况差异 最大是十倍

• 设备空调给水排水工程资料不外传.

设计院主任：戴礼扬

交流室　陶谋和（女）

广州 七单位.

省基建指挥部（陈　1971-12-8（三）上

华南工学院建筑系（并入华南工学院 地址 石牌

04

别的房屋建筑之工程为专业、
部分教师曾到韶关 搞试点班 则已返回
(老工人)则砖木结构少 则拆了干打垒 土坯砖、①
三人 去年搞 35万m² 第二种用土夯墙 经济耐
★ 土夯墙有二三百年历史 ② 另一种用水泥砂浆砌乱石墙、最多一层 则石砌二层楼、
单层地方几万石墙做高墙, 内部用石灰批浆 外部水泥浆、小墙砌烟囱
潮汕地区有住院经验 能搞三四层无问题 造价
30元/m²~32元/m²
● 用简单压砖机 不要烧
每台8人 18×24×10 每日生产 800-1400块
• 乱石大小墙、结作30m+烟囱 水泥砂浆、
300号
• 施工机械 大部在三线地区 韶关
● 广州东站二800万投资 广州市设计院

• 交易会要扩建 正在选地方
省设计院负责省基建项目.
• 建筑标准尚未搞. 工厂宿舍 28元~32元/m²
卫生间简单
广州市 40~45元/m²
通风採暖可与设计院座谈
建筑科学研究所曾搬韶关, 则拟恢复.
(姚康)? 姚彪基建组, 31720
工程小而土.
•《建筑构配件通用图集》 广东省的、中央取消一批
省取消14项 断面大施工困难, 用木多的.
大型屋面板. 已编了11个新项目.
• 折线型屋架 配合槽型板用 广州市交维
● 佛山预应力空心板 圆孔 1.5元/m² 用钢丝
孔间距 .015. 115×450
钢筋保护层 10 土台座
省钢筋 5%

05

区晶良,(黄远强到韶关)二四上下午学习 下2:30

• 拱屋架. 素混凝土下面拉杆 在潮汕
木50% 造价省3% 跨度15m
● 预制素砼砌块
潮汕用在车间里.
曾试验 20米跨度. 用木模架天一面. 先装拉杆
外壳 1.4倍 69.7/28 台风12级以上 15m跨度
50号砂浆砌 大量使用
• 土法预应力 小构件、农村住宅. 省钢材50%
● 双层瓦 "预应力T形檩素砼瓦"
双层瓦屋面.
温度降低1~2度.
• 不等接高 Hawes 屋架 节约木材、钢木. 尽量不用
现浇薄壳之问题: ①热、②漏.
(援外: 用轻型钢作屋架
这些 在轻工业 及化工
东南亚、巴基斯坦 刚果 柬埔寨

• 此地要注意 台风 大雨 遮阳(南方大厦隔壁实例)
干打垒是四川及湖北搞的好些.
广州市住宅建设公司生产组.
广州地区市居民住宅 1970年 通用设计图集
1971-12-8 (三) 五
省设计院(区晶良) 结构 120人左右 各半 级别不高
下放2/3. 赎1/3 人手缺尤以结 原1:1 则仍
则搞工业多. 民用少. 则结构嫌少、
下放几经 搞结构多.
• 办半区部队学习班 半年. 建筑结构设备设计预算 11月已毕业 40人
素的有中小学程度. 高中少
招入 ①设计 共完全一人
②结构 讲设自己编.
以结构计算为主.
• 建筑设计人员大部非建筑学校毕业的. 许多是
实习中培养 结构则专门学校毕业

06

过去搞体育馆、剧院、大型建筑多，
以往有规划室 面向前者，到规划未再搞。
• 感到规划这次搞 汕头坚持搞的好。
设置比较乱。
汕头有整齐统一指挥部。
• 现在承担工业任务压力大。
一般不要把界限划得那样清楚
广东公社都有礼堂兼剧院，也有搞的比较好的
• 防水问题突出 · 隔热
当两年调查
• 遮阳 革命以后不搞了，工厂特殊的还是要。
不搞无遮阳钢筋横幅，
通风
黎主任、郑、谭、
1971-12-8（三）下2:30 65毕业
黎主任：省设计院
以往约500+人 到现200多 过去建筑人员多化

大革命后工业多，设计中小工场多，我们设计部分
钢铁厂、铸造厂 也搞些冷冻库 三线工厂
许多结构最好搞建筑结构懂的一些、结构过去是
中学毕业。
搞建筑的最好能搞些建筑结构，
跟不上好，最好一专多能
高级宾馆要搞的
★最近要搞 15万m^2 交易会新区 到约3万
过去分配来的学生结构生熟 三五年才能熟习具体构造
最好也干也学、力学要有个概念，从实践学比较好
大量性建筑一般是些结构问题、
番禺、海珠都来过，帮助搞些礼堂，
山区宿舍无厕所 群众意见大 化粪池
• 干打垒宿舍都欢迎，38~45厘 ★批搞
• 18四层楼 干打垒 12cm 五层 砖墙28cm厚
• 土坯墙24 内外都批挡 一般造价35元/m^2
黄土加砂十石灰 30mm

07

汕头 30mm~35mm厚最 5% 贝壳粗砂 灰砂砖
过去对工业建筑构造生疏 不清楚
最好结合一些专业工艺、冶金、机械。
（郑 ）过去工民建 宿舍、仓库
结构、施工为主、过去建筑学的少
以建筑学为主，真正搞规划很少
工艺对厂房起主导作用，规划不必多，
高级建筑也需要少数。
政治条件、业务条件、不可自高自大看不起水电工
• 历史应该学，各时代成功的，要以中国为主、
近代要更多学一点，
• 数学、出校后根本无用 力学有个概念就够
• 外文要有基础，
• 制图与绘画、时间少了，30多人毕业有20多人
表达不出来不行 要有美术基础，两极
分化。

• 物理：时间比较少了，要能看出
• 设备：90学时不要说，分到小地更要
• 教学方法：过去理论脱离实际。
• 建筑工程概论 去工地跟老师傅学习，
或到设计单位也干边学、
• 参观学习 农村许多东西需要总结，
课程设计 也是绘图过程，
各类型不要讲的太细。
（谭 ）
工作需要一专多能，大型建筑很少
要能掌握一般结构，水电可以合起搞，
虽然建筑为主 也得要懂结构，
• 训练班、七个月 要能搞两层楼房、运用查表
作的多就熟习 念中专三年学校学不多、
所以要安排多些时间学生自己动手。
过去偏重画面，构造太少 大样不太合理，施工

08

译备画示出。

规划过去搞的，规划室曾有30多人 我认为画得

多，工矿区小城镇方应全盘规划、

都是我不如让头搞的好、

土洋结合，干打垒初步搞，前几年思想上不积极、

（匾品 ）

●课程中应有建筑材料的介绍

专题讲座，我感觉有需要，世界先进科学

发展情况应有所发展，

对服务对象应有所了解。

（郑 ）地形图要能看。

政治理论，课内教，每周一两个下午。

学生刚出来生疏不怕 慢慢都熟。

●每周学期三四个题太少，可三五个人作一个题，

时间短就是学基本东西，真刀真枪地搞、

（谭 ）设计室搞中小型 透视或模型说服力强、

●专题讲座 内容可结合丰富 请老师傅讲 灵活。

美术时间不一定太多。

（匾 ）隔热及防水。

●沥青隔潮 内部适用 露外已基本不用 面用刷45

大阶砖

防水，37×37 3^{mm} 4^{mm} @5元/m^2 每块.50

半圆拱 剁都用水泥砂浆，马牌油膏

●广州市院搞的多，

冶金部 钢槽预应力

拟参观项目：

越秀·邮政大楼 新华书店 ·汽车总站（自设计

讲习所 ·新冷饮6月建成 层顶有火堆 一万平米左

友谊剧院 65造建。 林克

中南 ·机场内部设计 " "

·广州宾馆 广场 27层 69年使用 3万m^2

·汽车站新（公路局自己设计

羊城 剁名·东方宾馆 58年造，人民大厦

城建办

09

住宅公司 缘街。

空调 多在军事单位。 紫锦花开

房地产管理局 城市建设系统

计划办公室，革委会生产组（请改路法研究意

拍照：黑（白）下 2:00

（四）上

叶家驹（广州市建工局） 林克为广州市基建

委员会

1971-12-9（四）上

8:30 建工局 叶家驹

9:15 市设计院 余学建筑师

（薛余致南）剁民用建筑少，主要工业，为谁服务，

火车站上马了

规划工作很多，山区，山区 从备战要求

工厂都在山区 不能作用范围，大城市少，

干打垒搞好不好随便用，

工业总面用地多 不宜地搞，

民用只是住宅区有些规划工作，

过去谈历史 谈天时地利要批判 批判Fletcher

的影响。

（莫 ）剁全院200多人 平均年龄都不小 要培

培养接班人

下放的人 设计 计算 施工都包揽了

本院过去搞民用 剁建筑人比结构多，1:3 3:1 剁

大型民用，饭店，

重点还是工业

去年搞 6000吨冷藏库 要求隐蔽 靠山

如何靠法 土方工作量大 本地施工部

门不搞土方，需基建部门自己搞。

许多乡镇均无正规学校出来的人，工作量

大靠城市来咨询。

（谭 ）分析能力 不决问题能力。

设计院习惯分工太细 到县城则对施工

结构看不出问题，技术人员不能独立工作

10

•红太阳应克服。是设计室全志能全面解决
到生产单位。专业知识在学校学的也不能够用
如何解决这两种矛盾。
计划体系分是实出设计与教学。
教法要以实践观点为主。到工地一两个月
收获很大。在工地接受再教育之外，业务
上也能学到很多。我主张强调现场教
学 感性阶段最好能通过熟手操作
•调查研究 作为增加感性知识 与大批判
相结合 正反典型例子在历史上的讲
授与大批判相结合。
•制图：以前完全在图面。但生产上碰的不多但
实习多。应在校只培养到一定程度
基本功还应打好。表现能力。
过去投影几何 叫头痛几何。
•表达能力要快

•结构材料经济比较。省不省。过去有一本书的
（谭 ）力学公式推导不要多讲。
华东出版的手册。使用比较查表。运用方法
一个人自己都能干。加些通用图最好能选用也
解决了问题。
（英 ）一般性的门窗檩 R.C. 还有缺点 用多年后
锁不便
一般性檩 2.60～3.60 R.C. 经常用
通用建筑详图。
结构也有一些 屋架 吊车柱。省标准设计。
•屋面砖薄壳漏水不易修理。（由设计院红接）
竹筋混凝土已否定。 ★大阶砖 厚3公分
板瓦三 条砖架空 12cm～18cm 方砖37×37
•R.C.工作全用查表。节约许多时间。
素大混凝土板 不用沥青油料。
•打R.C.桩 9m～10m 6m～7m 振动 vibro pile

11

27层造价150元/m² 新宾馆@170元/m²
友谊剧场@100+元/m²
东站立面改动很大 装修改。
设备空调很少。
肇庆人造纤维厂 石井烟厂 · 轻化设计院
周续樑
友谊剧院 ★
[illegible] 3万元 [illegible] 黄竹 吴明梅
1964设计 5月施工 1965-5～8月完工
前后约4月。
土建807,378.99 @125元/m²
31,800m³ 25元/m³
6,370m²
台口宽13m 进深11m
楼下988+楼上261 = 1609人
前座 90×55 后排84×50

友谊剧院平面

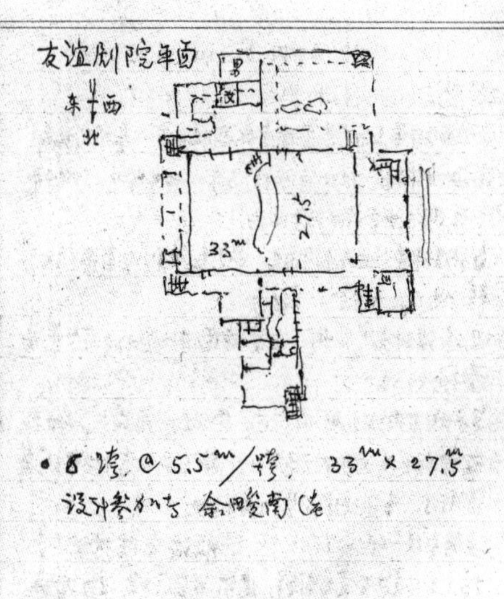

• 6跨 @5.5m/跨 33m×27.5m
设计参加者 佘畯南（老
紫荆 一名羊蹄甲

12

1971-12-10（五）上

華南工学院：

（　　）69年曾了解过各县对建筑学的要求 基层人必都需要一脚踢 根据这些情况和文化大革命中的批评 先将两专业合併 为一个面向。

省市设计单位也有不同意见 还是应该分 全面都搞不易精 他们还是分工 较好。

现场设计总是人少 在某一方面专一些也得有个普遍基础知识。

关于城乡规划 也调查过，居住群、居民点，什么都不管往往造成些混乱，就在建筑学附带培养就行了。去年决定还是分两个专业。

要解决一些实际问题，一般混合结构也要能够搞 打破过去贪大求洋，建筑学这样，物理知识希望加强。

市里讨论 还应单独有建筑学专业 但要与旧有所不同

拟于明年秋季招生 1972-秋季

（　　）关于亚温带降温处理 提外工作主要了解情况

过去呈民用轻工业重艺术轻技术 拟以两个典型工程：

① 三层住宅　　挪索　吊车

② 单层工业厂房及厂地规划、生活区（机电类）

其间穿插医院等为作技术设计 学校、会堂、剧院 以作建

美术课归到建筑设计绘画内 结合工地 来讲原理，但时间太多，全部20多门

总学时

265　1. 建筑绘画（初步、投影、阴影、素描水彩、

254　2. 建筑设计及构造（城市规划、历史专题、

140　3. 〃物理　1. 〃〃思想课　天数 720

78　4. 〃设备　2. 英语　226　劳动教育 360

240　〃力学　3. 数学　211

435　〃结构

132　〃材料与施工　业务55%

73　测量　总共12门课。

13

过去部队训练三个月 主要是民建。

小分队转过一些调查

人民运动了 40天的学习班 今春。

对于典型工程，作快出检，大约一个月时间，

资料室：

① 建筑热工试验场

② 遮阳系数

水平式　垂直　综合　挡板。

③ 绿化防热。

④ 利用护结隔热　　效果最好 25mm

⑤ 通风间层隔热屋面　50×60×15公分

遮阳板

• 27层楼《广州宾馆》 1971-12-10（五）下

一二办公

三～二十三住房 连地下室27层

• 总平米31,000±　大楼 25,000±

大楼+西部食厅　2900　北楼3000三层厨

• 占地 2000 m²　　内部　四层

职工360　　五～九一职工宿舍

• 总客房 450 号 约500房　北西楼十层

@2床/间

1. 单套间　2. 两套间　3. 叁套间。

（最多412　（34　　8间

14·12元　20　30元

楼一层5m 2,3,（3.40 四层以上3.10高。

• 总高度 87m

大厅 6.50 食厅 5.00 吊顶4.00高。

五楼拟加礼堂。

14

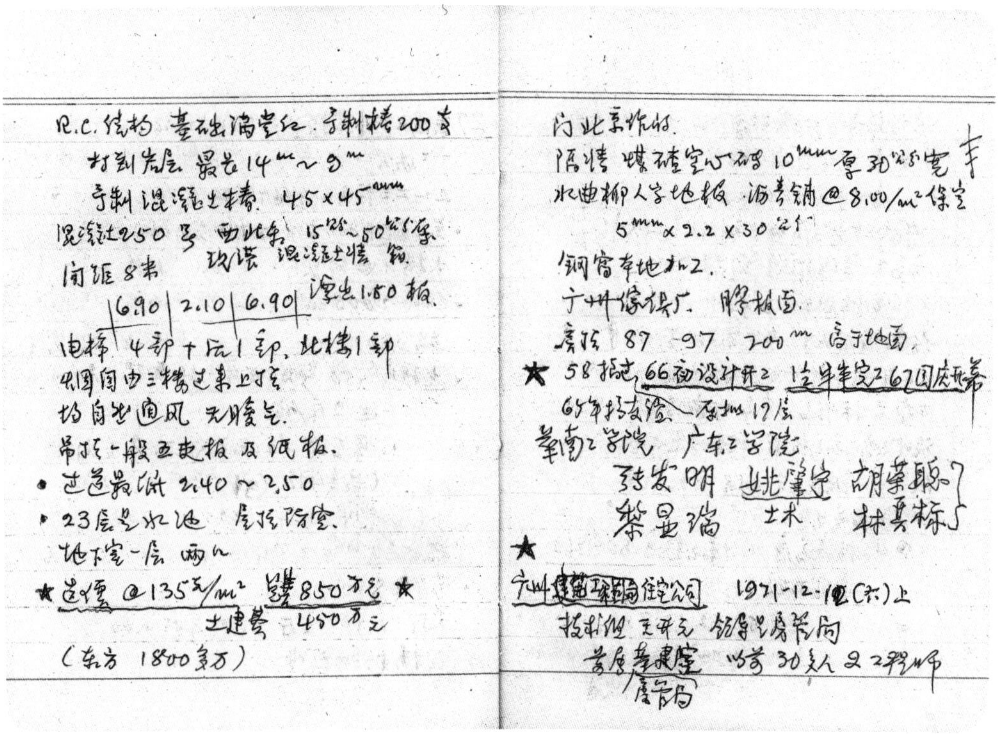

15

16

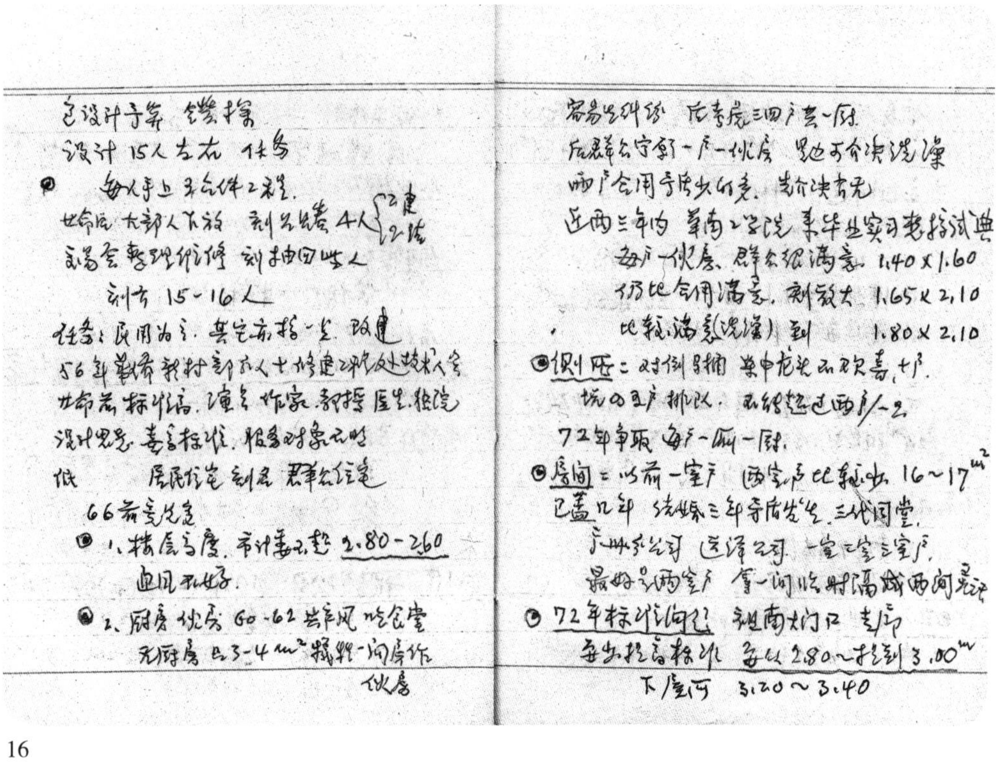

做饭、厕所单独使用 设壁橱 一户小于3.4元

每户控制30m²（一厅+2房 12m²±10m²）

支粗问题：广州比较高 8m² 16m² 每月6.00元

租金 .27/m² 每月

45m²～50m² 平均2家每月60元

内墙要搞粉刷 过去只喷白浆.

外墙坚要可不粉刷 过去都搞.

◎阳台：

过去偏向大阳台 居民不满意 后曾不搞也不好

2.5m²阳台就够了. 初步想搞. 5房间结构方面. 房间板预制 挑台现浇 悬挑好

◎晒衣：

向南冬天有太阳

主导风：东南风 计算，不够晒衣.

◎平面类型：搞过 南廊 北廊 天井

南廊气候条件不许可 向北晒不凉

南北房最高温相差到三四度.

南廊62年 城市住宅竞赛 收集各方意见：

冬天可打开 晒太阳 但干扰大

绝大部分主张北廊 次房可向北 睡觉可打开南窗 所以一般搞北廊.

◎小天井：

搞过，旧房不少 对密度系数 但互干扰也大

除非不得已 不搞天井.

十年来标准逐步提高，独立式单元式.

◎东西向搞过阳台但并不能完全解决问题.

◎隔热屋顶：

大土陶大阶砖 27×27× ①.40+/块、还不够

要架空隔热好些. 但漏水.

两年前用小土瓦 5%坡度 5%排水时 流通气. 不能上人

·服务性行业 居民点

17

◎房屋间距：过去太密集 5层楼.

要搞到1:1. 15m～20m 新盖房72年开始

过去6～7m都搞过.

1:1嫌高，我们在10m～12m就够了.

◎层数：

过去5层七层 难分配. 所以不能超五层

自行车要背上楼 很困难.

用槽型板，现搞空心板

框R.C.扇木 R.C.铁窗框

◎楼梯

R.C.预制.

·水 每厨一个水头

李恕慧：

1971-12-11（六）上 10:00

省设计院头次讨论车站：

+16.50 5 8 6.5 北 20°

60年开始 搞多许多方案

64年原设计 35700m² 33m高 封闭式高层大厅

拟减 25000m² 上降26m高.

主要引起许多人注意.

最后归纳为 ①对称

②不对称

64年仍倾向对称 降到27,000m²

最近要求又同意对称方案 又想增高到30m

希望钟高的西、北方看到.

客流量10万人/天 最大

华侨多. 东近期要大行包房.

门厅 大理石

墙 红石（水刷石） 玻璃砖

18

建筑工程局（叶家驹） 1971-12-11 （六）下

[illegible]（黄向东）

砖拱 100多孔桥

王全忠 几次干训班

①中专课程 对象工人 文化初高中 目的相当于中专毕业 现场施工人员

学习时间 2年 @每周三天上课三天生产

每学员在木工及简单机械操作 实践

课程：把中专课砍去一半

力学仅教经常用的部分

材料力学未学、组织参加材料化验

两学员去湖南当化验员、得到结论。

②大专办过两次 @三年

每周上课六个9小时，已有些基本经验

已毕业两批工人及干部 成绩还好。了用。

投影几何去掉

许多中小工程由工程局自己挑起来。

设计、结构，以现场施工为主。

主要机械也讲一讲，一个施工员管几个工地

许多毕业已负责施工工作。

从59年就开始办 直到1968年 每年30-40人士

市里其它单位亦有派去培训的 如房地产管理局

·现在建筑设计人员毛病 叫懂施工 最好先有三两年实际经验。

到准备恢复。

到外地找得全面员责 建筑机械

民用建筑 及一般房屋 工民建也得有全面知识

推土机、卷扬机等。

测量不许在课堂 可到工地搞，

讲一些理论后 就拉到工地

学工、学农要结真正学到东西。阶级教育之外。

建工局与设计院一直存在矛盾。

泥砖各地不同 两层楼仍可行 推出来。

19

安介绍泥砖 干打垒，石砌大石，R.C.板，节约木

◎ 夯土两层（英德）只18公分及24公分加少量水泥及石灰（黄泥，砂，石灰）当地取材。

煤渣混凝土 常用1:4

夯土墙 1:4 石灰：当地Nien土 1:3~5

★ 汕头用贝壳灰很好 基础也用 有些建筑物已一千年基础 上面有修过。

水泥：土也是1:4. 若灰不好则加些水泥 1:1:8 Nien土最好带砂或小石头更好

珠海石灰厂，出口东南亚非

比一般石灰价高2倍

英德 开放水泥厂 拟开放，58曾上马，下马后 1970又上马 恢复，今年国庆节已投产

其三条转窑 比广州水泥厂产量还大

建材公司统一调配 少量进口木料（宾馆）

浮石：出产地 轻型发展，浮石混凝土。

讨方砖石砖

东江一级 @.528 .568

东江二级：二级@.469 .497 仓价 底价

阳南一级寸半石管石砖 @.622 .663

二级@.566 .606

东江一级寸半 @.528 .568

梅鹿瓦片 6.85/100块 底仓价 6.30/100块 水仓

市设计院研究新车站立面 12/11（六）晚

农民运动讲习所参观 ★ 1971-12-12（日）上

教务部负责教学工作。毛泽东同志当年经常在这里和教员们研究教学工作和作出教学指示，使教学工作贯彻了马克思主义与中国革命实际相结合的原则。毛泽东同志选派共产党员肖楚女同志负责教务部工作，并邀请有革命斗争经验的同志来讲课。

毛泽东同志办公室。

毛泽东同志曾在这里为中国革命事业日夜操劳。

20

一面领导工作，培养革命干部；一面研究中国革命问题，指明中国革命的正确方向。

毛泽东同志当年所用物品十分简朴。床前放着一对湖南竹箱，存放文件书籍用品，箱盖上放满书报杂志；办公桌上放置文具、书籍刊、文稿、学员等作业本等。充分体现伟大革命领袖的艰苦奋斗作风。

1971-12-13（一）上

昨晚7:55由广州开车 今早8:45到长沙

我住处相当困难.

最后到市基建局

基建组（省城建局现在）有规划七八人

省设计院（

市设计室（原房产管理局）刘样敬.

房产公司（下属三区.

水泥预制 构件厂

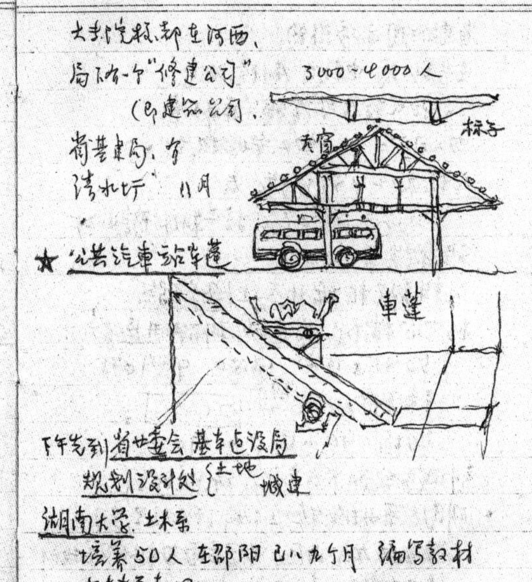

大型院校都在河西、
局下有一个"修建公司" 3000-4000人
（即建筑公司、
省基建局、市
清水塘 11月
天窗
★公共汽车站车篷
車篷
下午先到省革委会 基本建设局
规划设计处 土地 城建
湖南大学 土木系
培养50人 在邵阳已八九个月 编写教材
由土木系老师

21

省建筑三团在搞挂钩

在长沙搞 电视台、剧院改建、

在邵阳地较有些经验 单身5层

四公司第二 1972 开始招生.

学校办了一个设计队 及

施工队. 搞予制件. 附小工厂

设计院常

资料都是根据北京 上海经验

搞空心楼板. 搞运动 科研进展不大

50公分×12公分×3150 9公分 10公分

予制组搞 9公分圆 7 [0.0.0.0]

现场 10公分圆. |← 190 →|

到城市规划局去查视 许多人改行

• 湖南主要小城镇 上下水 污水处理. 到

这些结合小山区、中等发面向中小城市规划

县与省需要 商业不要集中在市中心. 应面向

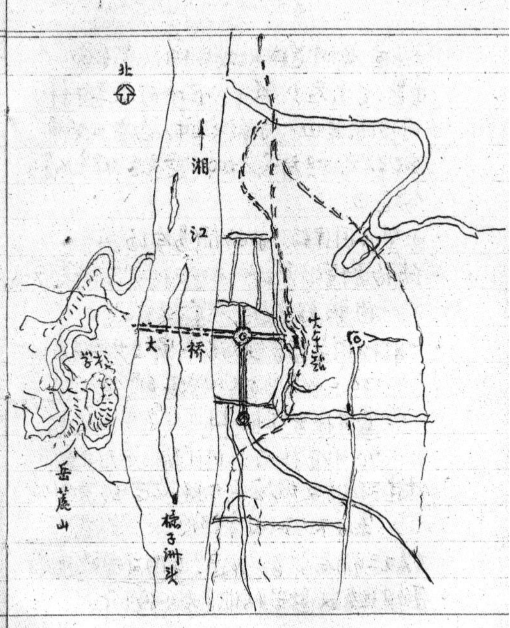

22

工业区，否则造成大城市排队买东西
电影院座位不敷。山区地形要善于利
用，少占农田。宁可不集中。要有土地审
批，占农田多就是不批。要尽可能是不要
占良田。
• 小型公用建筑。小的简易会场
• 结构要懂简单常识。不可以搞建筑不懂结
构，最好多面手
• 一般标准要结合学生分组 一室户多少，平方米。
30～m² 4.5人口 平均 6m²/建筑
粪要排出作肥料 4m²/净面积
52～70 标准搞一个民用汇编 还无办法。
修建手续有关规定要介绍给学生，方针政
策要下达到教育部门。
本市标准偏高 60年建。东南风受欢迎。
• 基本建设会议 邀学校派员参加旁听

• "参加各种会议不要求会谈什么问，也要听之了解。"
• "你要知道国家的方针政策，你怎么能为社会主义建设服务？"
• 北京工业设计院下放两百多人下放来四百多
学二四两天下午学习
南工学生到此去搞电视台。（王家声、钱祖仁带班）
湘江大桥设计七八种栏杆灯具方案，征求群
众意见。
◎本地红石砖房子多，不搞粉刷
不强调平屋顶，防水、上屋顶机会不多。
• 大型楼房 若平做平屋顶 平顶可晒衣服、
晒衣设施若没有也不行。
一般作明沟 不作暗沟。
• 屋顶直接落下来雨水。
不考虑冰冻 雪30公分
最好结合当地规划 经验比较全面。
夯土墙 30公分 一般两层
◎ 三层空斗墙最普遍，四层亦有。群众欢迎，快
东西向都绿化 长得快 或西房都避

23

市城建局：　　五一路93号市城建局组
谢树立（分教学）　徐建恒（组长）40年来长沙
刘德文（女分管　（付局长）付局长
胡代开始6000座
◎拟造三个饭店容5000人
360万竹版墙房屋，够用
• 湘江大桥拟砌石拱双曲拱
新建四层技术人少，群众义务劳动
河西几个学院均分散后
四层 到拟全用石。改为
• 不服斗砖墙结构作到四层
◎ R.C.框架梁 60公分×6公分 用100号砂浆，
下面砌1/4砖。61开始搞，湖南旅社
1.20砖×40×1.5公分
手制要准确。
老工人已70多岁了。R.C.薄模子浇混凝土。

薄壁5公分 R.C.空心圆柱。
1.20高×4公分厚×　扬
砂浆板省模。"你是一个中华人民共和国工程师为什么不搞一个中国规范呢？"
• 建工部一位老工程师指出八字形状 对114建议
• 24m 跨度屋架下弦修理。　换两根
木料化了两千元 预估四万元修理费
五一路是53年建　上弦吊下弦35天 是由
郭已经58年搞。　修好（前工程师安
清水塘住宅区
◎明年准备搞20万～25万M²住房。
• 长沙只有15,000建筑工人
• 长沙温度变化太大 容易漏雨。匀子砖好。
1971-12-14（二）F
韶山旧居　上午10由长沙乘去普车12:30到宾馆后
先参观展览馆
30　.20　.30　土坯砖

24

1971-12-14（二）晚

（　　）[illegible]

此地搞建筑的比较多。

（左天柱）湖大搞两年建筑学班 60、61。

过去只要是老师讲的 我们一律接收下。

以往把建筑学看成高于一切 资产阶级艺术使学生起了变化

学习建筑史，希腊罗马建筑应该批判地吸收 教学目的性不明。搞资产阶级先验论 30多人只有十几人毕业 对农村学生为难。谈雅典卫城是美是美是不符合辩证法，

过去学3年，建筑材料 例如油漆 听的课实际上不会谈任何问题。

构造教材比较老 费力易木材、教材完全不适用于湖南。

搬套印象不深 不是结合实际教学。

建筑设计初步 时间比了很多 不如参加实际工作 设计原理。

历史还是要有的 但应改为阅读，要以阶级斗争观点来学

建筑结构最困难最麻烦，面面俱到 自己不能够与工作不利，感到压力大。

过去生产实习不够，实践容易学的透。

（刘　　）女，在校批判先验论。

建筑学，感到需要 个人感觉不同 是单位人少七八个 就有建筑设计的需要，

在校什么都学 但什么都未掌握。

绘测 比较必要 满有用

设计基本上还是需要，能手 专事之到 不易了解 还是要有透视图。

在校学的构造没有用，应学些基本式型及原理，学的建筑史也感到没有用。

25

建筑设计实际工作中接触的面很广 关于类型可选一些。

（　　）工民建毕业，因工作需要一面搞一面学。每天三脱离，封资修的东西比较多。高校讲的讲的多 功能分析不此时此地，

美术课学的多，施工会搞的少。

过去教学不符合实际要求

练基本功 过去强调"理论至上"基本功还是起作用、过去未学建筑工作比较差。

否决实际问题能力，经济问题 要结合实际讲解。教材太贵 南方教材内容很丰富，

要培养学生独立能力

建筑造型，要能反映实际学生

（　　）南方同志 今后更要

作建筑史 ①建筑群 ②面向工农兵服务。

• 先讨论后上课，一学就能懂。

既学就也要能举一反三，

过去在结构总是固定的 不能举一反三

楼梯刚度、

要能以辩证法看问题

发挥主观能动性、

肥梁胖柱怎样避免 要多方面提意见 不搞一言堂，要因地制宜，关键在教学、先出课题 再讲课

晚住湘江宾馆

1971-12-15（三）上

㈠ 爱晚亭　② 橘子洲头

第22班 1921 中共湘区委员会时 作图文教员。（第一师范）③

• 附小主事室 1920

（四）井　（五）第八班自习室 1915年秋 编写反袁小册子、（六）阅报室（七）后山上"君子亭" [illegible]

（八）工人夜校 1917-11

26

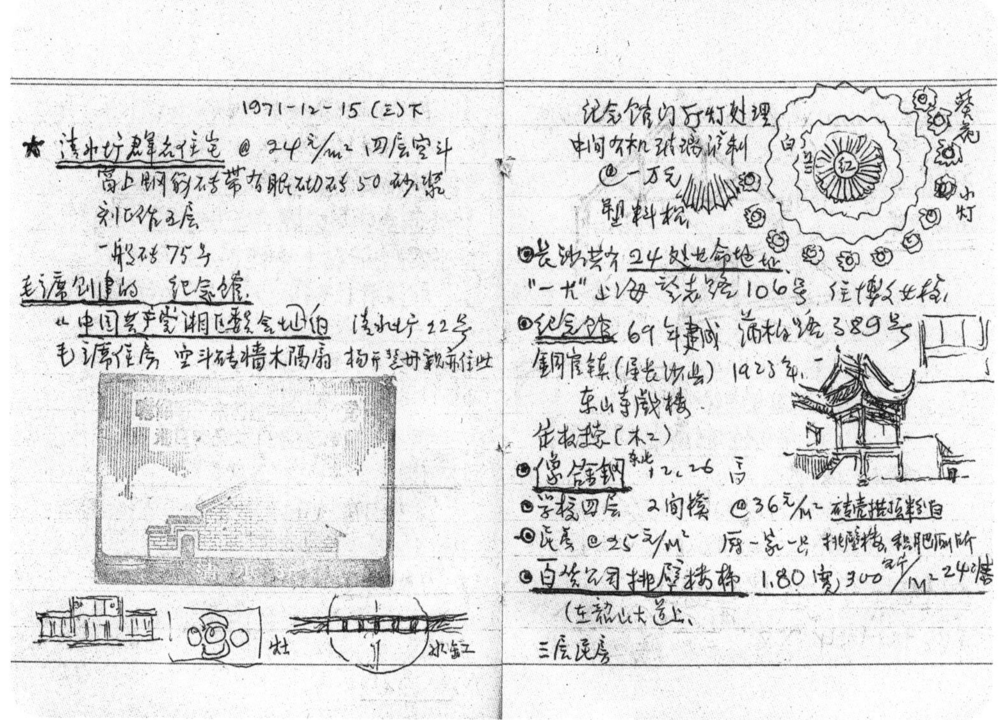

27

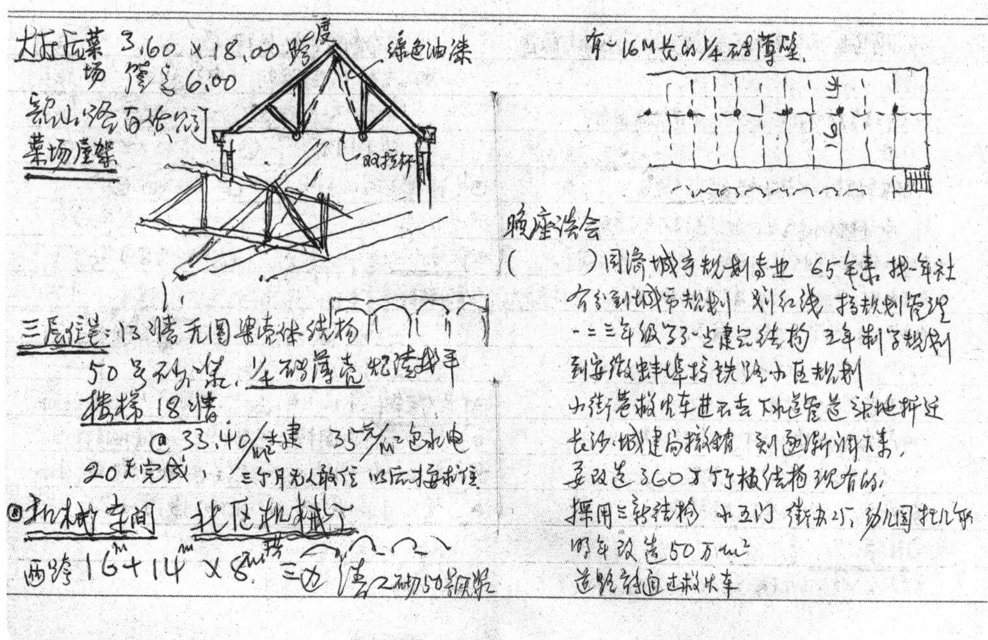

28

小区由区里办 市里只搞主干道两侧，各区均有改建办公室
规划没有独立的必要 可以由建筑学兼办，
(　　)
搞大城市规划 必须集中各专业技术人员
作一局部规划还是会区的，建筑者是主要的，
• 规划工作 政策性特别强
• 有些规划上造成的损失 不是马上就发现的，当时看不到
分另在在建筑小区，建筑比较多，
2.3 m²/人最密集的地方
拆了些建筑 再扩张建
一千户人家还有读书问题，包括小学，
五六百公尺一个小学，5万五层
有八千多户还无正式房子，住旅舍，
(　◎)湖南旅社 薄梁50×0.6
大楼梯 100 三层楼 25号砂浆

闵家瑞，了步兰春（同济规划）
1971-12-17（五）上
市标准局（徐怀陵 京建研院
市设计院 武汉市　　（五）下
◎大于应力楼板 60年以后自防水
空心砖 阳新二曲瓦（山三排.
航空路饭店 56 米.
合级大道住宅 @110 三
高层住宅装配式框架结构
3层楼新华书店.
邮电局
大东旅社 101工程 住三楼.
1/4砖楼梯栏杆
L形标条 挂瓦板专用于工业 4m
七新标条
• 土层不好 到的浅埋，8吨或10吨 16~18吨.
土载面　20"

29

大部用天然地基 加强上部刚度 长度在
20 以内比较适宜，
就是沿岸根据土层
◎ 五层楼每层有腰箍
24墙，三七五 18空斗
楼板，18，15公分 圆孔板，刻划到12公分
• 上部 65年开始采用下面配筋，
屋面防水
• 预制板 60宽，又配筋
• 五道子油 防水年限，以后均改刚性防水
• 自防水大型板，（北京西郊化工三厂）2%坡度
3×6
介绍云 真的中毛毡与石油沥青
◎ 武钢 80公尺刚性防水 以后翻修多
施工要求高，21处漏 水层处，
好修 在缝上加一条 造价便宜地多
含水量不超过4%

炸药1公斤 爆破 80~1,00桩.
• 打桩基 ① 爆破 要土层好些，二次爆破
② 管柱，复打一次 亦有复打两次
③ 预制　　联接）（航空路饭店
★住宅：67年搞1½户
砖瓦厂二造的三层楼 砖梁 楼板砖楼梯）分散大区
砖制造容易破.
• 轻打垫 含石砂不少于 50%.
◎ 最近推广冷压砖 尺寸与普通同 强度达30号
1、自然养护
2、石灰土砖.
摩托馆有水池.
混凝土自防水 300号 30厚
天津有防水五层作法
50号砂浆打底、 5—6公分流混凝土200号
（批之灌浆
12、18、24、空斗砖墙 20 18

30

（　　）以前专搞标准通用规范
各项全国规范：R.C.、砖石、木、壳体、地基。
快速工作方法少，进行上工作要求
到工地作一个火柴厂，安了个工艺及现场情况、
·大东旅馆
过去建法1:1　现搞工业就不行了
18m R.C.屋架用的少
（　　）全院到尚有一百多人，另外规划约50人
◎现名武汉城市规划设计院
算M查表

1971-12-18（六）上

基建局（杨显良）生产组
去年重新成立
主管施工，对设计才开始管
主要搞一些职工宿舍
·可看中南设计院、建筑展览馆

·援外　从65年开始　以前派一些专家
　·尼泊尔 3项目　2外贸仓库、1砖瓦厂、
　今年援外，省成立援外小组　援越南
　·尼泊尔 公路 好几条。
·教学：从使用来看，专业不可分的很细，分得细会有困难，
　开展工作也不容易。
　要强调与工人结合，搞现场设计不能派一套人与个人想法，基本东西都的懂一些，实用东西宜于广泛一些。
武汉市建工局，要搞民用建筑多。
武汉建筑工业学校，新成立，教职员工一千多人，中专。
　原武汉建筑城市建设学院，大专改中专。
　地址设马房山，过去是建工部与地方双重领导。
冶金建筑专科学校，已撤销。
19
基本建设局　湖北省（杨显良）

31

中南设计院　1971-12-18（六）上
徽秋分校本来是学了西会意，搞研究工作则要，
到建筑设计的人也要查表，对一般结构自己搞。
力学也不用
到民用少一些，但也有宾馆招待所。
到三线工作为主，民用在市设计院搞。
院里有三连二排，专搞三线标准设计
最近工业搞的多
　电镀、热处理、化工、铸工车间、锻工车间。
　矿山、石油。
　大坝水利工程、冶金高炉。
◎二汽　有专门设计组，到尚有50多人在工地，丹江厂
　由我院及北京工业设计院负责
　工业设计院并来50多人
◎研究所，民用住宅是大量，商业服务，医院。
殷海云　到为三连付连长，最近生产组，搞修复工程

最近毕业生都到三线，65年到102
◎援外工程搞设计中的工　尚未正式下达。
　南也门医院　300病床
　刚果学校及附属工厂
·最近搞一个话剧团的排练场
·医院和学校搞的多，及居住建筑
　小医院　200病床
·精密厂房　要求恒温恒湿，地面防酸、防爆。
·大型民用要选说　·模型用处最大
　白描透视可以训练
　同济62年毕业
　施工经归档、　　构件防水、模型板
　新技术：组合屋架、用冷拔钢筋与三连一排，构件
　地下人防，两层以上都要作。
　防水：乳（ru）化沥青
◎"建筑学报"有收集的必要，交流资料。

32

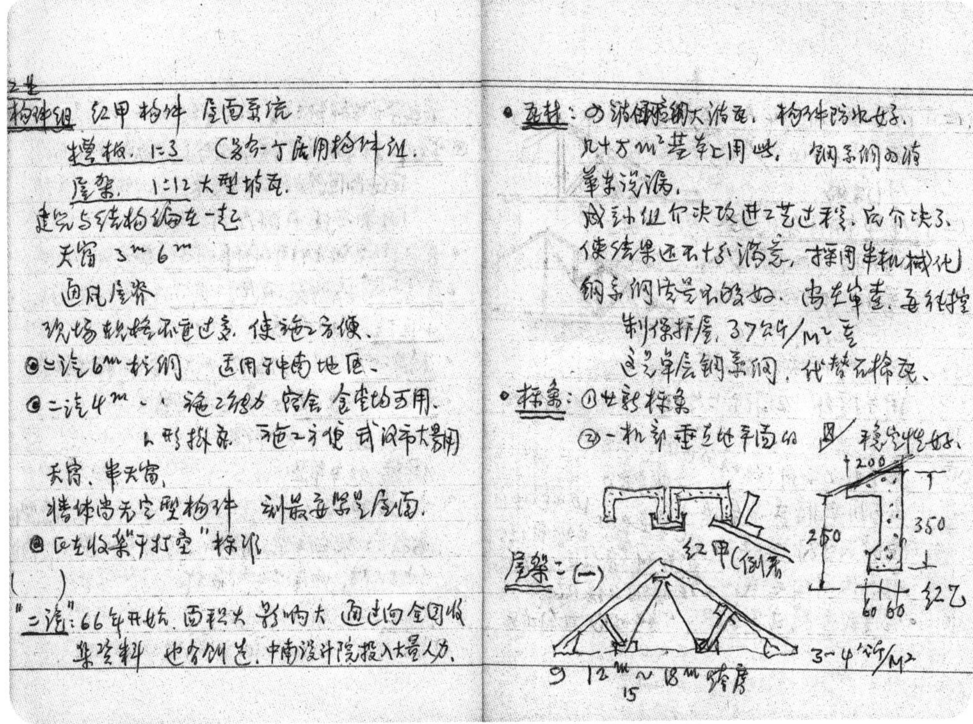

工业
构件组 红甲构件 屋面系统
槽板 1:3 （另一个屋用构件组
屋架 1:12 大型场面
建筑与结构编在一起
天窗 3m 6m
通风屋脊
现场就地不宜过多，使施工方便。
⊙二洼 6m 柱网 适用于中南地区。
⊙二洼 4m、、施工能力 宿舍 食堂均可用。
[illegible]
天窗、串天窗，
墙体尚无定型构件 [illegible] 屋面。
⊙正在收集"干打垒"标准
（ ）
"二洼"：66年开始，面积大 影响大 通过向全国收集资料 也有创造，中南设计院投入大量人力。

• 屋材：[illegible] 大消耗，构件防水好。
九十万m²基本上用此，钢丝网的 [illegible]
成功组介决攻进工艺过程，后介决了，
使结果还不十分满意，才采用半机械化
钢丝网 [illegible] 尚未完善，须控
制保护层，37公斤/M²左
这是单层钢丝网，代替石棉瓦。
• 檩条：①出新檩条
②一机部垂直地平面的 [illegible] 稳定性好。
200
350
250
红甲（倒置
60 60 红乙
屋架：(一)
3~4公斤/M²
12m~18m 跨度
15

33

屋架(二)
(二) 15、18、21、24m 跨度 [illegible]
钢用量 6~10公斤/M²
刚度好。
(三) 薄壁型钢屋架 .035 厚度 ~.025
用钢量 3~5公斤/M²（包括檩
普通 25-30公斤/M²
12, 15, 27, 30
防锈：喷砂、油漆
用于 [illegible] 在国际上先进。
吊车梁：
(四) 老T形 已不用（施工 [illegible]
当前用鱼腹式吊车梁 { 非预应力 / 预应力的 10吨以上 已作到125
鱼腹式可节约 [illegible] 吨，大梁作到18公尺效果好。
[illegible] 用组合式。下弦型钢上弦 R.C.
• 空腹式鱼腹式吊车梁，5吨以内 比较好。

(五) 柱子：外方内圆（用钢管抽心）利用泥心
[illegible] 办法
工字柱
管柱 ①300 直径 ②400 纳重10吨左
其它用双柱（电杆当中带动，
托轮式蒸汽养护 利用现场自然养护
速度要五种
则作到8公尺左右 可以节接
(六) 牛腿：
空腹式（把不受力部分去掉，节约材料。
(七) 基础：山坡基础
1. [illegible]
⊙ 2. 爆破楼 [illegible] 葫芦 2.5m~3m 一公斤炸药能炸1米大
3. 薄壳基础
4. 干打垒 四层的干打垒 用于住宅，车间壁 300~350mm 高7~8公尺沉降裂缝有 [illegible] 资料 作过震动试验 一吨锻锤车间可用。

34

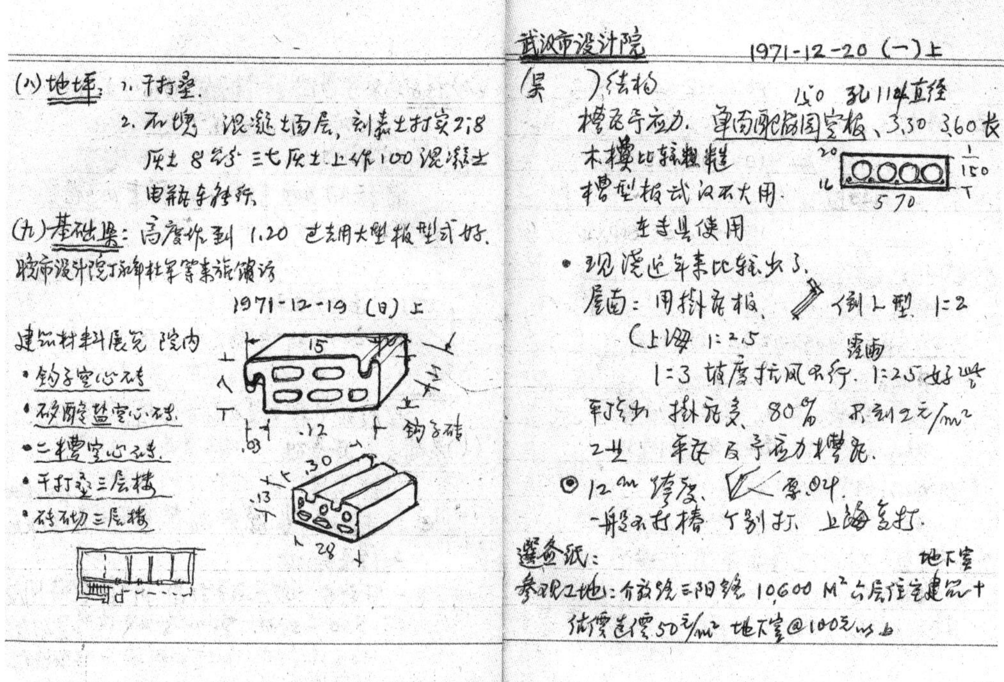

(八)地坪：1. 干打垒.

2. 不塆 混凝土面层，刮素土打实2:8灰土 8公分 三七灰土上作100混凝土 电瓶车推行

(九)基础梁：高度作到 1.20 还是用大型板型式好.

晚市设计院丁和钟杜等来旅馆访

1971-12-19（日）上

建筑材料展览 院内

- 钩子空心砖
- 硅酸盐空心砖.
- 三槽空心砖.
- 干打垒三层楼
- 砖石砌三层楼

15 .12 .03 钩子砖 .30 .13 28

武汉市设计院 1971-12-20（一）上

（吴 ）结构

150 孔114直径

楼板预应力. 单向配筋圆空板、3.30 3.60长

木模比较粗糙

槽型板武汉不大用.

在县使用

20 16 570 150

- 现浇近年来比较少了.

屋面：用挂瓦板、 倒L型 1:2

（上海 1:2.5

1:3 坡度抗风不行. 1:2.5 好些 漏雨

平均 挂瓦多、80% 不到2元/m²

工业 平瓦 及预应力槽瓦.

◉ 12m 跨度、 孚.04.

一般不打桩 个别打、上海多打.

避免纸：

参观工地：介敌绕三阳路 10,600 M² 六层住宅建筑+地下室

估价造价50元/m² 地下室@100元m² [illegible]

35

1971-12-21（二）上

早5:00 起床 6:00 出旅馆 7:00 上船 阴

1971-12-22（三）

晚东方红六号江轮

1971-12-23（四）上

小组汇报：

全部行程 19天

江西省房建局. 30名人每年60万投资任务.

万岁馆 预应力屋面板 31M

特点：吊车梁5-10吨、三角形桁架、钢架结构、RC门窗.

培养建筑设计还是需要. 自己办训练班.

参观：钢架屋顶6公分厚

军代表说了不可大

广州基建局 省设计院、市局 市院 广东工学院 住宅建筑公司 标种局

基建局生产组：广东工学院 干打垒 土砖、夯土、乱石

土坯砖机器打 1000~1400块/天 18×24×10

建设在郊区

省院 27层楼 拟建30层新大楼

南岸公寓、五层以上 硅酸盐砌块 28~30元/M² 40元±/m²

新技术：空心楼板. 20M跨度

素混凝土拱. 砖拱、7.28台风考验.

遮阳、屋面.

屋架：钢木

援外：轻钢结构.

干打垒：三层18公分

广东省设计院：技工业. 结构缺，介绍学培训班.

屋面作法. 建筑设计还是需要 防水材料.

遮阳.

市设计院：历史课要 借鉴外国处理方式 培养人数多

绘画太少 27层楼.车站

36

4. 教学工作日记

1972-1-6（四）下

小分队

（壹）全院教学大纲及计划　7-8 学习班.

审定全院培养目标，10-11 定稿，

报告：杨文倩，任炳华

学习批判路线　认识制订大纲重要性.

毛主席语录　纪要　省决定　社论

要逐条审查培养目标　措施是否落实

大纲如何体现

业务方面要求：

1. 要求是否具体

2. 课程安排　开课那几门　为什么如此进行

华东设计院　曾黄山（女）

3. 那些基础课

3. 开课　涉基础课

提到一系微积分只安8小时，会谈什么问题

4. 典型题目是否适宜　理由是否很清楚

5. 实践性环节有那些　通过实际上升到理论.

6. 专业课与基础课的关系是否密切.

（三）机动时间要留有余地.

（贰）合系问题：　黄、钟、许、郑、杨，

文教局明天就有人来调查.

[illegible]

01　1971–1–6（四）下午

编写教材：（居住）（工业）
杨廷宝 [illegible]
建筑设计及规划：许以诚、黄伟康、张敏娟、杨
〃构造与施工：姚自君 郑光复 朱敬业
〃力学与结构：何德生
数学：王政贤
建筑设备：吴景瑜、锺训正
〃制图与绘画：郑光复、锺训正
专业外文：

出差目的：培养目标
教材资料
广州：设计、构造、〃
杭州：吴景、郑光复（杨廷宝）张敏娟、[illegible]

02　1971-11-30（二）上午

1971-12-31（五）下
讨论建筑设计教学计划
工地参观
方针政策
设计程序
第一典型工程　生产性小厂房　8-14周
第二〃〃〃　工矿食堂　15-22〃
第二学期　31周~40居住建筑
41-42　设计快图

03　1971-12-31（五）下午

1972-1-15（六）下
上午看英文教材稿子，并参加素描水彩教材讨论
下午大礼堂《学习元旦社论交流会》刘树勋讲话

04　1972-1-15（六）下午

经济、适用、注意安全、保证质量。

87m 无问题 而 110m 行不行。

尚算好的写个报告批一下子。

陈部长：

4300万元投资都有了。今年先付2000万

李局长：

结构问题 还未谈

请贤参观介绍，

去年开始采取的

学生刚来 建筑学的需要

主持设计一般的建筑物

结构统一般

一般建筑也需要建筑 而则量的不适用

建筑特点要保持。

一度曾与工民建合 实际困难

70年毕业生(建筑)辅导能力差

教学计划修改为三年 去年多应加半年预科 补上物理

微积分学不了。通不通不了。(200学时增为三百)

选择就成为3年半

今春上报 改为3年半加半年预科＝4年制。

报告条件：要有较浓绘画的爱好。

过去报告已提到

制图课本编写尚未完成教课本

制图课 8～9人 制图 投影 物理 测量

公共课教研组 时间集中

完半年搞物生。

历史教师到参加建筑工程

(牛

专业3点年+半年补习＝4年。

学分15门：初60 高80

物理151 大70 化学98

05 1972-6-18（日）上午（赴清华教学调研）

4.英 402

5.专业认识课 第一读建筑

48 阶级教育

两条主线斗争

东方红炼油厂

建筑工地

参加劳动

与老农座谈

6.制图 106 结合

7.建筑画 470 素170 水彩 300

8.力学 235

9.结构 370 结构力学 100 混合100

建材 150 基建 26

10.物 120

11.房屋及构造164

12.设备 72

13.建筑历史 52

14.测量 76

15 设计 2438

学工劳动 732

6156 学时

政治 1000

军 286

毕业学习 143

7,585

建筑设计大纲：原20

大学性设计比重 68%

生产性 12.8 30%

2.学生的面向生产实践学习 典型 9个设计题

抓 3～4套为基础

3.加强工程技术 学术结合

结构要混凝土结构

开始要小面食，来的题 套为基础

06

毕业后能胜任施工图 打好基础
1. 小商店　84学时 邮电所 储蓄所
2. 市内公共汽车站、已搞过的
150～200 m² 有的上楼，96学时
3. 机关大门（使馆大门）加艺术处理
• 4. 乡俱乐部或会堂 300-500 m² 新建
160学时.
5. 小型工厂（混凝土、砖结构、混合结构
或小住宅　216学时
6. 大工业厂房　360 〃 不作
• 7. 住宅区规划及住宅.（规划及构造设计
510
8. 大跨度（考人流及视线）
影院 406学时
9. 多层框架　524学时.
旅馆（主力直栏.
系里有设计组.

学工劳动结合.

余
对清华的工农兵高.
基本功要坚，在实际工作中提高的快.
为何要纲少而精.
一定要有美术基础
设计院能作方案的人才少，要放快.
"多快好省"靠方案，要好快.

吴
画美要靠本功，水彩渲染一定要快.
中技时大方案拿不出来.

刘
主体画人像.
男色要大色彩要鲜艳，写生与渲染结合著.
结构不宜太多　实用能力要有.

07

清华：
进修班教学计划.（短训班）
建筑画 340

1. 专业认识课	42	参观、专业劳、讲座
2. 数学	196	中学数学
3. 物理	140	〃物理
4. 力学与结构	192	力学基础及结构计算
5. 制图	108	投影几何阴影透视 施工图画法
6. 建筑画	464	素描、水彩（全靠画班
7. 房屋与构造	186	房屋施工及材料
8. 建筑物理	136	声光热（以后专
9. 建筑设备	56	（暑假班有，这里是讲座
10. 测量	50	（水平仪、经纬仪使用 和测绘
11. 建筑设计	1394	
12. 学工	282.	（专业劳动
共计	3116	

08

两年中106周：

其中	劳动、校外、国庆活动	7周
	节假日	8〃
	总结、放假、入学教育	3〃
	学习、学工、排课（专业课	82〃
	机动（集体.	6〃

09

系 1972-12-18（一）下

齐康7/17开始负责建筑学专业的教学工作

•华南工学院（刚改为广州工学院

教学面向全国业务注意生产劳动带建筑

搞了个结合的歌剧院

建筑学 50 多人

也参结合生产

广州32层公寓、参

参加好大厅改建工作

•清华大学.

今年招收35名 训练班 25人

面向全国

要材作混合结构计算

工业会建筑计算了

建筑学 大型公共 2-3 典型工程.

要求绘画基础打好.

10 1972-12-18（一）下午

设计.

绘画强调画几何体 450 学时

教师搞教具（水彩

结构力学分开.

三次工地劳动

• 历史 80 学时. 中西. 高年级.

设计. 8~9题目.

工业建作一个大的. 分年专业

民用. 剧院

真刀真枪的活太多.

学工 ①机 ②工业

绘画（建筑写生. 水彩渲染结合

• 向建筑系院提高工效

• 编中小型民用建筑原理、制图

平立剖 经济核算

• 另编一本工业建筑 有计划地编写

真题假作要多一些.

结合教学参加典型工程 本校工程.

暖通有困难.

另办法派出去.

• 劳动到公社插队一年.

对口劳动. 灵活. 管理 技术性新

附近生产队.

科研: 结合科学性.

重庆: 专业 49人 到工民建.

专业教师变动大

建筑艺术还是要的.

建筑学: 方案设计 美术

房建: 结构 施工

还是 适用、经济、美观.

方针: 这方针是肯定的.

西南建设情况、开始把队伍撤回

11

有些题目不一定都要作起来
房建要求达到结构布置、作出计算
典型工程还是个集体创作.
房建专业：选型及计算.
建筑专业：方案
历史 60 小时. 要有分析批判
典型工程：作了五个 三个落空.
接工程一定要有批文
不了一幢两幢房 比较实际
劳动分散
构造：打散在其它课内.
(上海同学意见)
14 个同学. 毕业同学对我们要求比较高.
章明：是道男研究生
地下隧道
同学意见：各种类型训练有用

基本功要. 国际情报亦要知道
教师知识面要广
工业建筑高开间要研究搞不了.
基本功：构造基本知识. 绘画、渲染、
设计思路比较窄. 综合性比较强
西南：基本技巧. 知识. 不一定搞入细部
要有一些参观. 增加一些感性知识 要能打开思路.
大洋全受到批判 刻画要了分.
作方案比不上清华同济.
"怎样出人才 多办事 办好事"
教材要编、教师要敏感.
西南地基基础. 讲课专题有用. 除他
民族形式风格还是要的、要作研究
加强修费是 130元/m²
专修科毕业情况 大部在设计院里

12

对新材料至少要知道名子. 材料样品
重庆想搞构造实验室.
外文不学不行.
历史：八亿人口国家对自己历史不了解不行
对待资本主义应怎么批判、测绘
山东古坛也有用.
总评：不然中国人不知中国是从那儿来的. 斗拱是怎么回事.
建工局：八个局. 构造各不一定抄、变化大
"深挖洞 广储粮 不称霸"
不估良田(上海) 华东要搞高层.

办公会议 1972-12-19(二)
① 工厂条整问题 王锡鲤.
机構院系两级
下乡两趟、有控硅及射流两厂

13

5. 赴京参加北京图书馆新馆方案讨论日记

"十年内，全部城镇都要达到清洁城镇要求"
18个重点城市

彭冲书记在全省农业学大寨大会上的报告 3/29
学理论，抓路线，讲团结、鼓干劲、
江苏五万多名赤脚医生迅速成长，五十多万知识青年上山下乡，使农村的文艺革命、卫生革命取得了可喜的新成绩。
粮食增长 每年平均 5.3 %
棉花 〃 7.7 〃
高产稳产农田扩大到三千多万亩
去冬以来有五六百万民工，兴修水利，大搞农田水利基本建设。

"三反"（在党内、国家机关内反对贪污、浪费、官僚主义）
"五反"（反对资产阶级行贿、偷税漏税、盗骗国家资财、偷工减料、盗窃国家经济情报）

赴北京：图书馆工程
4/20（日）晚 22次 22:22
9:30 黄伟康来家共乘车

14220

01

国家建委第二次会议： 1975-4-21（一）晚
旧馆26,000m² 600座位
文物局请 160,000 m² 中央批准，
请10个方案研究单位，国家建委主持。
说明建筑物的重要性，为中国和世界学习马列主义的中心 互相交换 借阅书报，毛主席要人民大会堂 有16万平方米 不久前又提到图书馆设计问题。
提高认识 统一思想，院校三结合 走群众路线。
本会体现群众路线 回去再发动群众 刻苦学习理论 无产阶级专政
设计属于意识形态的东西，思想上资产阶级的意识形态还存在，知识私有，门户之见，文人相轻 均非无产阶级的，资产阶级学术思想在设计机构里也有。
我联系设计单位，刻苦学习不够，谁说了算的情况仍存在，自以为是，自以为非凡，流派思想，别人意见听不进去
作三个方案 其它二个方案为了否定而作 证实我的肯定方案不可，为了避免缺点，这次召开一次会 大家充分发扬民主。这个建筑不是一般建筑 作了准备向领导汇报，我是为什么建委主持这个会 时间短不再谈 按马列及主席教导行事。明天一天温习马列主义及两个文件建筑要求 后天参观现场 讨论意见 大后天开

02

好讨论：

1、如何体现党的方针政策路线，批判封资修，如何体现"独立自主，自力更生，勤俭建国，"总理提出的"适用、经济，在可能条件下注意美观"

2、研究建筑风格问题，要不要体现"洋为中用"，图书馆有它的特点。

3、建筑的标准，设施的要求，机械化程度，用什么材料，防火问题。

这次会议应是一个学习的会议，讨论后分配任务，最后只有综合定一个方案。大家作方案也可能集中就是作一个。让大家都有个设计设想机会，第一步作什么样设计。用五六天的时间，在座诸会把会开好。

14220

新馆要求：3,000座，库2,000万册，工作用房1,000余人

会上一定会有这样那样的意见，这个会上不作结论。

（刘馆长季平） 1975·4·21（一）晚

同志们：

主席诗"心潮逐浪高"对同志们来说激动兴奋心情。新馆是国家的需要，国务院的关怀，是对我们的鞭策。建委计委安排这样的一个会使我们心情万分振奋。

国际形势大好，柬埔寨只用五年〇一个月打上金边

我是1973-4到现在刚两年，当时就碰到就地扩建的问题争论，主要是两个房子问题，要扩建就得拆红楼及灰楼。我当时思想就是"因陋就简"，但有同志就不赞成，有人说现在不多考虑将来会

03

后悔，才是把它叫为"大图书馆"。我还是把这方案报到中央，到美国访问后看到总理批示"可以保留老馆，在城外建新馆，一劳永逸"，人都感觉我的想法错了，不是从客观需要设想的。我想怎样来解决"一劳永逸"问题，我想讲两点

①要有气魄和决心，要维护好我们国家图书中心，不致建成了后悔。这个主体建筑不要像美国会图书馆，没有预留发展。1890年建成的，现在不行了，就在马路对面建第二馆，1930建，又在建了第三馆，尚未建成。设计第三馆时为了解决在外面出事的（至少，考虑到20世纪够用）书不断增加（八亿人民毛泽东时代）贯彻路线方针政策，这里就有个世界

14220

观问题：（当时只想解决当前困难）

②原140万，现在八九百万册书，我们面临不只一个物的问题，还有个政治问题。我馆是宣传马列主义为工农兵服务，是个革命后勤机关。文化大革命以来，我们的上层建筑存在着又相适应又相矛盾着。现在被动应付，旧馆是美帝国主义根据旧书楼的设计，规模小，许多工作难于开展。这只是物质问题。思想政治上旧习惯势力都要加以改革。若只注意建新馆不注意革旧馆也不行，都是为了革命，要学会在建馆的革命来促进革旧馆的革命。

○为了实现总理的批示"一劳永逸"

1、整馆整体问题（美帝采用电子计算机）

14220

04

美帝搞妖，在建筑上要把洋人设计的为垄断资产阶级服务的图书产生退色。

2. 高瞻远瞩要作用一个基地的规划 目前又所涉及的建馆 使大家从四面八方看着都像样子。但也要有所为有所不为，地区要搞好。

3. 由内到外的设计 体现伟大新中国的气魄 但也要合理内部安排 周围环境安排。

参加单位：①北京[3] 南工[2] 同济[2] 哈建工[2] 广东[2]

北京建工局[4]

②建科院[3] 清华[1] 天大[2] 陕西[2]

建委汪子玲同志：

参加26人 五大学 五设计单位

京建工局4人 设计所 陕西第一设计院

一机部 四机部[3] 公安部 消防

图书馆 文物局 北京市规划局。

日程：5½天 （清华李道增）

昨晚预备会

马恩列语录。

毛主席论无产阶级专政。

设计任务书。

设计要求。

要求政治挂帅 1、2、3、条作要点

5条 11、14、22、23、27。

两个决裂 资产阶级法权。

筹建单位。

14220

05

4/23 ㊤参观图书馆、㊦紫竹林

北京图书馆

马恩手稿 毛主席

4/24、25、26上午 两天半讨论

一天去讨论设计思想。

4/26㊦如何下去作方案。

4/27(六)上休息 ㊦小结。

时间：8:30～12 2～6 晚不活动

第一组 ~~建科院~~ 南工、北京（吴观张）

设计所、天津大学。

刘季平馆长：

当前有500万册书无处保存。记者在馆

万里市长第一次提出在天安门广场南西面

五九年康老提出景山西侧 第三方案紫竹林

美帝增建新三馆每年进30万～70万册。

（张镈）过去设计由学会出面 这次由行政领导出面还是第一次。

过去是群众路线 综合各方[illegible]问题

第二种形式是国家剧院 三单位集体创作 集体评议、四个大组，每周期就是一个多月 37方案到最后2个。

另一种是国际机场

宋主任提设计是个意识形态工作，群言堂[illegible]

（吴景祥）作为无产阶级专政的工具 思想改造

设计思想统一认识

设计中走群众路线 是通过图面的表现语言。

（关天瑞）同济 无产阶级要占领这一个图书馆阵地

教育后代 对三大革命（原37年建）

对国际影响大

14220

06

不同与垄断资本主义服务的图书馆。

要有气魄要能体现伟大

考虑到近代化设备 空调等先进技术 洋为中用

能否组织一些课外活动参观。

观张
(吴观张) 42. 北京市设计院

过去我们院作过一个不能"一劳永逸"的方案

从未整过这么大规模。

思想路线要正确。

要为祖国增光增气。

宋主任讲如何发动群众路线。

学而优则仕的旧思想 有改造的必要

知识要商品。高价出售。要改造旧思想。

章之娴
(~~张钧祥~~) 首先要解决设计思想问题。

留有余地 采用科学的发展。

要吃透方针政策。

(张镈)"充分留有余地不要把文章作绝"

三点：要有实践观点 要有群众观点 要有全面观点 } 总理对作北京饭店指示

"经济实用朴素明朗"—对国际候机楼讲总理

北京拆迁建 要 300元/m²

(杜顺芝) 建工局木工。(杜顺芝)

53年来到北京。

(张兆) 要反映政治上的大好形势。宣传马列主义

领导上决心很大。

(黄远强) 广东情况和他处不同。地方上只是扩建

(吴景祥) 要能体现国家的各方面的发展。

(黄伟康)

(张) 1.书库净高2.20m/层？18层？

2.善本珍贵书库

14220

07

3.防火问题。每层面积太大 每层一漏斗不够

4.空调标准面积库12万全部12万平米。

当前设备面积估 7~8% 没有这个面积

5.电子计算机 管线要空间

6.厂房要起来上下交通需要60%。

7.水位设防48. 49.4

(吴观张)

设备问题

(吴景祥) 书架子用什么作 钢、R.C.

空调管道怎么走 最好先有个办法 提出要求

电子计算机要活动地板

(   ) 请一机部来谈一谈他们的送出方案。

以空调为主抑自然采光通风。

(四机部) 请提出取书速度指标 才能决定传送结构。

电子计算机要求空调比较高。

电子电话 影像机 传数目字。

(张镈) 机械设备用房面积不够 要设一个修建队伍。

500门电话机用房不够。

过道厕所面积未打。

明天参观

8:00开车 建委一站 分两路参观

北海图书馆参观 1975-4-23 (三)上

刘季平。另有五位付馆长

临时党委。下面办公室。

部下分组：1.採编组

2.阅览部 书库外借照像。

3.报刊部中外。另有柏林寺 7千自然科学开架

4.联合国资料 开出2千种。井儿胡同报库

5.参考组。有关书目出处咨询工作

14220

08

雷发达 6、善本部 古书、善本、精印 世界文献
1619-1693 金石组
地图组 历史沿革 另开放
(联合目录、刻缺字、未印
小型印刷厂（将要扩大 14台机器 复制
另有2个附属组：①宣传组、学习室、由党委
②国际图书交换组.
全国出版物都交送三册 外汇100多万人民币
借书：个人、单位、馆际 （赵城藏）
装订室：修整、整旧如旧、装订技术 几千卷十年修复
常出展览书籍、善本、古代科技书籍
▲ 旧房31年由丹麦建筑师设计
面积 12,600 m² 400万→900万册
柏林寺 6,900 m² 3,900
分散在五个地方 （彭则放付局长 文物局）

09

北大图书馆参观 1975-4-23（三）下
（郭松年？）73-4开工 刻经两年 五一要开放
总面积 24,500 m² 原则在设计
①根据需要 给工农兵学员使用
②外宾任务多 壮观大方
③尽可能节约
书库 11,000 m² 采用 框架
楼板 100公斤/m²
办公处 混合结构
形式同内
书量 350～380万册（刻300万册）
阅览 2400个 共31间
100～200 16
中型 6
小型 8

14220

79间研究室 约32 m² ± 40-60 m²
业务用 11,200 m²
公共的 1,800 m²
教学付 1,000 m² ？
阅览 4层
辅助书库 8层 防尘防火 通风设备
中间十字是书库 共十层
自动防火器尚未安
每2层一个设备层
自动化由本校自己搞 尝先平行运输
用电子控
书斗相碰自动停车
电子自录
存在问题不少：设计使用协作不够
①书库用防火墙 原拟上下围梯

书库正中设大楼梯不要光线. 浪费了.
主书库与辅助书库相隔两道墙.
防尘未解决 只解决平层问题.
出纳口相当多. 不见阳光也不通气 人流多
四个借书处人多. 刻只用一个.
每一辅助库最好解决2层出纳.
②管理浪费人力 最好特分三翼
星期日只开一翼 刻全通
③善本书库 不够用 善本5万 共11万册 放不下
④自动化一定同时搞. 刻自动化跟不上
刻改电梯 原通道.
⑤施工质量差. 地不平 水泥板.
夹层吊顶不平 冬季施工 水磨石坏了
▲ 书库 2.25 m 层高.
▲ 造价 350万 由工是本校教职工. 造价
@170元/m²

14220

10

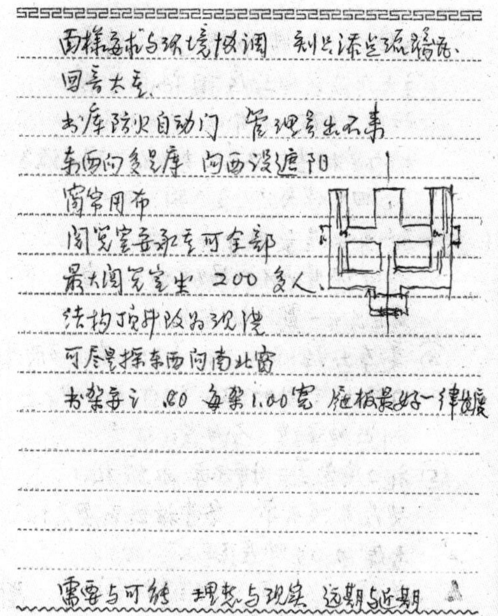

画样艺术与环境协调 剩出添些琉璃瓦、
回音太重、
书库防火自动门 管理员出不来
东西向多是库 向西设遮阳
窗帘用布
阅览室无承重可全部
最大阅览室坐 200 多人、
结构顶层改为现浇
可尽量採东西向南北窗
书架每立 .80 每架1.00宽 隔板最好一律规

需要与可能 理想与现实 远期与近期

小组讨论 1975-4-24(四)
(吴观张) 体现方针政策 要从任务书开始
图书馆应是培养无产阶级干部的工具之一 设计
内容关系很重要、为政治内容服务 政治
运动服务。
(黄远强) 为了体现方针政策 从经济事业是经
济条件技术可能那些能作那些不能作
全国人民关心也是世界人民所关心的。
(吴景祥) 首先要明确服务对象 为工农兵服务、
选择是否可以放展。
可否把书捆起来分送北京运输
(张镈) 路线问题. 图书馆里什么是资产阶级法权
如何消灭三大差别. 无产阶级特别应是什么.
首先为什么人的问题. 为无产阶级政治服务.
为生产服务. 应进行一些调查总结.

14220

11

③需要与可能 面积定额 质量标准
▲ 30m² 一万册书
书籍流通 职业病、传染肝炎、照顾老弱病
残人。空调问题 18°C～28°C 我们强调通
风换气. 质量标准牵涉投资很大、
④形势与内容. 民族味
⑤战略战术 北图战略对战术差. 人物注意到底
领导决定.
(丁志刚) 路线是纲 领导是关键 群众是基础
(张之凡) 路线要正确.
社会政策路线、如何鼓干劲
标准问题 缩小三大差别.
独立自主 自力更生
(张镈) "时代观点. 群众观点. 全面观点"
"以我为主, 统一中求变化, 力争现代化"
去年过北京人的不健康思潮

"九类饭店"(过去的七类) 高、表现在空调
及各工人服务标准高一些。
"大厅厨房、噪音、管道、擦窗"四个问题
窗(子母扇 二防
42 米见～45 米见　北京饭店造价
△ 北京饭店520元/m²(450元原价)不包括室内
(主体建筑) 连家俱 600元+
总共 88,000+m² 面积
空调 新风系统 风机盘管 每层
有2小机房
氧矿像棉
▲ "精心设计, 无限热爱"—长沙火车站
▲ "经济实用, 朴素, 明朗"—首都机场
(张镈) 北京饭店四阳台 ①为了擦玻璃安全 ②为了
空调负荷 ③为了赶装修, ④四阳台居住建筑气氛

14220

12

⑤琉璃瓦檐子一般说为上边黄色多。⑥内部宜取立粉贴金。

施工：①全装备派 ②预制板现浇梁柱。

北京88,900 m^2 饭店 施工一年多。1公顷：10万 m^2

用地8,000多 m^2 最初不许超56m 87m高

李先念说农田不能再侵占了 多作一般写字楼一个饭店

1:3.5 每公顷建到3.5万 m^2

▲ 办公楼 1公顷：4～5万 用地

城里不超45m 城外不超60m高。

(吴观张) 65×65 楼房不宜太高。45×45柱径

16层59m高公寓可抗7～8级。

地震区无论高楼梯 现浇也不行

160砖烟囱全完了（海城区）

汤岗子疗养院一家四口均压死其它100人均未死

营口一饭店接头饭店迭未坏。

批评出檐为"博士帽" 无檐为"秃头"　7:00开会 张、吴。

长话大楼框架但填的砖看似混合结构。

京派、广派、大屋顶、博士帽、秃头。

不管怎样都要对称。3500 m^2 要仿首都体育馆

(吴景祥) 国立图书馆应作的庄重一点。

应代表中国文化气氛 要朴素 明朗 庄重。

某些大厦可作一些艺术处理。

(吴观张) 立粉贴金受到中外欢迎

(张镈) 马列主义大厅应居正中。

(吴观张) 桂林山水 两万元

用色黄色保险 郑主席用调和色 其它可轻松

忌讳用黑框

(张镈) 北京饭店框架填砖每四方1.8吨。

国际候机楼7.2大版 别处能作到6.6。

北京花岗石 价150元/m^2 [illegible]

13

书库300册/M^2

(黄远强) 建筑外貌要与环境结合

书库高层怎样与园林相适应

广东会堂紫荆路种木棉 有劲

讨论用地问题

30～40 用地仍以十公顷 布置紧凑一点

书库高一点 阅览可搞五层 尽量节约用地

皮鞋厂年产一百万双 六分地/人 110人

王子楼 12600 m^2 老院子 2.12公顷

广州32层 1:4。

前门光明日报 1:5

书库 3×6.6万

防火要求 2000 M^2 就要隔开

人大 206m×332m

谭祥金馆长谈设计要求　1975·4·25（五）上

(一) 任务与服务对象。71一号会议纪要 主席圈阅。

统一编目发到全国各地就不必另行编目。

为中央党政军领导机关、科研部门和生产单位

广大工农兵革命群众服务

(二) 设计指导思想。

马尔谠尼 钓鱼岛资料

国家图书馆应起的作用

田中来前提的资料 这次作的还不错

现需要 将近一百万册。

要批准 42,000平米 书楼 未谈阅书厅

(三) 总理讲"一劳永逸" 讲的高看的远

(四) 要有气魄 第一期就要建成一个好基础。

(五) 对总理指示辩证地体会 百年内30-40万平方米。苏联到60年也扩建三次。

14

"保证重点区别对待"贯彻勤俭建国
(三)具体要求 3000个阅览座位 2000万册
第一次拿出这样多东西展览还是第一次。
美国会图书馆是为国会服务、政府服务
我馆为多数人服务，三个内容
1.陈列马列著作 毛主席著作
2.批判的有关著作及学习著作
3.配合政治运动有关资料展览
书出开架阅览 70% 30%仍存大库
综合阅览室 特藏阅览室 研究室
49年140万册 每年增35万册 74年22万
建成时达1000万册
每出版新书都要买三册
美流通量 200,000册/年 18~20°C
流通层是通密室有运书设备，其它层是垂直

人员编制：每人管16400册
美 " 7800 "
苏 " 9900 "
日 " 3700 "
服务方式：外借(本市、个人、集体
馆内阅读
书答咨询
照像复制 放大 缩印
外文新书展览，高层建筑，联合目录
展览 叠片 新书 报告 会书卡片
国际交换，
(三)业务工作流程：
采选、采购、赠送、登记、编目、新书展、
基本书库、出纳台附近要有候处。
(张良)机械化自动化 自力更生 革命化
14220

15

①运送线 库内 运书箱
②运输箱上升本约1吨~1.5吨 垂直、
③联系运送线，自动回到层 送书桌到阅者手取在十几分钟分决，书库每留存根，显示存根，书写传真。
④自动化 电子计算机 统一检索系统
苏100万 中30万 读者管理，
进一步搞全国存查网
7. 视听资料室。
(黄秀良)一机部
刚尚拿不出一个假想性意见，要结合建筑要求方能考虑 73年已开始研究这一工作。
只能汇报一下73年运书初步考虑(张良)
(一)送书条：倾向用气送，剩比较可靠 管子径比较小。

(二)送书：与书架排法有关，必须一块儿考虑气送
2.悬挂运送机书库高度不足
3.皮带输送机 国外用的多 噪音，
4.电瓶车不理想，与建筑部署相互制约，
轻型挂具8m/sec.自动到达定点，国内尚不成熟
噪音压降塑料几公里长。
(张宏光)四机部二院
电子计算机400 M² 机柜 磁带 磁鼓16/250公斤
今后可能逐渐用磁带 输入机 银光屏显像。
电源 400周 8瓩 2台空 18°~24°C
主机两台 300 m² 已够 但700 m² 备发展
层高 3.00m 净已够，空调及地板
荷重 500公斤/m² 2吨2m²
27°C以上 15°C以下不稳定，最好设在北面，
採光无特殊要求，主要靠人工采光，湿度50%
清洁要求一般灰尘少些 14220 45~60%

16

活动地板与建筑无关可移动，60~80见方支点高5~30

2系统：① 情报检索

② 为读者服务，

③ 电视监视要不要

④ 书写传真找书

⑤ 视听系统（电视+电话）

（北京市勘察处）

承载15吨土

首钢厂处地下水位 5^m~6^m 北边 8~9^m

北京地下水位大量下降

河北 4.76

（章宝娴）首钢厂 约10,000 M^2

园林局 ⺁一万

中央指示"少占农田或不占农田"

首钢厂今年4000 m^2 建设任务。

设计展览：十几个部长看过 十年设计成果展览

流水运输机、猪厂吊挂运输

分五馆 1、工业 2、农林水电 3、建筑材料结构

4、勘察机具 5、设计工具

2:15

预备会： 1975·4·26（六）上

务虚先一段落 （2万 M^2 业务用房

1、任务书上几个大数？容量2.6万容会馆建

2、标准：空调那一部分搞 那里采机械通风

先进设备 磁盘 磁带 传送

用料大理石（各校）

3、落实方案 作法 时间（深度）

4、高度

5、抗震人防（如何安排

14220

17

讨论：① 设计标准 回去怎样作深入议

② 任务书上面积分布

③ 建筑质量标准 空调、抗震、采暖、机械化、

高度、营电、人防

会议到星期一晚结束。

（吴观张）2万 M^2 业务用房能否放在大房内 请把用房分配情况写一写。

约12万 M^2 在这里要求空调，将来面积及人力都成问题。

（　　）业务用房最好造期别暂开阅览室楼通不合适。

（　　）采暖就成为一个大问题。

（　　）大型公共建筑60%系数恐作不到。

（李道增）13万平米先建但必须考虑到40万时怎么安排需有个整体规划。用地狭长 布置上要合理，

（张镈）同意全面观点，应把全部40万作个设想发展

美帝三次建馆 都有书库编目三个相对独立单位。

"面积空虚 性质规模"、北大300册/M^2

" ²神经病³肠胃病 万册/30 M^2

我不同意设有空调、要留下管道走廊

阅览室要防噪音，要空调而不要高标准。

结构：八级抗震就够了。

流通书库

装修上我不赞成用大理石 华岗石 不在乎高贵材料

石@150元/M^2

吊顶用木料 及防火问题，尽量搞干作业。

6.6 7.2 予制板

我们可能去予制版现浇柱子。

（吴景祥）远期与近期如何结合 现在一个整体 将来是另一个整体。

（　　）应考虑到两种办法

14220

18

(关天瑞)采光我意自然采光也可以有 绿化还要看
有些新材料还可用 兰色折光吸热玻璃
材料生产单 可发给大家参考。予留管道
朝鲜九层尚未装地毯

(　　)2万平方米的安排与影响。
2.4万米占40%要空调 但平方米要求很大的工作面积
空调标准我想区别对待，有些可自然通风换气
能否考虑密排柜以节约用地
土法机械行诸效的也可采用。
结构选型及暖通方面将来可多征求意见。

(黄远强)广州搞了楼 要高以便将来扩大 有人说"方向扩"
以后各种微缩
关于装修也要适当用一点。广州用乱石竹子
少用高级材料 低材"高材精用、中材用好、低材巧用、废材利用"破瓷烂碗。

紫竹林北京图书馆扩建新址：
总用地 485(长)×210(宽) = 10公顷
一期拆迁住户和农田有 6.3公顷
拆迁面积 2万m²
拆迁地与拆建 七～八年半
用地与建筑比：
6.3公顷：15.3万平米 = 1:2.4
建筑密度 35%～40%

白石桥生产队
气象局
绿化队

(吴观张)大理石厂下脚料利用
友谊商店栏杆镀克罗米棍150元
小窗子镀克罗米比铜管铝管贵
门厅大厅要点装修，大理石可用些
抗震问题不必考虑 八度北京。
后勤业务用房必须得要同时建造
可否作一段摩一摩再定任务书

14220

19

继续讨论　　1975-4-26(六)下

(丁志刚)善本储藏及甲骨文要求高一点恒温恒湿各室要
区别对待。阅览室可要求低一些室内也
有开架书，小的研究室可不考虑空调
书库为防尘就必须密闭空调，东西晒用
隔热玻璃。报纸也怕干燥

(王子玲)计量局要求 ±0.2 采取大房套小房
一方面保护书籍 另一方面考虑工作人员健康，
全国54民族 拟设54座位
120座位可灵活隔断。

(林乐义)最好不搞锅炉房 先作一个临时烧油的
阅览室开窗，用热风

(　　)保证重点区别对待，(西安)
吸湿器

(　　)每人按15M²　30M²放10,000册

3,000座位　3,000借书　2500工作

(　　)按五大项 书库按基本书库 66,000
特别书库 占10%　　机厂 五万平方米
流通书库 " 30%　　北京饭店通风占1/10
流通小 " 45%　　=6,000 M²
报纸 " 15%
2.读者活动场所及复制
出纳厅问题
视听资料服务厅和展览厅
3.车间 8,000 M²
解决办法：

(　　)送书条二分钟 还书十分钟上架

14220

20

北京饭店二　　　　　　1975-4-27(日)上
革釉陶砖、　彭县 @2.50/块.10×24
塑料灯 有机玻璃
大理石 湖北黄石"秋景"每层一种石
湖北石 "雪浪"
装饰新板、木板、
面积 88,500 M^2 共 93,000 m^2
红墙内汽车棚　　　　460 车
　　11.万元
占地 9000 m^2　10:1　　库房
23层 地下3层 (人防、机房、洗衣房
地上 18层 + 2 设备层
(一)(二) 宴会 厨房
(三) 东半北发厅 理发 西山字、电话
楼梯上下为

每层 50房 40+房子. 中间大厅
前厅 2层高.　　　三时代三风格
新旧楼联接、　1905、1919 1957
立面 135m 宽
拆了鹤香村 及中楼两个包袱
中间加联接廊. 80.38
色调黄接近中楼.
4.65 开间　4.00 两横开间, 20 m^2/间.
单间 22.5 m^2　双间 48.5 m^2
三套间 84.4 m^2　　　　装饰
要反映 70年代 中国风格 统一性
　　良快舒适.
装修要有中国传统 三彩装饰 宫灯
　　厅内. 天花井.
采用新技术 新材料
14220

21

塑料墙纸. 要用北京的
　　　　天津的高级仿锦缎.
用107胶价廉 水洗 墙 拼缝.
　　仿阳湖作用 1毫米裂缝看不出
　　北京先用
　　180元/m^2 比油七价廉
釉砖可纳在室外代替琉璃瓦.
　　不变色不炸裂、1200多度、
石棉橡胶地毯 不留脚印.
自动门 上海北京合作. 传动装
八台电梯 4台一组.
客房 风机排管. 每间房自己调节
灯光 明暗调节
呼唤信号. 微声扩音
旅客. 服务员到那里摆那里

电动窗帘. 到右边按 卧左也.
美术学院 负责 窗帘 地毯
三种家俱形式 三种色.
墙纸 8种图案 每样 2 种色.
16种二　湖北 3　贵阳 2
(大理石)　上海.　北京 8
踢脚用黑
厨房味 作了70m 高 菜味 (总理
1:7=1 比例 后勤供应.
旅馆高层 过去较底不能. 外国也笨 11层,
　　以上装2台 以下未装
木龙骨 地毯 防火不利 加防火楼梯
货梯封闭. 楼内留存走向.
隔音太了二夫 不好住 向南旁厕三件放一排
　　机组加减震. 抽气管消声
14220

22

灯具：10×20 用钢楼梯 缝隙稍大
客房用"减"吕罩 大灰5烧砖 17m×5m 桂林山水，
@2万元 85 m²/200 m²
桂林 4m×3m 覆作业

和平里布座：　　1975.4.27（日）下
锦纶：聚酰胺（强度高、弹力大，耐磨易洗、易干、不霉蛀、耐酸碱）耐光性差、吸湿率低
涤纶：聚酯纤维（弹性好，耐磨易洗、易干挺括、不皱、耐酸碱吸湿率为0.4%）吸湿率差，不宜作内衣。
腈纶：聚丙烯腈纤维（对日光及气候变迁特别稳定，耐久热易洗、易干、不易沾污）难于漂白，不耐碱及强酸、价格较贵。

大组讨论会　　1975.4.28（一）上
（丁）一次规划 分四期 建成。
现在作出第一二期建设规划
中央批准的大数不动 其它小项可作适当调整。
读者位及藏书不变 3000座位 66,000 M² 书库
业务行政用房必须放在第一期。
第二期是第一期的继续与补充 希尽快完成
第三期自2001年开始，25年
每一万册书增加一个人
第四期2025～2075年共50年，总计建筑
面积达 418,000 M²
（谭　）补出9000
特点 电子计算计　　50~55%　21°±3°度
基本书密闭，予留空调设备。
阅览室自然通风，除大阅览室
14220

23

机关用房减少 食堂减少
车间及附属用房 减少
标准。
会堂不要后台
业务行政用房可分建。
设计任务书尽快修改 十日内发出
（赵冬鹏）
总平面　1/1000 比例
模型
平立剖 主要房间名称 材料 1/300
透视图
方案说明 总体依据 各项指标 密度、
概算。
（二）用一号图纸　一般都用透明纸
说明可用三号

七月中拿出来。
（　　）建工局
先进材料 如墙纸 @1.80元/m² .45元/m²
自动窗帘、塑料的应用。百叶遮阳 加气板
塑料贴面 防火报警器 钢搭骨。轻隔墙
矿棉板　石膏板。　自动门 炭化板
吸尘、
结构：剥层有6.6m预制板，现浇作7.2m
R.C.可以考虑。升板结构：北京饭店东楼。
2000人报告听。
要争光争气

北京图书馆：刘季平（馆长）丁志刚 李家荣 谭祥金
国家文物事业局：彭则放 曾祥荣
北京市规划局 章之娴（女） 市建委：陈书栋
14220

24

参考资料：

视听觉设备 Audiovisual Equipment

余田爱南谈阿尔及利亚 1975-4-29（二）上

18天 1400多公里

1834年 小巴黎之法国建筑，技术和分

50亿美金，各国专家均有 全国只一个建筑师

到有8个建筑师、2大学 巴西人设计，现代化

三层大楼 跨度 50m 挑出 27m 技术垄断

九月份要素 可能要向教育世命

体育中心 95m 自己不能施工 要请日本人施工

海边建筑与山海结合的不错

军港亦给看

进行 ①工业世命 ②文化世命 ③

机械化程度愈高失业愈

图书馆查目录快 借书送出快

法文化中心 680亿（法）英意两国人设

$60^m \times 160^m$ 人不走楼输送带

100万本藏书

每天4000人看 有底片 30万份

缩微3万 幻片2万张

$15000m^2$ 10月完室 1300座位

新闻室 $1300M^2$

送书机械化 4000种杂志

大贾德西德制

地下铁 自动化高

过道灯自动化 亮灰 180公里/小时

上了汽车就不能下车、豆自驾驶，高速度

A区 150 米 西区

利用大空间 家具用吸音材料

14220

25

总结会议 1975-4-29（二）下

（袁镜身）会议情况（一）

会议8天 学习与到设及领导指示 讨论了建筑标准风格等有了些收获

① 领导重视 宋主任 刘馆长

② 北京图书馆工程的重要性的认识

③ 路线方针政策联系到资产阶级思想对方案有了明确的指导思想 这是个很好的开端 对其它工作

设有个人目标共同工作

④ 走了群众路线，老中青三结合，面向广大学校和

④ 虚实结合 讨论并参观

（二）会议中讨论的问题：

1. 用地规划问题 视查了现场 与有关单位商谈 本"一劳永逸"周总理指示16万m^2中的2万m^2宿舍另建，但另加2万m^2的必要用房，尽先靠近要拆的房地建设 必要时可向北西适当延伸 现用地暂定10公顷

3. 建筑标准问题：

① 抗震标准问题：主要建筑按八度设防最后再定

② 人防问题：善本书籍 特藏暂按一级设防，其它按平战结合

③ 建筑标准，主要部分可作 机械化 自力更生土洋结合 将来请一机部四机部提供意见

④ 防火问题需认真安排 灭火除烟人员疏散

14220

26

⑤采暖问题。锅炉房设不设 可作临时烧油办法

⑥空调问题：对善本特藏缩微空调必要 其它作密封空调大阅览室，一般不设区别对待

⑦装修材料：重要部位采用较高级材料 不能大号采

(三) 建筑面积分配问题

原提出包括业务用房 2,000万册 3,000座位

书库	66,000 m²	以上共16万平方米	
阅览厅	48,250 m²		11,600 m²
业务加行政	9,000 〃	修	1,400 〃
车间	5,250 〃	食堂	1,000 〃
机器房	6,500 〃		6,000 〃
附房	5,000 〃	尚可作局部调整	
住宅	20,000 〃		

①18万 ②16万 ③14万
10层 45m高？

(四) 设计方案深度

包括 总平面 立面（作模型

主体建筑 平立剖

主“”“”立

4 透视图（尺寸统一

时间 2个月～3月（是否当中碰一次头）

(刘季平馆长)

利用机会向建委到会同志表示感谢。另到设院帅下毛泽东思想指导下 实行了各种三结合 六个方面，规划、设计、教学、施工、一换四机 从七个地方六个方面，十九个单位（16）代表。另有些同志间接参加了座谈会 又到几个单位参观访问 作了广泛的了解。从立场观点，人与人间的社会关系发生变化 我不敢班门弄斧。

14220

27

我谈一个甲乙两方的问题。曾参加过上海市政管理工作 比较上手接触很深 基建工作上一直存在着对立统一的问题。存在着一个生产资料所有制问题。列宁说过遗留下来的残余，介放初关系更复杂 都是私营营造业，还有私人建筑师事务所，是个公私关系 也有的是私与私的关系，营造业走在前面进行了改造 三反五反后改为公营了。变成甲乙两个公方 当时两方之间仍处于委托与对立，各有本位思想，造价低，所有制变了，矛盾依然相当大、互相勾心斗角。发生些问题、事物总是在发展的、会上运两方关系已经大大不同了。大家团结战斗 心往一处用劲往一处使。大家坚持政治挂帅。都从继续革命的目标出发 两个阶段 根据16字的方针、“实现”——等和遗留的指示。来作出安

“独立自主、自力更生、坚苦奋斗、勤俭建国”

排，达到“适用经济在可能条件下注意美观”。注意到有机联系合理安排。面积问题比我们馆里考虑的细致，采编部本来就不同意缓建业务用房。

会内会外几个三结合，两方的关系有很大的变化 另内机关六个方面，过去设计与施工有矛盾 各建筑公司间有矛盾，建筑师之间有矛盾 门户之见 不同学派理论学派 各立门户 互相瞧不起，现在都更紧密的结合起来，设计与施工关系发生起变化 施工同志亦在参加设计。都是马列主义毛泽东思想的表现。使我们受到了教育 在北图的建设过程中一定会更好体现出来。

争取79年三十大庆时能开始使用。造价基本指标看来还适宜，面积争取不突破但造价可能会有些出入届时报请审批。

14220

28

(宋养初主任)扩建方案筹备会议

刚刚召开全国基建会议 这次会是谷牧主任倡议的。袁镜身谈的我都同意。刘馆长讲话语重心长。全国形势大好。国民经济出现一个新的跃进。铁路运输特别好。周总理在人大会上提出的两大设想宏图。今年是关键的十年。谷牧主任讲任务是艰巨的。康生铁路 输油管线 都要搞起来的。全国上下人心振奋

一方面发展生产力 同时提高政治思想水平。人民的共产主义思想觉悟提高。发展生产力的同时还要重视提高人民的觉悟。图书馆为发展觉悟、交流起很大发展作用。十年国庆建筑 二十年修旧馆 三十年开始使用新馆是一项伟大的政治任务。今天再讲几点意见：

①第一学习马列毛泽东思想理论 才能提高执行毛主席路线的自觉性。要无产阶级专政的理论弄清楚。分清高低的东西。反对崇洋。这就是搞好新馆设计的关键。为什么这里还要强调"勤俭建国""厉行节约反对浪费"。设计中还要贯彻总理的"一劳永逸"的指示。因此考虑到一劳永逸的安全，要考虑用地的方向。将来发展要留有余地。

还要采用适当的先进技术 要的部位可以用 像北京饭店的自动窗帘不一定要。总的还是要能保证使用的要求。考虑到保持一定的标准区别对待、有些地方考虑到一些机械传送。

大理石(北京体育馆未用)可以适当采用。其它用房还要精打细算 如过高的也要适

29

要把文化走刀锋上。

②还想讲一讲建筑风格问题　一候机楼

总理提"经济、实用、朴素、明朗"在新机场

人口74年底已9亿还出头一点，又是个有文化的国家。是要有一点"雄伟气魄""博大精深"封建"腹有诗书气自华" 不搞涂脂抹粉 要朴素大方、线条要简单。要突出国家特点民族风格。"要洋为中用、古为今用" 不要都搞大屋顶 不要搞洋火盒。不要搞畸形。古代结合绿化环境 要和附近园林结合。在条件不多的情况下创造一些手法 创造一种新的风格，不可能一次搞成。这方面保护少数人意见 不要太多清规戒律。发扬创造精神

③设计中要发挥革命化的作风，深入到是不是符合正确的阶级立场 不能没想用资产阶级立场来指导设计。要有高度责任心、带着学习态度来做。思想方法防偏性物主义。反对绝对化。对任何事物不要搞形而上学。不可抄外国东西。注意美观，不搞高标准 光搞勤俭建国 缺乏思想方法。大庆讲西施起家 必须克服形而上学的观点。要继承党的三大作风。多作一点的调查研究工作。要找一些资料 不要借调查研究设计三层楼就要"上、青、天"出发 这不好。

▲ 三结合就是走群众路线。注意青年人发挥他们的作用。要帮他们、不走专家路线 但

▲ 开展批评与自我批评 否则不能前进。

最后希望搞一个好的方案

时间是迟九月中拿出来 要有个东西再碰头。拿

30

来一两个好的方案 还要作出模型。
图书馆设计希望大家发挥积极性
到馆者提出的要求是合理的。不但设计好
还要大家把他建造好。
（ ）
图纸外 还要附一个总说明和概算。
拆迁费不包括。

北海图书馆

建筑工程	16,887	种	（中外文
建筑刊物 22国	303	"	线装本
建筑报纸	2	"	（中外文。
" " 资料	32	"	
中文书	4,516	"	
" " 书	78	"	91部
西文"	1,681	"	
俄	9,300	"	
日	1,267	"	
朝	45	"	
少数文书	?		东方语
刊 中文	39	"	
西文	143	"	
俄	27	"	
日	52		
其它	42		

14220

31

线装书：1145 南宋绍兴13年版本。
1925年各种抄影印本。
营造法式、鲁班经、清工程则例
第二届国际低成本工程纪要全集。
大型壁板建筑 保暖 隔热。
现代砌筑板材建筑
R.C.壁板建筑
建筑吸音材料。
桥梁建筑
砼桥设计。
淮海工展会议纪录。
俄文：塔吊 塔式起重机 2本
本州四国大桥
桥梁
日本 新建筑杂志 法、意、美。

32

七、笔迹拾零

杨廷宝

南陽縣城隍廟後院西廂南
陽勸工場戴惠亭（鎮平人）爲
我們所拍。當時我只九歲爺爺
是三十三歲。
士英留念

1.1910 年杨廷宝（9 岁）与父亲杨鹤汀合照的背面手迹

1924年于宾夕法尼亚大学毕业时自制布景、道具，演戏时留影。

31

2.1924 年宾大毕业演戏时留影照片背面手迹

把酒淚沾衣　徘徊未忍歸
歲殘秋路遠　客去惜朋稀
昔日同窗話　今朝獨自飛
勸君收倦馬　暫與故人違
二月十五日

3.1924 年杨廷宝在宾大毕业与同学离别时握手留影，在照片背面作诗抒情

4. 杨廷宝在宾大留学时的英文签名标准照

同趙深君在
華京林肯廟
前

5. 与赵深在林肯纪念堂合影，在照片背后注释

To Dr. Paul P. Cret
with appreciation and very best wishes
from T. P. Yang 楊廷寶
June 4th 1926

6.1925 年，杨廷宝学成回国前谢师之礼中赠导师克瑞的敬词

7.1935 年，杨廷宝在天坛祈年殿金顶雷公柱上留下修缮完工记录笔迹

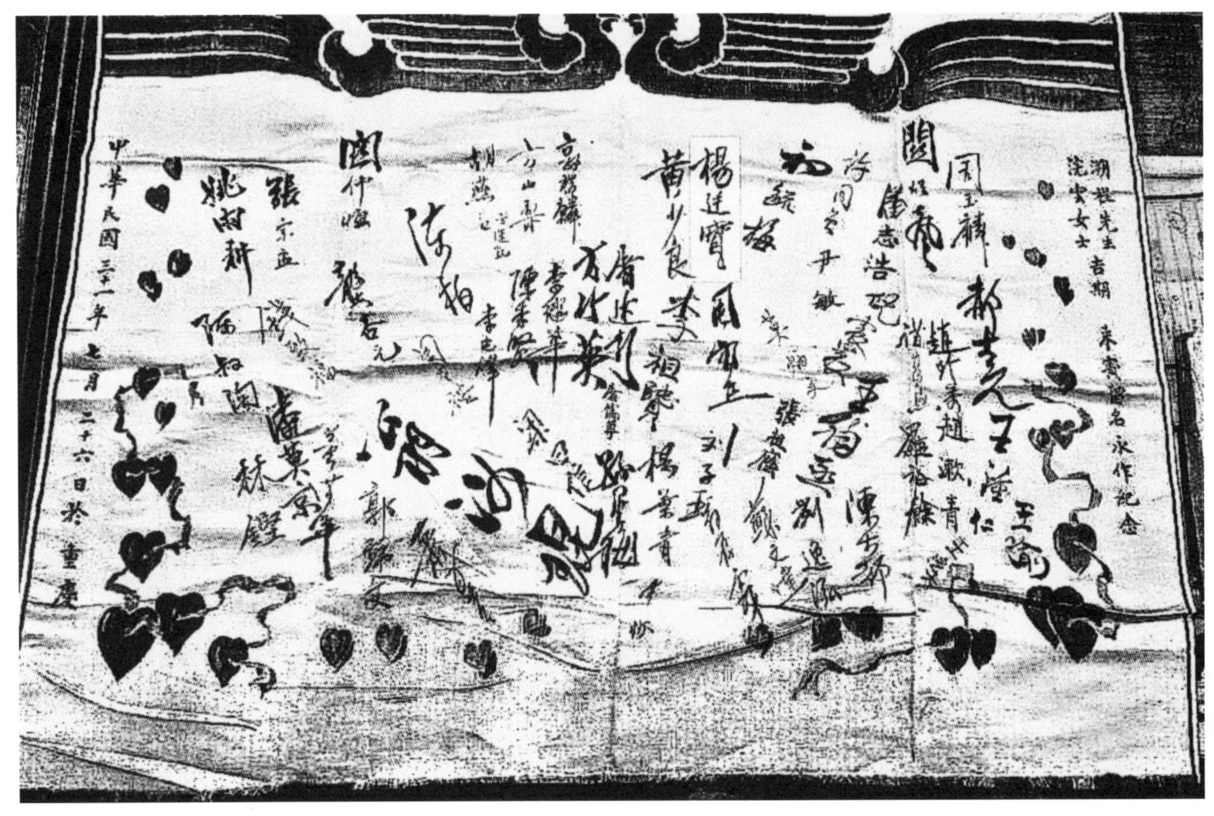

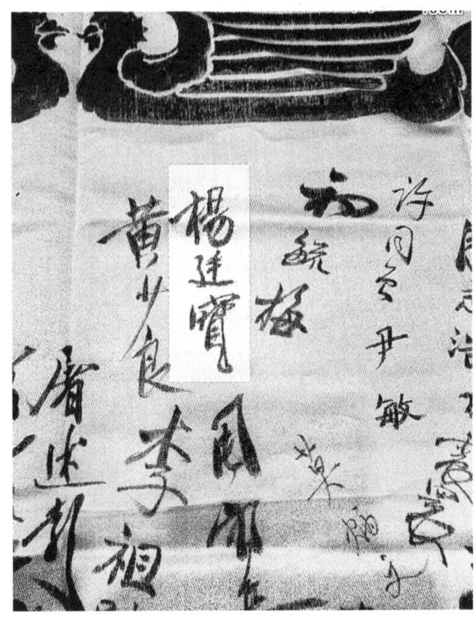

8.1942 年 7 月 26 日杨廷宝参加基泰工程司成员结婚宴席签到

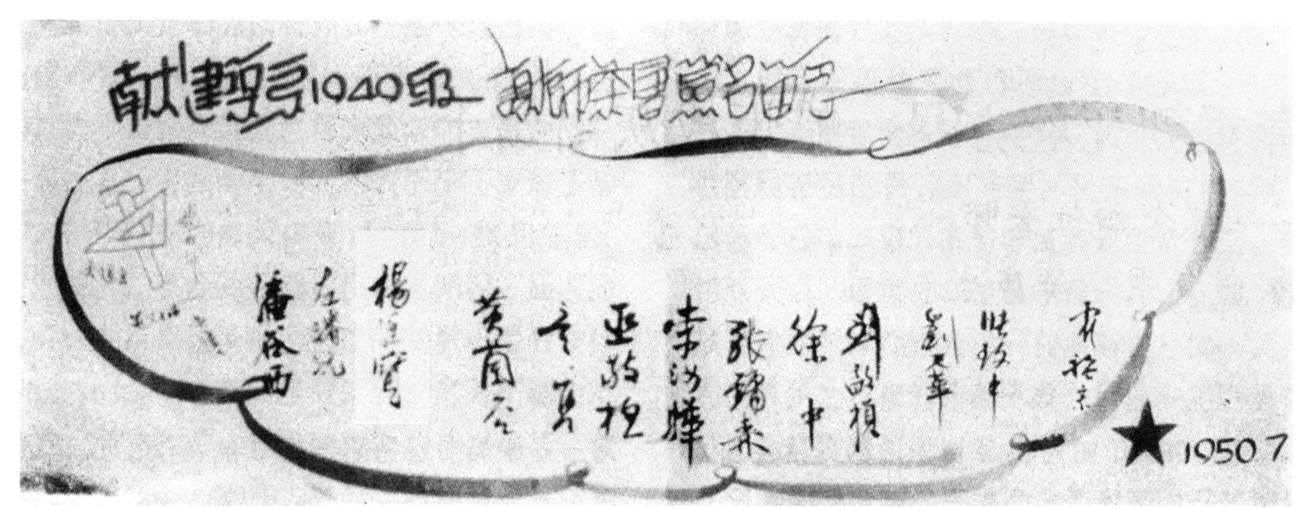

9.1950 年 7 月在南京大学建筑系 1940 级毕业生谢师茶会纪念卡上签名

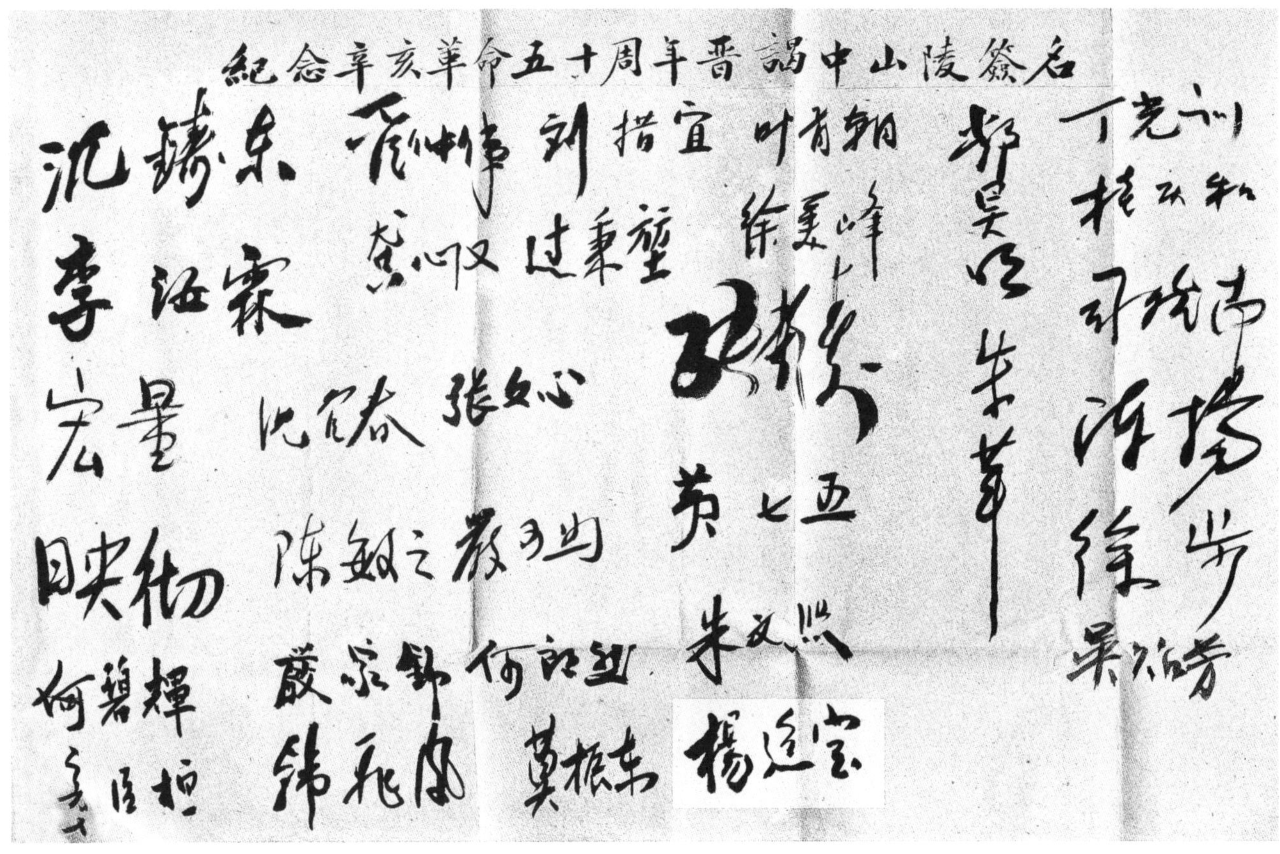

紀念辛亥革命五十周年晉謁中山陵簽名

10.1961 年 10 月在南京市纪念辛亥革命五十周年晋谒中山陵活动上签到

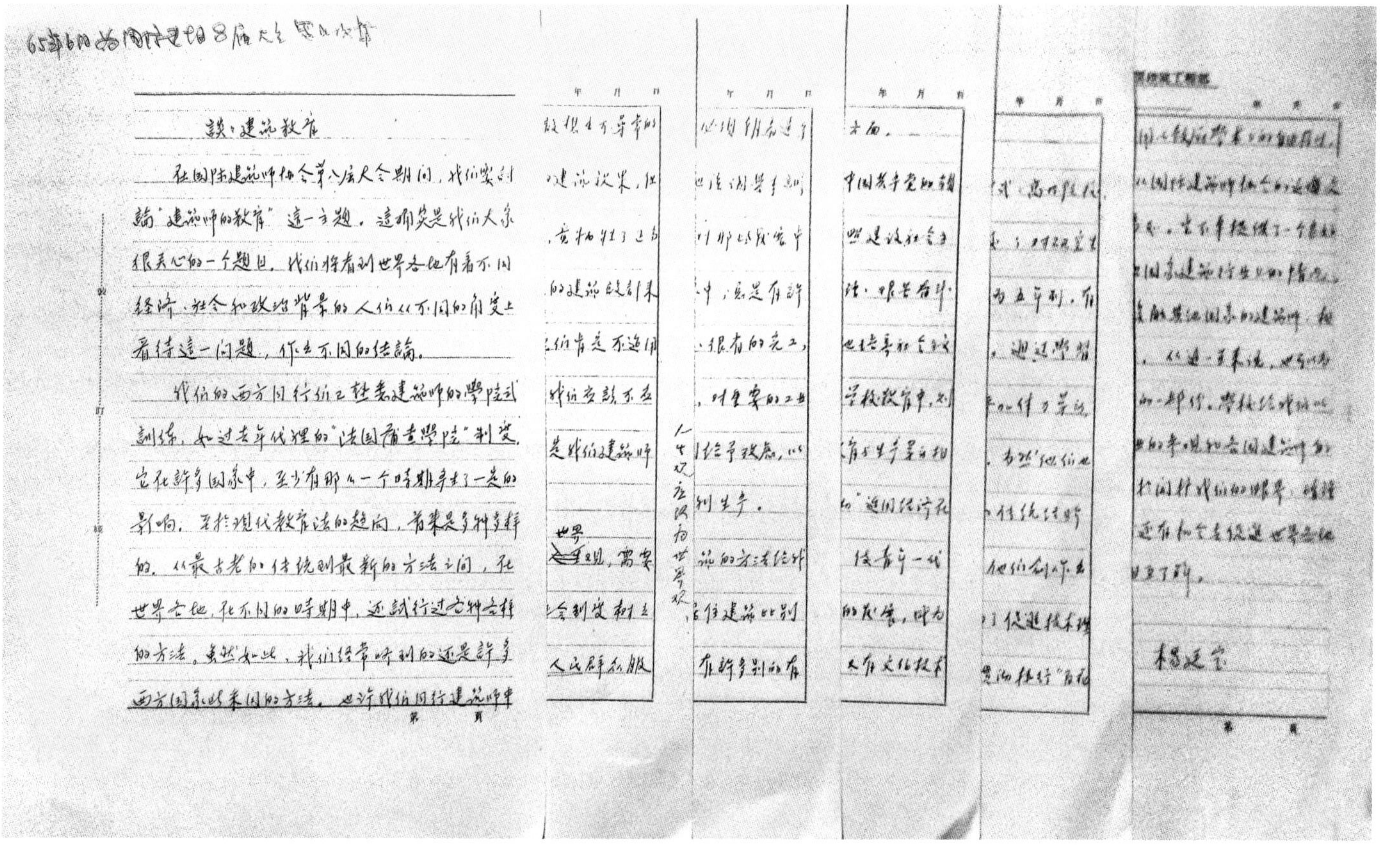

65年6月为国际建协8届大会写的文章

谈谈建筑教育

在国际建筑师协会第八届大会期间，我们要讨论"建筑师的教育"这一主题。这确实是我们大家很关心的一个题目。我们将看到世界各地有着不同经济、社会和政治背景的人们从不同的角度上看待这一问题，作出不同的结论。

我们的西方同行们已经熟悉建筑师的学院式训练，如过去年代里的"法国布杂学院"制度。它在许多国家中，至少有那么一个时期产生了一定的影响。至于现代教育法的趋向，看来是多种多样的。从最古老的传统到最新的方法之间，在世界各地，在不同的时期中，还试行过各种各样的方法。虽然如此，我们经常听到的还是许多西方国家所采用的方法。也许我们同行建筑师中

11.1965 年 6 月为国际建协第 8 届大会所写报告草稿

南京工学院便笺

40 下关火车站

紫金山天文台第一座楼房

大华大戏院

40 中英庚款董事会办公楼

盐务局办公大楼（半山寺

首都电厂办公大楼 1937 [illegible]

基泰工程司办公楼 1947

李士伟医师住宅

成贤街小住宅 1946～47

空军俱乐部（小营

宋子文北极阁住宅

孙科中山陵住宅 1948～49

儿童福利站 1948

交通部大楼修缮

结核病院（[illegible]工人医院

资源委员会[illegible]办公楼

23·79·5·1000

南京工学院便笺

五台山[illegible]住宅

中央通讯社大楼 1949

12.1979 年为编辑出版《杨廷宝建筑设计作品集》所列部分设计项目清单

1901-10·2 生于南阳农村地主家庭
1909~1911 县立小学
1911~1912 辛亥革命休学
1912~1915 开封留美学堂
1915-1921夏 北京清华学校
1921夏-1924春 宾夕大学建筑学士毕业
1924春-1925春 硕士毕业
1925春-1926夏 克雷建筑师事务所实习
1926夏-1927春 英法比德瑞士意大利
1927春-1949春 基泰工程司

1935春-1937春 北京基泰
1940秋-1943 重伪中大建筑系兼课
1943冬-1945 冬伪资委会出国考察团
1946春-1949春 南京基泰
1946秋-1949 伪中大建筑系兼课
1949春-1952 南京大学建筑系
1952— 南京工学院建筑系

1927-1935 天津基泰
1935-1937 北京基泰
1937-1938 河南马山口
1938-~~1939春重庆基泰 回马山口~~ 重庆基泰
1939秋-1940春 马山口
1940春-1943 重庆基泰
1943冬-1945冬 伪资委会出国团
1946春-1949 南京基泰
1946秋-1949春 伪中大

13. 个人履历草稿（1901—1952 年）

1921-8-12 由上海经日本赴美'26英法比德意瑞士经埃及西兰新加坡返国
1944- 经印非南美到美加拿达英
1954-7-14 波兰(7·18~7·25)26国 200人
1955-7-3~8·7 荷兰(肆)
1955·11-8 南斯拉夫
1956-4·8~5-2 意大利 CAPRI
1957-8·14~10·28 西伯林、法、意
1958·7·14~8·8 苏联(伍)
1959-9-10~10-6 葡萄牙
1960-8·30~9·5 丹麦
1961-6·28~7·30 英倫敦(陸)
1963-1·26~2·19 古巴 1·28~2·19
2·20~2·23 布拉格
2·23~3·15 瑞士
3-15~4-6 开罗
4-6~4-10 莫斯科 4·17 北京
1963-8·21~8·28 布拉格 住8·22~27
1963-9-13~10-6 古巴(柒)9·14~9·19布拉哥
10-6~10-18 墨西哥
10-18~11-5 巴西
1964·5-22~6-11 匈牙利
6-11~ 柏林
1965-6-28~7-6 巴黎(捌)
1972-9-13~10-17 索非亚、瓦那 9·25~30(土)
1973-6-18~7-18 日本(7·19~24香港)
1977·11·18~12-22 美国(经日本及法国)
~~1981-9~10~~ 朝鲜

14. 出国(境)清单

八、插图搜罗

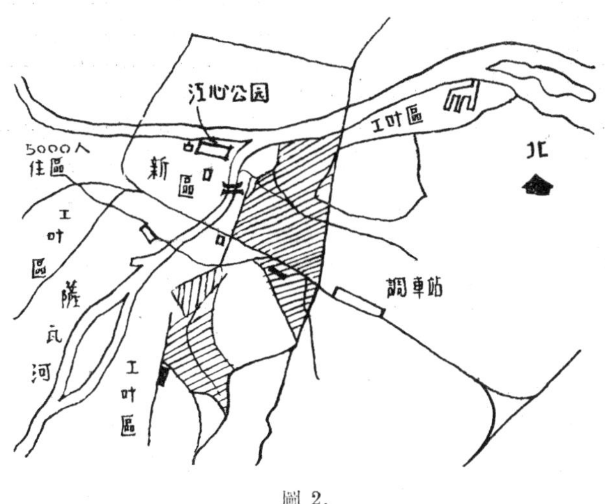

圖 2.

1.“汴郑古建筑游览记录”插图 *

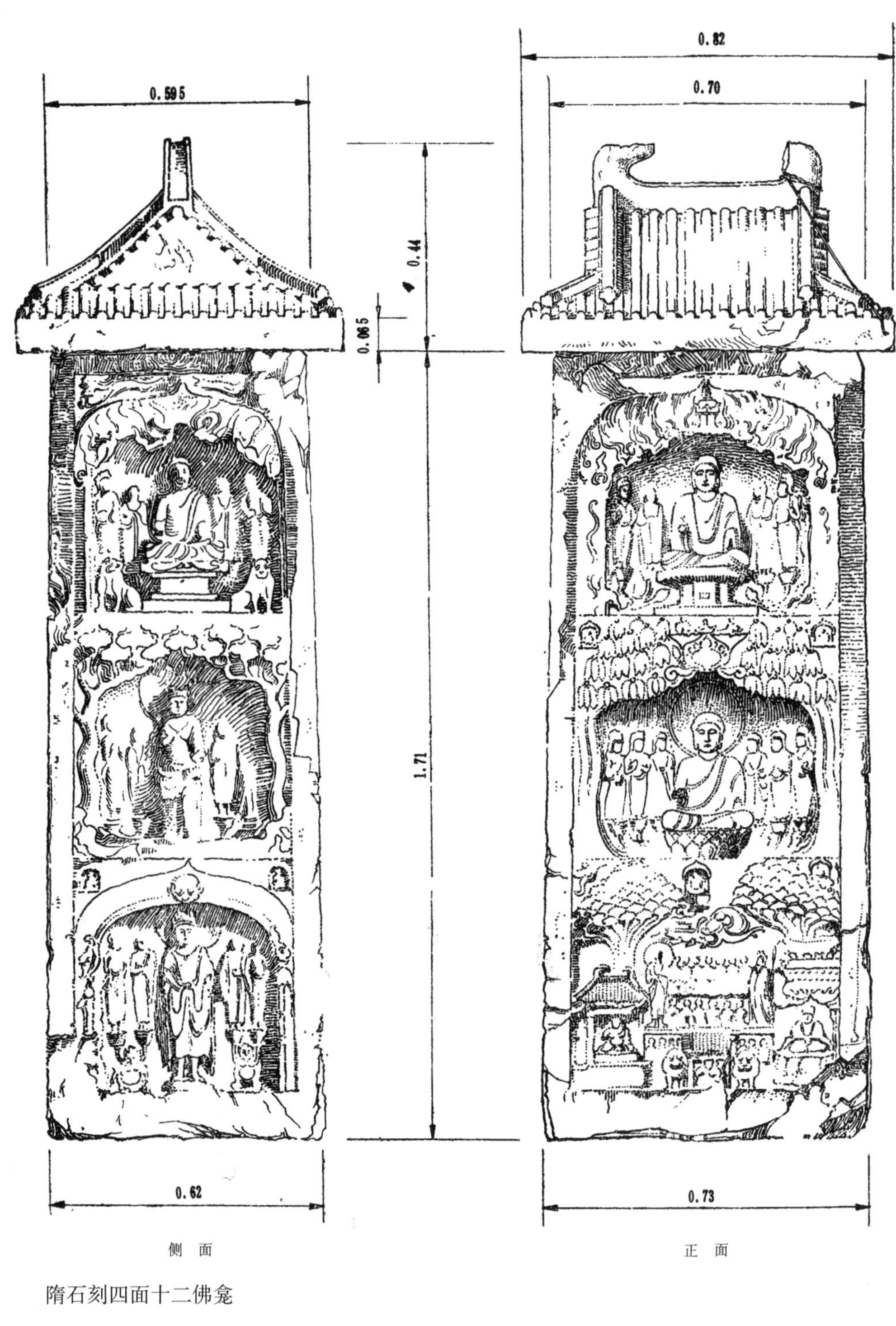

隋石刻四面十二佛龛

来源：1936 年 9 月《中国营造学社会刊》第六卷三期

2. "南斯拉夫参观随笔"插图 *

贝尔格莱德南郊阿瓦拉（AVala）山上南斯拉夫人民抗战无名英雄墓

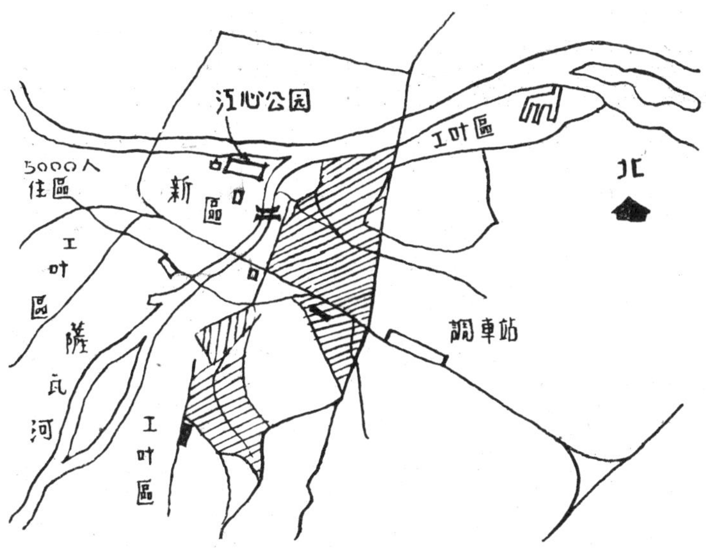

贝尔格莱德萨瓦河河西新行政区规划

---

* 来源：1956年《中国建筑学会会讯》第1期

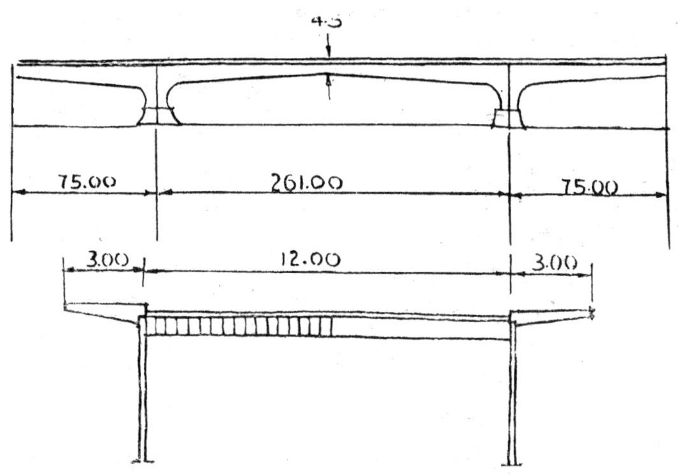

贝尔格莱德萨瓦河上的用不同厚薄钢板焊接结构大桥

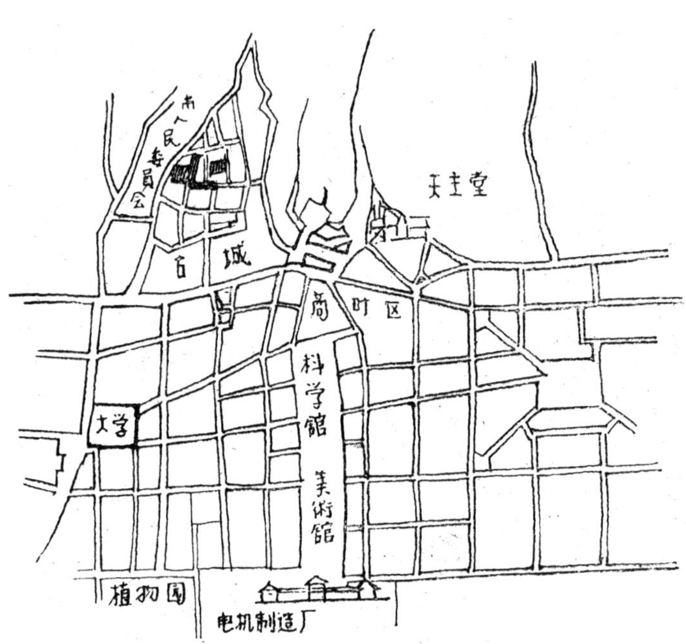

萨格列布市市区图

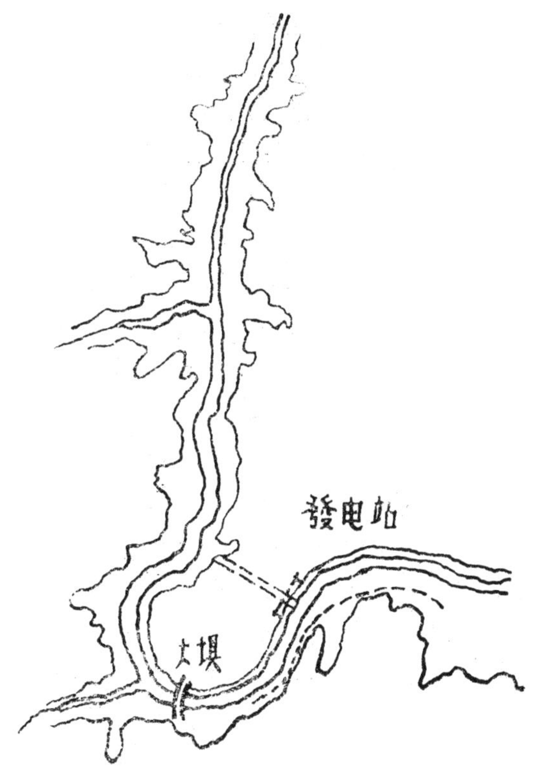

萨拉热窝的雅布朗尼查（Jablanica）水力发电站位置图

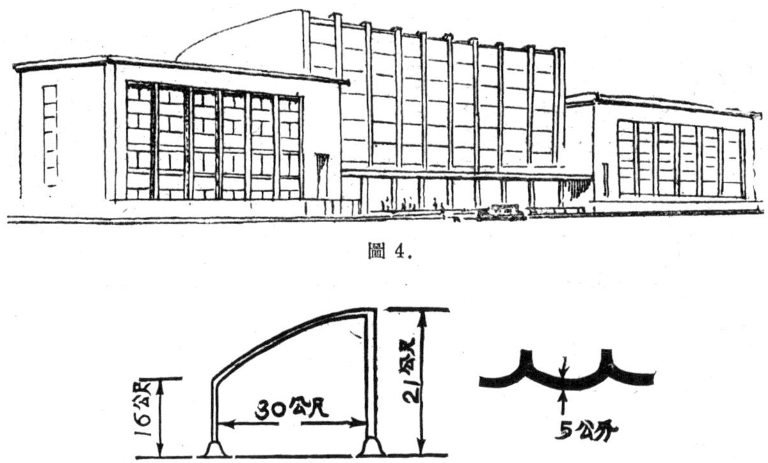

萨拉热窝新火车站

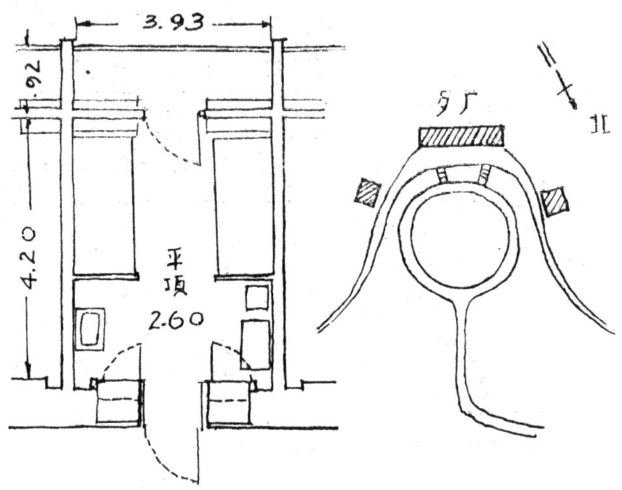

萨拉热窝政府招待所总图与客房

3. “到处留心皆学问”插图 *

来源：1980 年 7 月《建筑师》第 4 期

4. 日记插图

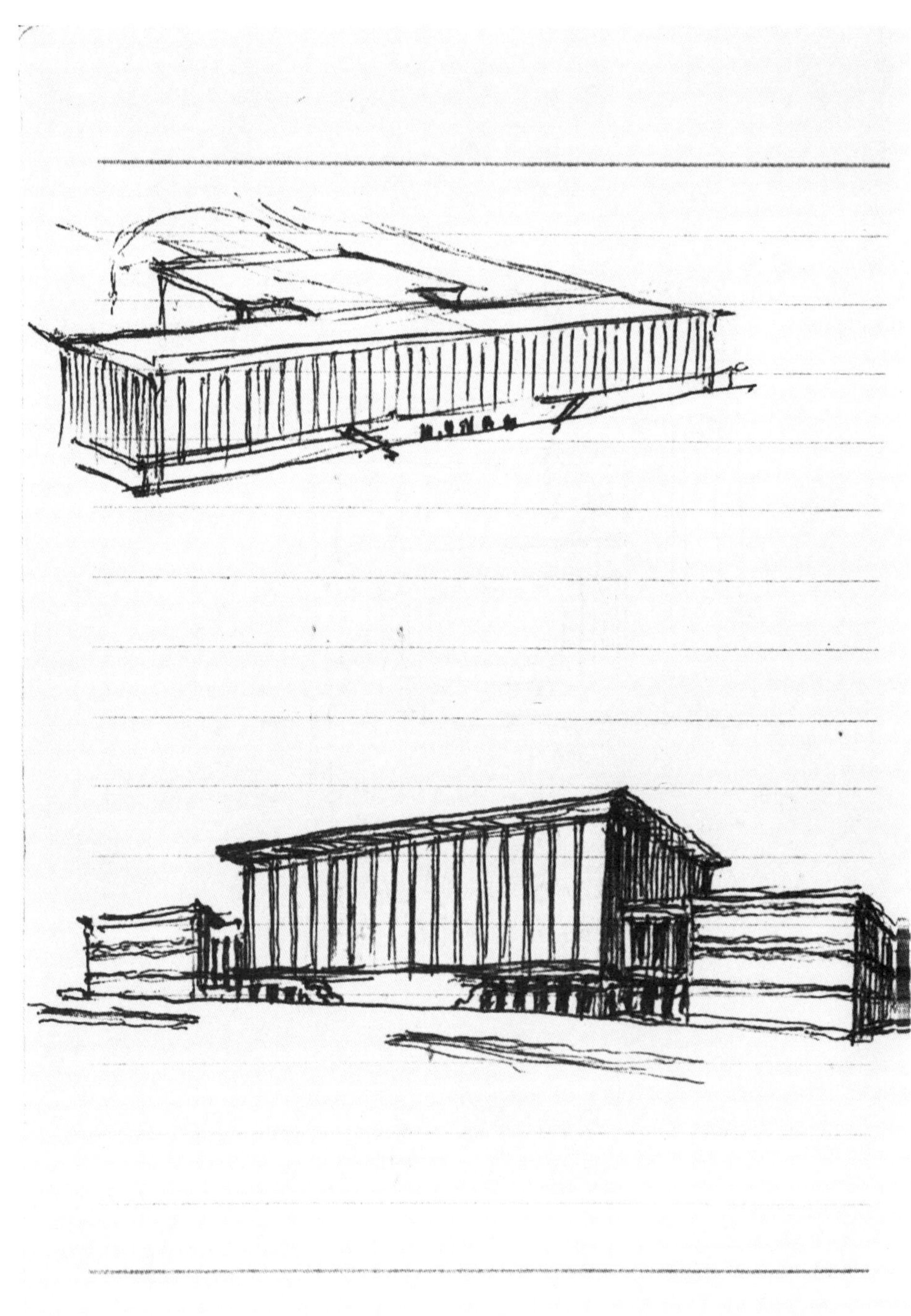

旅馆餐厨比较大
墨西哥脚踩放水漏斗
城市交通分一级二级特级、大轿车可开
到 120 公里、晚上漆道对光出光
枢纽可通 16 个方向、不用红灯.
地下铁用胶皮无声、
公路要养路钱、富人区加挡石. 路标多.
混凝土在路上搅拌

BEVERLY HILTON HOTEL
BEVERLY HILLS, CAL.

床单都是一天一换 客人要求见服务员 备几车

刷玻璃纸科学. 长宽刷子.

理发七八元

2人轮1.00/hr. 30%税.

门口雨蓬好. 车库墨西哥可停十几辆.

城市汽车不许叫

墨西哥十万人体育场, 汽车能开上

灯具：大厅 9行 @ 7×3管=21管
8 送风口 方形 约@100元/3管
大厅平顶及墙：贴穿孔板吸音。
设书架 大衣架 花盆架 茶箱

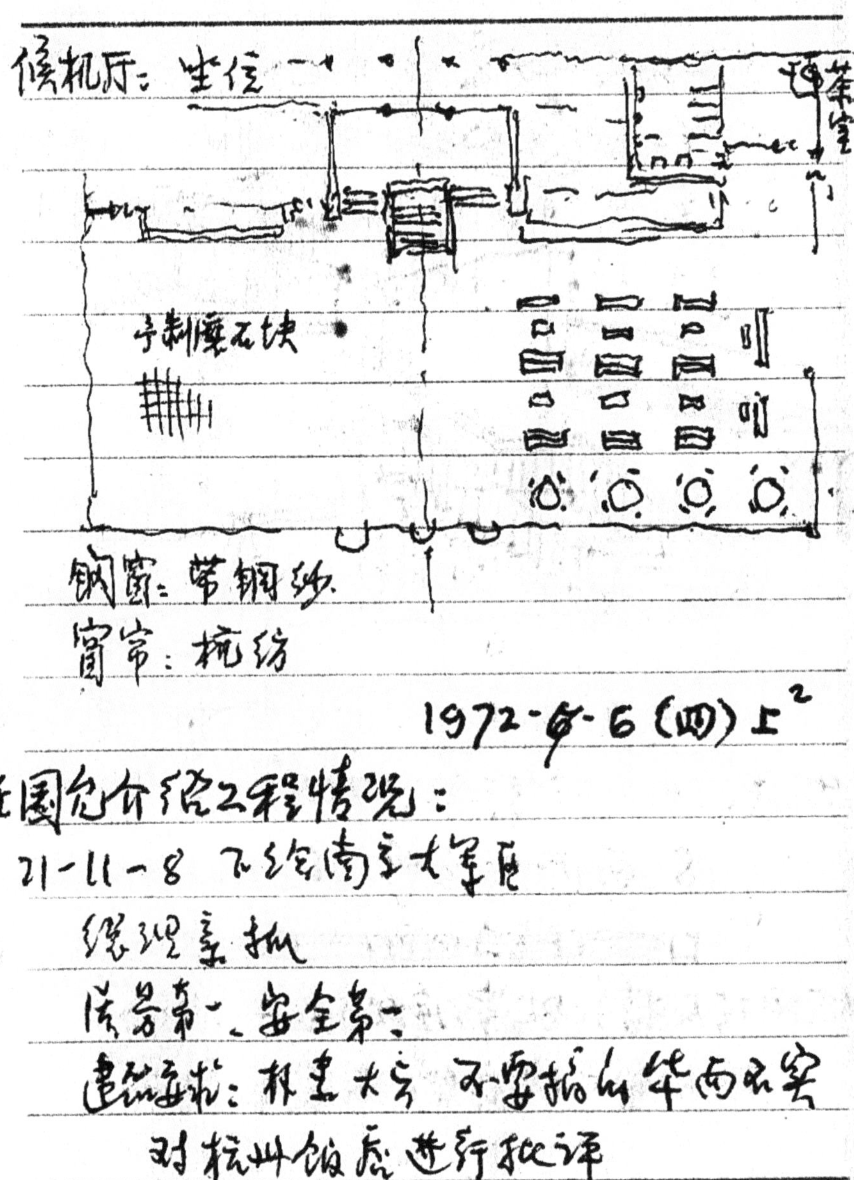

钢窗：带铜纱

窗帘：棉纺

1972-4-6（四）上^{2}

任国元介绍工程情况：

71-11-8 下给南京大军区

总理亲抓

质量第一、安全第一

建筑艺术：朴素大方 不要搞成华而不实

对杭州饭店进行批评

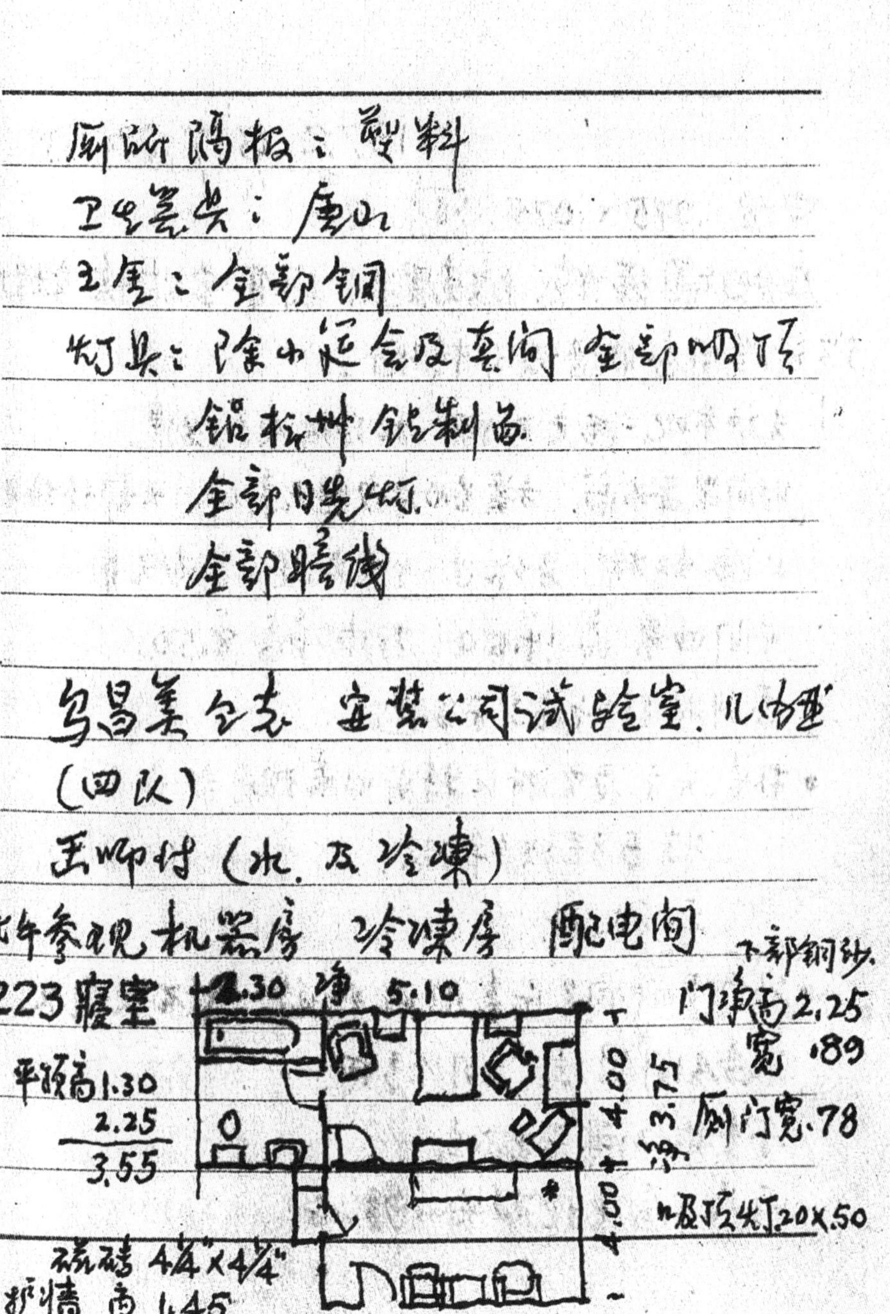
厕所隔板：塑料
卫生器具：唐山
五金：全部铜
灯具：除小起会及套间 全部吸顶
铝构件 铝制品
全部日光灯
全部暗线

乌昌美合表 安装公司试验室、几内亚
（四队）
王师付（水、及冷冻）
下午参观机器房 冷冻房 配电间
223寝室 2.30 净 5.10
平顶高1.30
2.25
3.55
下部铜纱
门净高2.25
宽.89
厕门宽.78
吸顶灯20×50
瓷砖 4¼×4¼
护墙高1.45

九、报告补遗

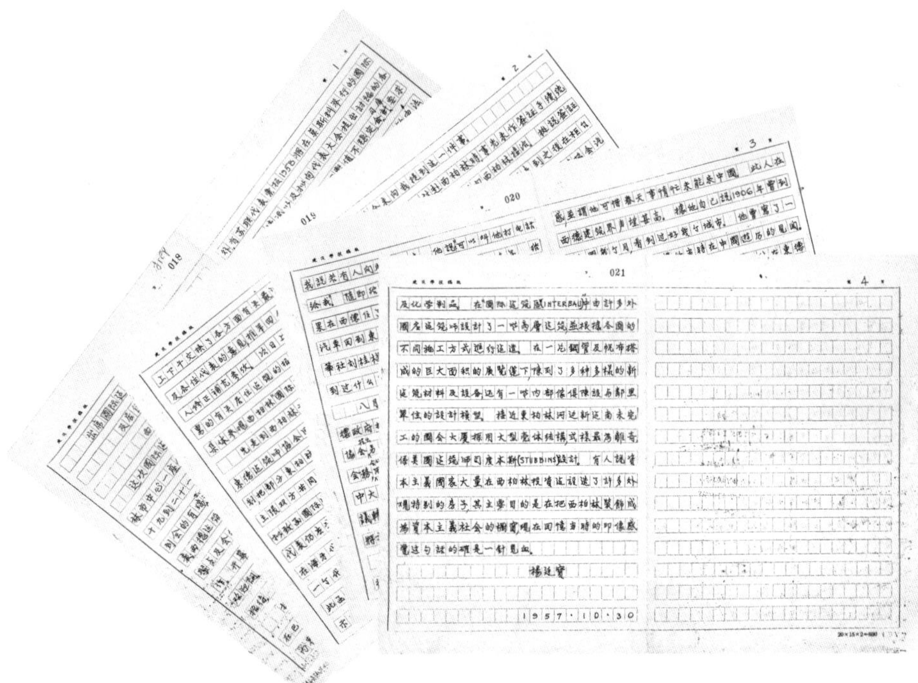

021

第 4 页

及化学制品。在"国际建筑展(INTERBAU)"中由許多外國名建筑师設計了一些高層建筑,並根據各國的不同施工方式進行建造。在一片鋼管及帆布搭成的巨大面积的展覽篷下,陳列了多种多樣的新建筑材料及設备,还有一些内部像俱陳設与鄰里單位的設計模型。接近東柏林河边新建尚未完工的國会大厦採用大型壳体结構,式樣最為離奇,係美國建筑师司度本斯(STUBBINS)設計。有人說資本主義國家大量在西柏林投資建設造了許多外观特别的房子,其主要目的是在把西柏林裝飾成為資本主義社会的櫥窗,现在回憶当時的印像感覺这句話的確是一針見血。

楊廷寶

1957·10·30

1.1957年10月30日出席国际建筑师协会及居住建筑委员会情况

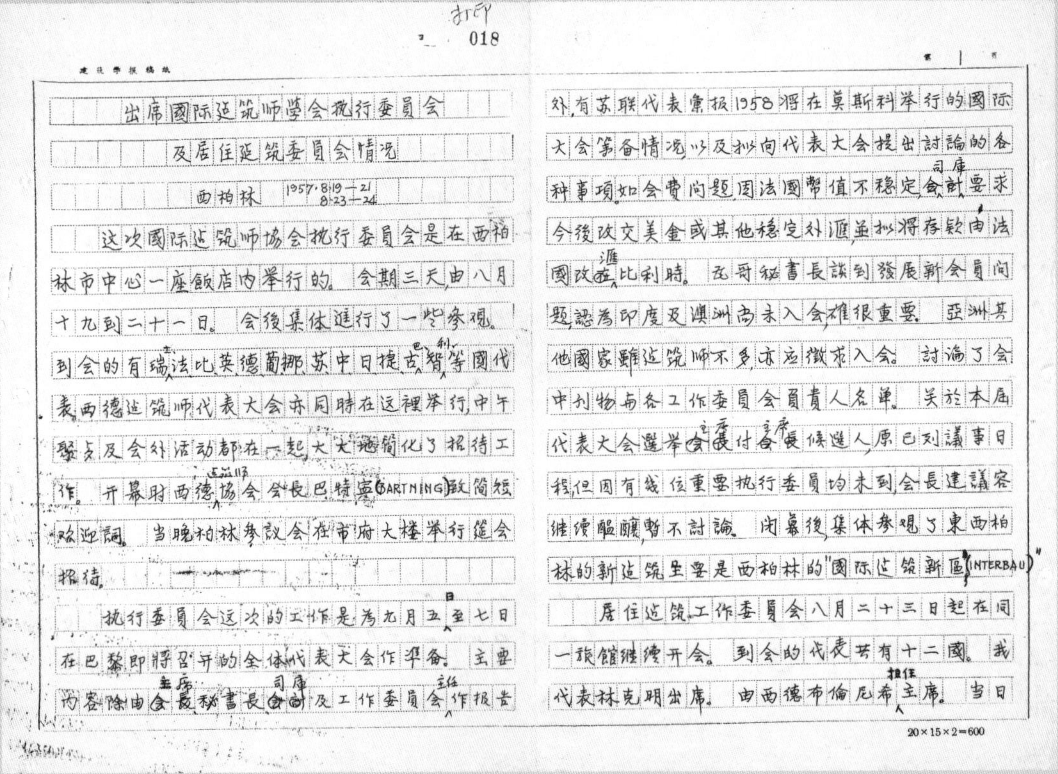

018

出席國际建筑师學会执行委員会

及居住建筑委員会情况

西柏林 1957.8.19—21 8.23—24

这次國际建筑师協会执行委員会是在西柏林市中心一座飯店內举行的。会期三天，由八月十九到二十一日。会後集体進行了一些参观。到会的有瑞士、法、比、英、德、葡、挪、苏、中、日、捷、古巴、智利等國代表。西德建筑师代表大会亦同時在这裡举行，中午聚餐及会外活动都在一起，大大地簡化了招待工作。开幕時西德建筑师協会会長巴特寧(BARTNING)致簡短欢迎詞。当晚柏林參議会在市府大楼举行筵会招待。

执行委員会这次的工作是為九月五日至七日在巴黎即將召开的全体代表大会作準备。主要内容除由主席、秘書長、司库及工作委員会主任作报告外，有苏联代表彙报1958將在莫斯科举行的國际大会籌备情况以及拟向代表大会提出討論的各种事項。如会費問題，因法國幣值不稳定，司库要求今後改交美金或其他稳定外匯，並拟將存款由法國匯往比利時。瓦哥秘書長談到發展新会員問題，認為印度及澳洲尚未入会，雖很重要。亞洲其他國家雖建筑师不多，亦应徵求入会。討論了会中刊物与各工作委員会負責人名單。关於本屆代表大会選举主席、付主席候選人，原已列議事日程，但因有幾位重要执行委員均未到会，会長建議容继續醞釀，暫不討論。闭幕後集体参观了東西柏林的新建筑，主要是西柏林的"國际建筑新區(INTERBAU)"。

居住建筑工作委員会八月二十三日起在同一旅館继續开会。到会的代表共有十二國。我代表林克明出席。由西德布倫尼希担任主席。当日

20×15×2=600

019

上下午交换了各方面有关最近居住建筑的情况及各位代表的意見，推举四人歸納起草以供报告人修正補充参考。次日上午正式通过德瓦斯特男的有关居住建筑的报告文稿，便宣佈休会。下午集体参观西柏林"國际建筑新區(INTERBAU)"。

先是到西柏林开会之前，我駐德大使館得悉東德建筑师協会因西德建筑協会举办柏林中心區規划，把部分東柏林管轄區包括範圍之內，東德建筑協会主張双方共同組织这一工作未能談妥，東德建筑協会拟致函國际建筑师協会，声請代表大会時東西德代表仍应分别出席，不再作一個代表团体（因前在海牙代表大会上東西德两个代表团自动改為一个代表团）；当時因考慮到万一東德託我代轉此函应怎么办，所以請示了大使館。國内回电指示在我赴西柏林前已收到。不过後来始终東德協会未向我提到这一件事。

由東柏林赴西柏林時，事先未作簽証手續，統由東德協会秘書处代向西柏林接洽。據說簽証將留在預定的旅館柜台上，只須去到之後在柜台上索取。及至八月二十三日上午乘東德協会汽車过境時，並無留難，亦未索看簽証。但到預定之旅館後，發現並未留有任何簽証，旅館亦未索要，只把原護照號碼照一般旅館登記办法抄下完事。到会場後，我向西德協会秘書長追問此事，他說若要簽証須得和他們政府的護照管理科高級人員接洽，他說先帮我打电話問一問。不久就由秘書長派来一位建筑师說要我本人到護照科去一趟，他準备开汽車陪我去。該科負責人問我拟居住多少天，还到哪些城市。我說只預备在柏林开这几天会就要往瑞士去。他馬上回答說那就無須要簽証。

20×15×2=600

我說若有人问時怎么办。他說"可以叫他打电話給我"。随即给我写了电話號碼同他的名字。结果在西德住了一星期，八月二十五日自己雇出租汽車回到東柏林，始終亦未有人问到簽証。據新華社刘桂樑同志說他亦常来往東西柏林尚未遇到过什么困難。

八月二十日下午会上国际建协祖米会長提到此次西德政府拒绝波蘭代表西尔庫斯(SYRKUS)簽証，波蘭協会提出另派代表時，亦未能得到簽証，乃致缺席，影响会務，会议所在國分会应事先考慮到簽証问题。討論中大多数执行委員均主張向德國分会提書面抗議轉達該國政府；最後一致通过，請秘書長办理並將該函副本一份寄交西尔庫斯。

这次在会場上同参观時，在汽車上有多次西德協会会長巴特寧(BARTHING)主動与我接談，表示好感，並謂他可惜春天事情忙未能來中國。此人在西德建筑界声望甚高。據他自己說1906年曾到过中國幾个月，看到过好幾个城市。他曾写了一本書，裡面有一章是講他当時在中國遊历的見闻。付会長賽吉SEEGY亦多次表示好感。此外在東德建協会長家遇到西德城市建設委員会主席希列伯瑞西特，曾邀我去漢奴灣(HANOVER)遊历，在会場外遇到漢堡市主任建筑师亥伯博朗德(HEBEBRAND)夫婦，亦再三邀我到他们漢堡市去玩。这此人今春到我國参观拍了很多照片，回國後作了許多次講演。據賽吉博士說他个人就举行过五次的五彩幻灯講演了。

在西柏林的参观包括一些新住宅區新造的公共建筑等，總的印像是他们在城市面貌上極力下工夫。建筑材料多係採用最新頴的大片玻璃

及化学制品。在"國际建筑區(INTERBAU)"中由許多外國名建筑师設計了一些高層建筑，並根據各國的不同施工方式進行建造。在一片鋼管及帆布搭成的巨大面积的展覽篷下，陳列了多种多樣的新建筑材料及設备，还有一些内部傢俱陳設与鄰里單位的設計模型。接近東柏林河边新建尚未完工的國会大厦採用大型壳体结構，式樣最為離奇，係美國建筑师司度本斯(STUBBINS)設計。有人說資本主義國家大量在西柏林投資建設造了許多外观特别的房子，其主要目的是在把西柏林裝飾成為資本主義社会的橱窗，現在回憶当時的印像感覺这句話的確是一針見血。

楊廷寶

1957·10·30

2.1960 年 9 月 24 日参加国际建筑师协会 1960 年执行委员会工作报告

26

1.

楊廷宝先生

参加国际建筑师协会1960年执行委员会工作报告

(壹) 一般情况

每年一度的国际建筑师协会执行委员会今年是从九月五日至十日在丹麦首都哥本哈根举行，由北欧地区四个国家（芬兰、挪威，瑞典，丹麦，最近又增加冰島，共同出面作東道主人；而这次组织工作的具体負責者則是丹麦的建筑师协会。該会会長是韓遜建筑师（Hans Henning Hansen）。

这次到会者共有 17 個國家的建筑师。14 個國家代表席中除到有瑞典，法國、荷兰、苏联、美國、墨西哥、古巴、希腊、日本、匈牙利、西德、波兰外，另有意大利代表临時因事請假，土耳其代表来电說拿不到护照簽証。协会主席馬尔东奈斯（智利）来电表示遗憾，不克到会，並请馬休付主席（英國，苏格兰愛丁堡大學教授）代理主持会议。执行局的其他两位付主席，中國与葡萄牙的拉莫斯教授，司庫瓦賀甫（比利时），秘書長瓦哥（法國）和前任主席祖米教授（瑞士）均莅会。苏联代表阿布拉西莫夫 Abrosimov 未到是由莫斯科建筑学院 Chkvarikov 教授出席，亦不能操英法語，故在会場上与他國人接觸較少。

开会地址在丹麦建筑师协会傍边一座应用美术陈列館的会議厅。会议之外又插进一些古代建筑和新近住宅區和公共建筑的参观、政府机关的接見宴会及学术講演等節目。开幕时首先由丹麦学会主席致欢迎辞、代理主席答谢後，即进行議程安排的各項工作。主要报告了新会員國的接洽入会问题，各工作委员会工作进

27

2.

行情况，与其他國际团体关係，1961 倫敦大会筹备情况，执委会改選问题，修改大会代表人數问题，财务收支报告，各項出版问题，各地会務活动情况，國际建筑设计竞賽，國际建筑师协会獎牌等等问题。总之这次会上各項議程进行情况尚屬順利。

在开会过程当中，曾有丹麦首都市政府隆重接待，並由总工程师介绍丹麦京市哥本哈根的都市规划，樂都湾新建區的縣長接見，还有丹麦的居住建筑工程部的宴会。参观丹麦皇家美术学院建筑系时曾招待吃酒和点心，参观丹麦的"常期"DEN PERMANENTE 工艺美术展覧会时亦曾招待午夕。临别晚夕是在林巨海边的一座近代美术館內举行並有歌唱音樂節目。

这次会议中雖未出現什么尖銳的政治斗争；但还是反映了一些当前國际情势的新發展。

(贰) 幾個主要问题

(一)主席付主席候選人问题

談到这一項議程時，付主席英國苏格兰人馬休教授首先表示明年任期屆满，拟不再联任，可给别人一个机会。我们中國的付主席職位也是明年到期；英國人既已表示謙讓，我亦同樣略作表示。关于主席候選人，瑞典代表首先提馬休教授，当即有许多國家赞成。荷兰建筑师协会推薦（書面）本國的凡·登·布如克 van den Broek 宣佈後，会上未听到複议者。我本考慮提瑞典名建筑师奥尔遜 OLson，此人在海牙大会上表現甚好，可惜在此次开会前約旬日病故。瑞士人祖米 Tschumi 教授已作过一任主席，拟工作委员会負責人伍喀 Vouga 表示瑞士希望下屆能取得执行委员席次，

28

3.

似無意再競選主席了。古巴代表年輕对会務似不够熟悉，巴西現在执委会中無人。因此我就未提任何候選人而只说请大家先考慮吧。事後向大使館彙报，鄭大使亦觉得这樣办我们可以保持主动。

談到付主席候選人时，匈牙利代表提阿布拉西莫夫Abrosimor，苏联契可瓦利可夫Chkvarikov当即表示他亦赞成英國馬休Matthew作主席候選人和阿布拉西莫夫作付主席候選人。英國馬休提出他主張仍请楊廷宝教授继任付主席。馬上就有瑞典代表阿尔伯格Alberg表示擁护。波兰又建議墨西哥的喀隆那Corona作付主席候選人。最後醞釀结果是主席候選人：

馬休（英國）Robert H. Matthew

凡·登·布如克（荷兰）van den Broek

付主席候選人：

楊廷宝（中國）

阿布拉西莫夫（苏联）Abrosimor

喀隆那（墨西哥）Ramon Corona Martin

凡·登·布如克（荷兰）（若是主席落選則作為付主席候選人）

以上作為执行委员会初步醞釀的名單，將寄發各会员國，请各会员國作进一步的考慮，还可再增加提名。

司庫候選人仍是凡賀甫（比利时）

执行委员会代表席次初步醞釀如下：

(I)西欧北非	(II)東欧近东	(III)南北美	(IV)東远
西班牙	捷克	古巴	中國 *
瑞士	保加利亞	美國	
荷兰 *	以色列	巴西	
英國 *	苏联 *		

（*倘主席付主席落選时）

(二)与联合國的关係问题

碰巧有一次我和秘书長克哥两人在赴会场的途中谈到我们國际建協与联合國的关係问题时，我说你知道中國不在联合國，若

29

4.

是这个业务咨询关係超过一定范围时，我们是不能办的。他说他完全了解，所以他一向就很注意这些问题，"而且这个问题还不僅只牵涉到你们中國一个國家；因為我们还有别的國家亦不是联合國的成员。"

美國建筑师丘吉尔Churchill在纽约与联合國有关机構接洽业务联系及取费要求，說结果是"不得要领"。瑞士伍嘎Vouga报告在日内瓦与联合國接洽的业务联系亦未达成協议。只是法國建筑师一向在巴黎同联合國下面一个科学文化教育组织取得有关居住建筑的研究工作，去年收到三千元美元费用；但大家認為付费太少，今年要争取四千元。

(三)邀请执行局与执行委员会问题

秘书長在会上报告各个工作委员会开会日期及作东道的國家之後說1962年的执行委员会已由瑞士担负东道，中國亦有表示很愿作一次东道，但是去中國的路程很远不太容易。我接下去说："是呀！我们中國分会本来预备邀请执行局若是今年召开的话就在北京举行；我想交通情况这几年改进的很快，再停三四年就是在北京举行执行委员会也不成问题。"最後秘书長建议把中國邀请的盛意暂留在纪錄上，將来到适当的时候再考慮。

(四)香港问题

克哥秘书長报告联系可能参加的新会员时，只用幾句很简單的话说澳洲，奥地利，加拿大，香港，爱尔兰等等都尚未决定参加。印度似有参加的打算；但随後来信又说已决定暂不参加了。馬休教授補充了两句说对于这些和英联邦有关係的地区他將来遇机会还可以再同他们谈一谈。

(叁) 個別接觸

这次路过莫斯科時，在旅館餐厅曾遇見前在北京设计苏联展览館的安得列耶夫建筑师和他的愛人。交谈时他们都还表现很

50
5.

親切。安得列耶夫说他本拟请求参加建築师訪華团，但是未能得到他上级的批准。这次去哥本哈根开会不是阿布拉西莫夫而是莫斯科建築学院的史科可利可夫教授。从前在莫斯科曾見过几次面。这次在会上相互周旋不亞往昔。他不能操英法语，与他国代表接觸不多。苏联编印的国际建協莫斯科大会报告文件已出版，他送我一冊。（存学会）

这次代表古巴是一位比較年輕的建築师馬錫亞斯Raul Macias Franco出席。对我們中國表現很親切；曾數次主动同我交谈。我亦數次同他坐在一道。我告訴他我在中國已經吃到古巴的糖。他说"是呀！中國的粮食也到了古巴啦！"他说美國宣傳古巴殺死许多中國人，这完全是造謠。他在古巴一个國家管理建築机構裡面工作。他的政治态度是很清楚地反帝的。

日本代表是前川國男Kunio Mayakawa。他是59年比利时世界博览会上設計日本館的建築师。去年在葡萄牙里斯本举行的执行委员会上发言态度頗积極；这次在会上发言不多曾说这个國际建協似乎主要是西方建築师的活动。有一天开会之前，大家都在草坪上散步，他拉我到一傍说："請原諒我，可否讓我向你一个不夠客氣的话。听说中苏有些不同意見是么？"我说："那不会，都是社会主义國家。"他说："噢！都是社会主义國家，应该不会，恐怕是謠言。"

茄琪尔Henry Churchill是美國费城的一个67歲的建築师。他認識我的幾個从前在費城留学時的美國全学現在都是費城的建築师。他亦认识梁思成先生；这次还讓我给梁先生带好。他喜欢寫作有关建築的文章。那次参觀丹麥建築材料展览之後，他邀我們三个付主席一塊兒去吃便飯。飯後回到旅館時我請他夫妇吃了一杯酒。谈起来许多人想到中國旅行，他说他也很希望能有一天到中國去看看；但他很懷疑他的政府肯给他发护照。他認为是沒有道理，表示很遗憾。

51
6.

馬休Robert Matthew付主席是苏格兰，愛丁堡大学建築系教授。以前在倫敦城市規划設計部门作过。我第一次遇到他是和他的夫人在意大利参加1956年的执行委员会。去年在葡萄牙里斯本又同住在一个旅館，一向对我态度很好。今年似乎又特别地向我表示友好；在会上他提我作下屆付主席候選人。有一天在遊览汽車上坐在我的傍边说他明年八九月间亦许要去香港一个学校有事，完畢之後他想顺便到日本和中國旅行，问我有無可能。我回答可能我想是有可能的。他跟着说到相当時候他预备给我寫信。估计这个情况，'58年我們请智利馬尔東尼斯主席Mardones來中國遊历他是知道的。大概很想屆时由香港进来。若果他屆时来信要求，我們將怎樣答覆似宜先作必要的考慮和準备。

馬尔东尼斯主席这次未到会，在会上报告因为他的國家遭遇了不幸的地震。但是会外秘书長克哥说他寫过许多信和打电报都沒有收到回信，又听说他到过巴黎一趟但未向協会露面，使他很不好作工作。原拟在智利回举行的工作委员会，他亦不能招待了。因此关于赴南美的计划，亦無从着手进行。古巴代表说他不拟去巡美建築师大会，亦不了解详细情形。

希腊代表克切克斯Kitsikis 1955年在荷兰大会上给我們的印像是很反动的。这次他来参加执行委员会。他说他有个兄弟是希腊共產党员。两年前他自己的兒子和他的兄弟曾到我們中國訪问过。

（肆）对今後工作的意見

关于明年的倫敦大会

这次会上美國代表提出希望各國早日送进参加大会人数名单以便及早预订旅館。这次倫敦大会的中心題目是"新材料与新技术对建築的影响"。可能有些东西对我們有参考價

32
7.

值；是否可以選派代表从選时，亦考虑到将要分担的任务回国後可以整理出一套参考资料。

关于执行委员会参加开会问题：

国际建筑师协会自RE等发起组织以来，一切事务主要是由一批講法語的建筑师们所操纵。开会时所用语言虽然列法英西俄四种，而重要文件仍以法文为主。所以不懂法语很不方便。為培養此项工作的後继人材，最好是能使用法英两种语言。

关于参加开会的準备工作：

為了宣传祖国社会主义建设的辉煌成就擴大影响，似宜由学会经常收集资料準备展览，或制成五彩幻灯片或活动电影。还可以準备幾篇有关我国建筑动态的简短講演稿子，以作不时之需。建筑雜誌，並用作交換物品，最好能再求提高紙張及印刷质量。

建議学会编輯同我们有关系的各国建筑师人名卡附简历及其政治态度以便随时参考。

楊廷宝1960·9·24.

3.1981年11月16日阿卡·汗基金会〈变化中的乡村居住建设〉学术讨论会工作总结（学术部分）

129

南京工学院教材稿纸

阿卡汗基金会〈变化中的乡村居住建设〉

学术讨论会工作总结（学术部分）

（资　　料）

1981.11.16日.

130

南京工学院教材稿纸

阿卡汗基金会〈变化中的乡村居住建设〉

学术讨论会工作总结（学术部分）

这次学术讨论会自10月19日至22日在北京举行，到会的有巴基斯坦、埃及、伊朗、突尼斯、印度、法、美、英、土耳其、荷兰、苏丹、肯尼亚、瑞士、西德、新加坡、印尼、日本、西班牙、加拿大等20个国家的建筑师、规划师、经济学家、历史学家和文学家。我国参加的代表有21人。

学术讨论会的中心议题，阿卡汗在开幕式中作了阐明地说："农村建设，特别在第三世界是一个十分重要的课题，第三世界有75%的人口住在农村，我们将着重讨论农村居住建设的环境、建筑的适用性、农村发展的技术应用，材料、经济等，以促进农村建设的实现"。

会议进行的三天半中，各国代表发表的学术报告　篇，其中中国代表提出了三篇论文。综合各学术报告其内容简述如下：

(1)〈乔里斯坦(Cholisten)〉报告人Kamil Khan Mumtaz。论文介绍了巴基斯坦旁遮普省巴哈瓦尔普尔专区的农村情况，介绍了当地农民定居的方式、宗教、风俗、社会结构、建筑环境以及在农村居民点中所应用的技术知识。

(2)《发展中的中国农村住宅建筑》报告人：赵伯年 论文着重提出了我国农村住宅建设的概况和发展前景，诸如自建公助，因地制宜就地取材的解决农村建房的材料，节约和控制建设用地，搞好规划，注重地区和民族的建筑风格，改革能源和技术人员的培训。

(3)《印度尼西亚爪哇农村住房的发展》—— 报告人：Hasan Uddin Kahn Farokh Afshar。文章中介绍一种自给自足的农村寄宿学校，并概述其体制以及改进农村居住环境的方法。这种体制、组织结构、意识形态对住房建设所起的作用。

(4)《塞内加尔农村地区采用的一种自建房屋的方法》报告人：Brian Taylor Kamal El-Jack. 论文中介绍了一一种改进了的承重和穹顶建筑体系，并通过慈善机关所主办的农业培训学校进行推广。文章中提出了住房建设中容易获得建筑材料，减少引进材料，运用本地熟悉建筑技术，提供建筑构件特别是屋盖构件的方案，培训技术人员便于重复使用修建技术等等。

(5)《河南荥阳田大窑居》 报告人：杨国权

报告中介绍一户农民田大改建天井窑的实际情况。

(6)《土耳其农村建筑抗震措施》 报告人：Mufit Yarulmaz. 报告中着重介绍该地震区中探讨传统结构系统的改变以及农村建筑抗震特点及进一步研究的建议。

(7)《农村中的能源问题》 报告人：Roger Carmignani. 文章中提出发展农村能源的参数，木材、炭、沼气，农村的动力技术，风力、光电效应、小水电站、太阳能等，探讨了建筑设计和能源之间的关系等。

(8)《中国农村沼气池的区划、设计和建造》 报告人：[illegible]李高。文章中概述了我国农村能源利用情况，在农村中发展沼气的有效途径，沼气区划、设计和建造，沼气池的布置原则等。

(9)《阿拉伯也门共和国的农村建筑》 报告人：Ismail Serageldin. 论述中着重研究了经济迅速发展对传统建筑风格的影响。概述了农民经济变化条件下，生活方式、风俗习惯的变更，技术的引进对建筑环境、建筑与构造设计的影响等等。

(10)《阿尔及利亚村庄建设》 报告人：Mehammed Arkown. 文章着重论述了社会政治的变化对农村规划的影响。

(11)《苏丹新努比亚 1960—1980 规划》 报告人：

Mona Serageldin. 文章综合地介绍该地区农村发展的规划。

综合各国代表的学术报告，可以看出有些内容是属于农村社会与建设的调查，有些从地区的民族、宗教的特点对农村建设提出一些趋向性的建议，而较多的则是发达国家对第三世界国家农村建设的一些个别建设实践和计划。由于农村建设涉及到一个国家的政治、经济的体制和地区自然环境，人们风俗、宗教信仰等人文因素的影响，不可能当前（特别是第三世界的一些国家）提出较系统全面论述。但是一些科研学术性的调查，一些农村建设的实践，以及所涉及到的引进技术和发扬传统建筑的特色的关系，能源的利用、传统材料和技术的改革，（其中如农村建筑的屋盖，新技术的引进、抗震等）均有相当的参考价值。在农村建设中，外国的学者从历史学、社会学、心理学、规划学、建筑学来进行综合分析，这对于我国农村建设的调查和分析也不无启示。

在学术会中各国代表对农村建设与规划中的各项工作进行了热烈的讨论，迅速的交换了意见想法和建议。归纳讨论中的论述可以分以下几个方面：

首先，代表们普遍认为进行农村建设与规划是一项社

南京工学院教材稿纸

会问题。有的代表认为中国的经验是十分好的，即是在发展农村经济的基础上从事农村建设，而且强调自己的力量来考虑住房建设，国家给予必要的指导。对人口密度比较高的地区，把节约用地、合理规划作为一项重要工作来抓，同时对中国农村建设注重地区特点和环境，重视能源的建设（特别是沼气）有较高的评价。代表们还认为在考虑城市发展与规划的同时必须考虑农村的建设与规划，在一些国家如在做好农村建设的同时就可以解决人口流入城市的问题。有的代表认为在发展中国家，农村的经济体系、经济结构，由于市场的影响在正逐步农村自给自足的经济结构，而经济发展的速度直接影响到农村的建设，也只有这样才能提高农民的居住生活水平。

其次，会议中比较集中讨论的一个观点，即农村建设是一项综合性的工作，要考虑地区的历史、文化、民族习俗、地区、地理等人文因素，同时要认真研究先进的、引进的技术、材料和传统建筑技术以及与传统建筑材料这一相互关系。大家普遍认为，农村建设一定要从实际出发，要总结以往的经验与教训，在农村建设中充分研究人类居住的历史和文化，并丰富建筑者的科学知识是十分必要的。没有这种知识就难以做好这项工作。对待传统这一问题，有

的代表认为，要从发展的眼光来看待传统，而不是停止的一成不变的。有的代表认为只重视技术的引进或者利用当地的材料是必要的，但是不能忽视与大自然环境的有机结合，要十分重视生态的变化。总之，农村建设与规划在技术上要从地区环境、用地排水、道路、公共设施的建设等方面来综合研究，而不单是住宅建筑问题。

最后，代表们普遍认为，进行农村建设，建筑师一定要扩大眼界，要了解社会学、心理学、历史文化知识和其它的必要技术知识，建筑师不能只为某一业主服务，而应当深入到农村为农民服务。建筑师在过去只重视城市中的大型建筑，而忽视农村建设，这是不对的。搞好农村建设中人的因素，传统的因素，历史的因素对建筑师来说都是十分必要的。要让农民掌握技术，这样农村的建筑才有可靠的条件。因此，"赤脚建筑师"的培训是十分必要。

会议中的讨论正如杨廷宝理事长在开幕词中提到的"当前在农村居住建设中面临一系列重要课题，诸如农村居民点规划中合理规模与布局，农村中建设中的能源利用，农村建设中新技术与传统技术，新材料和传统建筑材料，建筑艺术中的传统与革新等问题"。会议主席在总结时也强调指出环境的改善、农村经济、传统技术与

材料以及农村建筑的美学等都是对建筑师新的挑战"。

在会议结束期间代表们共同讨论了如何评价农村建设与建筑问题，大家一致认为要考虑到以下四点：

1) 有效的，可行的 —— ~~Availability~~ Availability
2) 环境的改善 —— Enviromental improvement
3) 社会的目的 —— Social fit
4) 建筑的适用性 — Architectural fit.

总之这次学术会议开的是成功的，对我国的学者和建筑师均有一定的收获。

图片来源索引

一、墨宝寻觅

1.1974 年 2 月 20 日转赠扬州鉴真纪念堂画册之来由说明。杨士英提供
2.1978 年为扬州鉴真纪念馆题词。江苏省档案馆提供
3.1982 年 3 月为南京清凉山公园崇正书院题词。黎志涛摄
4.1982 年为上海嘉定秋霞圃碧梧轩题词。题词由上海嘉定档案局提供，匾额照片由黎志涛摄
5.1982 年 5 月为南阳医圣祠题词。南阳档案馆郝建炎馆长提供照片，南阳医圣祠博物馆刘海燕馆长提供题词
6.1982 年 5 月登湖北武当山南崖宫题词。杨士英提供

二、信札集锦

1.1939 年 10 月 8 日基泰工程司公函。来源：互联网
2.1950 年 7 月 21 日呈钱锺韩关于请辞系主任信。东南大学校档案馆提供
3.1950 年 4 月 15 日致汪定曾信。杨永生编 . 建筑百家书信集 . 北京：中国建筑工业出版社，2000：61
4.1965 年 4 月 7 日致中国建筑学会信。中国建筑学会资料室提供
5.1974 年 3 月 30 日致王伯扬信。王伯扬提供
6.1974 年 5 月 28 日致张致中信。杨士英提供
7.1974 年 8 月 8 日致王伯扬信。王伯扬提供
8.1974 年 11 月 27 日致王伯扬信。王伯扬提供
9.1975 年 2 月 5 日致王伯扬信。王伯扬提供
10.1975 年 12 月 23 日致杨廷寘信。杨廷寘提供
11.1977 年 2 月 5 日致王伯扬信。王伯扬提供
12.1978 年 1 月 4 日致汪定曾信。杨永生编 . 建筑百家书信集 . 北京：中国建筑工业出版社，2000：61
13.1978 年 7 月 30 日致杨永生信。中国建筑工业出版社提供
14.1978 年 9 月 21 日致杨廷寘信。杨廷寘提供
15.1979 年 11 月 12 日致王瑞珠信。王瑞珠提供
16.1979 年致孙礼恭信。江苏省档案馆提供
17.1980 年 4 月 10 日为奚树祥写的留美推荐信。奚树祥提供
18.1981 年 2 月致杨廷寘信。杨廷寘提供
19.1981 年 3 月 30 日为奚树祥打印的留美推荐信。奚树祥提供

三、作业荟萃

1. 宾夕法尼亚大学建筑系西建史作业。清华大学建筑学院资料室，左川提供
2. 设计作业
(1) ~ (2) 低年级设计作业。杨士英提供
(3) ~ (8) 中年级设计作业。杨士英提供
(9) ~ (10) 高年级设计作业。杨士英提供
(11) 获奖设计作品——超级市场设计，获 1923 年市政艺术奖一等奖。*UNIVERSITY OF PENNSYLVNIA SCHOOL OF FINE ARTS ARCHITECTURE*，P17，杨士英提供
(12) 获奖设计作品——教堂圣坛围栏，获 1924 年艾默生奖。*UNIVERSITY OF PENNSYLVNIA SCHOOL OF FINE ARTS ARCHITECTURE*，P18，杨士英提供
(13) 获奖设计作品——火葬场设计，获 1923—1924 年全美大学生设计比赛二等奖。宾夕法尼亚大学艺术学院档案馆提供

四、图纸拾掇

1. 施工图

(1) 天津中原公司修改施工图，1927 年。天津城建档案馆，凌海提供

(2) 清华大学生物馆施工图，1929 年。清华大学档案馆，邓雪娴提供

(3) 清华大学气象台施工图，1930 年。清华大学档案馆，邓雪娴提供

(4) 清华大学图书馆扩建工程施工图，1930 年。清华大学档案馆，邓雪娴提供

(5) 清华大学学生宿舍（明斋）施工图，1929 年。清华大学档案馆，邓雪娴提供

(6) 国民政府外交部外交大楼施工图，1931 年。《建筑月刊》第 2 卷 11 ~ 12 期

(7) 国立中央大学图书馆扩建工程施工图，1933 年。东南大学档案馆提供

(8) 南京金陵大学图书馆施工图，1936 年。南京大学档案馆，赵辰提供

(9) 国立四川大学图书馆施工图，1937 年。四川大学档案馆，刘琨提供

2. 方案图

(1) 国民政府外交部宾馆大楼方案图，1930 年。东南大学档案馆提供

(2) 国立中央博物院设计竞赛方案图（三等奖），1935 年。南京博物院，程泰宁提供

(3) “国立中央大学征选新校舍总地盘图案”设计竞赛（第一名），1936 年。东南大学档案馆提供

(4) 南京下关车站扩建方案透视草图，1946 年。南京工学院建筑研究所编 . 杨廷宝建筑作品集 . 北京：中国建筑工业出版社，1983：134

(5) 徐州淮海战役革命烈士纪念塔东大门方案草图，1959 年。南京工学院建筑研究所编 . 杨廷宝建筑作品集 . 北京：中国建筑工业出版社，1983：211

(6)1972 年 6 月 20 日在国家建委开会期间勾画某建筑立面草图。黄伟康提供

(7)1973 年 8 月唐南禅寺修缮计划示意图。东南大学建筑研究所编 . 杨廷宝建筑言论选集 [M]. 北京：学术书刊出版社，1989：110

(8) 北京图书馆新馆设计方案构思草图，1975 年。国家图书馆，胡建平提供

(9) 毛主席纪念堂设计构思讨论草图，1976 年。齐康 . 纪念的凝思 . 北京：中国建筑工业出版社，1996：6-8

(10)1980 年南京雨花台烈士纪念馆立面构思草图。齐康 . 日月同辉 . 沈阳：沈阳科学技术出版社，1998：104

(11)1980 年武夷山九曲宾馆设计方案草图。齐康提供

3. 渲染图

(1) 沈阳京奉铁路辽宁总站立面渲染图，1927 年。韩冬青，张彤主编 . 杨廷宝建筑设计作品选 . 北京：中国建筑工业出版社，2001：19

(2) 天津中国银行货栈立面渲染图，1928 年。陈法青生前提供

(3) 清华大学生物馆立面渲染图，1930 年。韩冬青，张彤主编 . 杨廷宝建筑设计作品选 . 北京：中国建筑工业出版社，2001：42

(4) 清华大学图书馆扩建工程立面渲染图，1930 年。韩冬青，张彤主编 . 杨廷宝建筑设计作品选 . 北京：中国建筑工业出版社，2001：37

(5) 北平交通银行立面渲染图，1930 年。陈法青生前提供

(6) 中央体育场全景鸟瞰图，1931 年。韩冬青，张彤主编 . 杨廷宝建筑设计作品选 . 北京：中国建筑工业出版社，2001：48

(7) 中央体育场田径赛场入口透视渲染图，1931 年。陈法青生前提供

(8) 中央医院鸟瞰渲染图，1932。陈法青生前提供

(9) 国民党中央党史史料陈列馆鸟瞰图，1934 年。韩冬青，张彤主编 . 杨廷宝建筑设计作品选 . 北京：中国建筑工业出版社，2001：98

(10) 国立四川大学校园规划图鸟瞰渲染图，1936 年。黎志涛拍自四川大学校史展览馆

五、讲义选录

1. 建筑概论。杨士英提供

2. 建筑概论温课提纲。杨士英提供

3. 建筑初则及建筑画。杨士英提供
4. 建筑制图。杨士英提供
5. 建筑事业。杨士英提供
6. 中国建筑术遗产。杨士英提供
7. 外国建筑术遗产。杨士英提供

六、日记摘编

1. 办公工作日记。杨士英提供
2. 工程讨论日记。杨士英提供
3. 建筑考察日记。杨士英提供
4. 教学工作日记。杨士英提供
5. 赴京参加北京图书馆新馆方案讨论日记。杨士英提供

七、笔迹拾零

1.1910 年杨廷宝（8 岁）与父亲杨鹤汀合照的背面手迹。杨士英提供
2.1924 年宾大毕业演戏时留影照片背面手迹。杨士英提供
3.1924 年杨廷宝在宾大毕业与同学离别时握手留影，在照片背面作诗抒情。陈法青生前提供
4. 杨廷宝在宾大留学时的英文签名标准照。陈法青生前提供
5. 与赵深在林肯纪念堂合影，在照片背后注释。杨士英提供
6.1935 年，杨廷宝在天坛祈年殿金顶雷公柱上留下修缮完工记录笔迹。中国文化遗产研究院提供
7.1942 年 7 月 26 日杨廷宝参加基泰工程司成员结婚宴席签到。来源：互联网
8.1950 年 7 月在南京大学建筑系 1940 级毕业生谢师茶会纪念卡上签名。潘谷西主编．东南大学建筑系成立七十周年纪念专集．北京：中国建筑工业出版社，1997：109
9.1961 年 10 月在南京市纪念辛亥革命五十周年晋谒中山陵活动上签到。江苏省档案馆提供
10.1965 年 6 月为国际建协第 8 届大会所写报告草稿。东南大学档案馆提供
11.1979 年为编辑出版《杨廷宝建筑设计作品集》所列部分设计项目清单。杨士英提供
12. 个人履历草稿（1901—1952 年）。杨士英提供
13. 出国（境）清单。杨士英提供

八、插图搜罗

1.1955 年 11 月中旬访问南斯拉夫随笔中插图。中国建筑学会秘书处．《中国建筑学会会讯》第一期 .1956：19
2. 隋石刻四面十二佛龛。杨廷宝．汴郑古建筑游览记录．中国营造学社汇刊第六卷第三期，1936：1
3. 清式栏板做法草图。《建筑师》丛刊第 4 期 139 页，中国建筑工业出版社，1980 年 7 月
4. 日记插图。杨士英提供

九、报告补遗